高等职业教育计算机类课程
新形态一体化教材

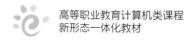

XINXI JISHU
JICHU

信息技术基础

（第4版）

主　编　李俭霞　向　波　尤淑辉

副主编　孙晓南　龚啓军　邵明伟　李修

　　　　余　婕　罗少甫

U0307326

高等教育出版社·北京

内容简介

本书是高等职业教育信息技术课程新形态一体化教材。

本书以培养高等职业院校学生的综合信息素养为导向，围绕高职院校信息技术课程改革目标，以《高等职业教育专科信息技术课程标准（2021 年版）》和全国计算机等级考试《一级计算机基础及 MS Office 应用考试大纲（2021 版）》为指导，采用基于工作过程的项目教学与任务引领相结合的方式进行编写。

本书共 7 章，分别为计算机基础知识、Windows 10 操作系统、Word 2016 应用、Excel 2016 应用、PowerPoint 2016 应用、计算机网络应用、信息安全与信息素养。

本书配有微课视频、授课用 PPT、案例素材、习题答案等丰富的数字化学习资源。与本书配套的数字课程"信息技术基础"已在"智慧职教"网站（www.icve.com.cn）上线，学习者可以登录网站进行在线学习及资源下载，授课教师可以调用本课程构建符合自身教学特色的 SPOC 课程，详见"智慧职教"服务指南。教师也可发邮件至编辑邮箱 1548103297@qq.com 获取相关资源。

本书紧跟信息技术、信息社会发展动态，内容新颖、结构合理、概念清晰，通俗易懂，可读性、可操作性和实用性强。可作为高等职业院校的信息技术课程教材，也可作为全国计算机等级考试、各类计算机教育培训机构专用教材，同时还可作为信息技术爱好者的自学用书。

图书在版编目（CIP）数据

信息技术基础 / 李俭霞，向波，尤淑辉主编 . -- 4 版 . -- 北京 : 高等教育出版社，2021.9（2022.8重印）
ISBN 978-7-04-056904-9

Ⅰ . ①信… Ⅱ . ①李… ②向… ③尤… Ⅲ . ①电子计算机 - 高等职业教育 - 教材 Ⅳ . ① TP3

中国版本图书馆 CIP 数据核字（2021）第 175904 号

| 策划编辑 | 傅 波 | 责任编辑 | 傅 波 | 封面设计 | 姜 磊 | 版式设计 | 杨 树 |
| 插图绘制 | 杨伟露 | 责任校对 | 胡美萍 | 责任印制 | 赵义民 | | |

出版发行	高等教育出版社	网　址	http://www.hep.edu.cn
社　址	北京市西城区德外大街 4 号		http://www.hep.com.cn
邮政编码	100120	网上订购	http://www.hepmall.com.cn
印　刷	三河市春园印刷有限公司		http://www.hepmall.com
开　本	787mm×1092mm　1/16		http://www.hepmall.cn
印　张	18.75	版　次	2012 年 8 月第 1 版
字　数	370 千字		2021 年 9 月第 4 版
购书热线	010-58581118	印　次	2022 年 8 月第 3 次印刷
咨询电话	400-810-0598	定　价	49.80 元

本书如有缺页、倒页、脱页等质量问题，请到所购图书销售部门联系调换
版权所有　侵权必究
物料号　56904-00

"智慧职教"是由高等教育出版社建设和运营的职业教育数字教学资源共建共享平台和在线课程教学服务平台，包括职业教育数字化学习中心平台（www.icve.com.cn）、职教云平台（zjy2.icve.com.cn）和云课堂智慧职教 App。用户在以下任一平台注册账号，均可登录并使用各个平台。

● 职业教育数字化学习中心平台（www.icve.com.cn）：为学习者提供本教材配套课程及资源的浏览服务。

登录中心平台，在首页搜索框中搜索"信息技术基础"，找到对应作者主持的课程，加入课程参加学习，即可浏览课程资源。

● 职教云（zjy2.icve.com.cn）：帮助任课教师对本教材配套课程进行引用、修改，再发布为个性化课程（SPOC）。

1. 登录职教云，在首页单击"申请教材配套课程服务"按钮，在弹出的申请页面填写相关真实信息，申请开通教材配套课程的调用权限。

2. 开通权限后，单击"新增课程"按钮，根据提示设置要构建的个性化课程的基本信息。

3. 进入个性化课程编辑页面，在"课程设计"中"导入"教材配套课程，并根据教学需要进行修改，再发布为个性化课程。

● 云课堂智慧职教 App：帮助任课教师和学生基于新构建的个性化课程开展线上线下混合式、智能化教与学。

1. 在安卓或苹果应用市场，搜索"云课堂智慧职教"App，下载安装。

2. 登录 App，任课教师指导学生加入个性化课程，并利用 App 提供的各类功能，开展课前、课中、课后的教学互动，构建智慧课堂。

"智慧职教"使用帮助及常见问题解答请访问 help.icve.com.cn。

在线课程

第 4 版前言

在"云物大智"等技术为标志的新一代信息技术的推动下，信息技术深入到诸多领域，人类文明正在进入全新的信息时代。掌握信息技术基础知识和应用技能已成为高职院校各专业学生的基本要求，"信息技术"作为高职院校学生的公共必修课程，旨在培养学生对信息技术的兴趣和意识，形成良好的信息素养，为他们适应信息社会的学习、工作和生活打下必要基础。

为适应新时期、新技术的发展，满足高等职业教育课程改革发展的要求，重庆市高等职业教育研究会组织我市长期在一线从事高等职业教育信息技术课程教学的教师，以教育部颁布的《高等职业教育专科信息技术课程标准（2021 年版）》《高职高专教育专业人才培养目标及规格》为编写依据，结合全国计算机等级考试《一级计算机基础及 MS Office 应用考试大纲（2021 版）》和企业用人标准，编写了这本基于工作任务体系的《信息技术基础》教材。

本书以信息技术基础知识为主线，以"内容实用，任务典型"为指导思想，把课程思政融入案例中，精心设计教材内容，力求从实际应用出发，减少枯燥、实用性不强的理论概念，增加应用性和操作性强的内容，帮助学生学习计算机应用、信息技术应用的基础性知识，了解"云物大智"等技术的基本原理和常识，熟悉新一代信息技术在各个领域中的应用，为学生在后续的专业课程学习中能够融合、应用新一代信息技术奠定基础。

本书对操作性强的章节采用了任务驱动模式，以"提出问题—解决问题—归纳问题"的三部曲方式，以"提出问题—设计任务—学习任务所需的基础知识—目标与总结—提示与操作"的体例结构进行讲解。

本书由多年从事计算机与信息技术基础教学的一线教师编写。重庆工程职业技术学院李俭霞、重庆三峡医药高等专科学校向波、北京华晟经世信息技术有限公司尤淑辉任主编，具体编写分工如下：重庆工程职业技术学院李修云（第 1 章）；重庆工程职业技术学院余婕（第 2 章）；重庆工程职业技术学院孙晓南（第 3 章）；重庆工程职业技术学院李俭霞（第 4 章）；重庆工程职业技术学院邵明伟（第 5 章）；重庆工程职业技术学院龚啓军、北京华晟经世信息技术有限公司尤淑辉（第 6 章）；重庆三峡医药高等专科学校向波、重庆航天职业技术学院罗少甫（第 7 章）。

本书的编写过程中，参考了大量的教材、文献和资料，或借鉴了其思想，或引用了其内容，受益匪浅，特向文献作者表示感谢！

特别感谢本书前 3 版主编李建华教授为本书的出版奠定了坚实的基础。

由于编者水平有限，书中难免有不足或疏漏之处，恳请广大读者、专家批评指正。

编　者
2021 年 7 月

随着知识经济和信息技术的迅速发展，计算机技术正在对人类经济生活、社会生活等各个方面产生巨大的影响。因此，掌握计算机技术的应用已成为人们走向成功所必备的基本条件。

为适应新时期、新技术的发展，满足高等职业教育课程改革发展的要求，以及各高职院校不同专业和不同办学条件的需要，重庆市高等职业教育研究会组织我市长期在一线从事高职高专计算机公共基础课教学的教师，以教育部颁布的《高职高专教育基础课课程教学基本要求》《高职高专教育专业人才培养目标及规格》为编写依据，结合《全国高等院校非计算机专业计算机等级考试大纲》与最新的教学改革研究成果，编写了这本基于工作任务体系的《计算机文化基础》教材，并听取了我市高职高专院校校长和直接从事课程教学教师的建议，对教材内容及案例进行了补充与修订。

本书以教育部 2006(16) 号文件提出的高职高专教育"加大课程建设与改革的力度，增强学生的职业能力"为准绳，准确把握"以应用为目的"的原则，结合高职高专学生的培养目标，以"内容实用，任务典型"为指导思想，力求从实际应用出发，尽量减少枯燥、实用性不强的理论概念，增加应用性和操作性强的内容，从而培养学生的实战能力，为进一步掌握较高层次的计算机技术打下坚实的基础。

本书对操作性强的章节采用了任务驱动模式，以"提出问题—解决问题—归纳问题"的三部曲方式，即"提出问题—设计任务—学习任务所需的基础知识—目标与总结—提示与操作—实训与练习"的体例结构进行讲解。每一章节均附有实训项目及练习题，以期通过完整的课程安排、丰富的实例讲解，激发学生的学习兴趣，并使学生通过实训与相关习题获得能力的提高。

本书的主编为重庆工程职业技术学院的李建华教授，刘铭、张波、曹毅、任德齐、龚小勇任副主编。参加本书大纲与内容编写的老师还有重庆工程职业技术学院陈顺立（第 1 章）、重庆电子工程职业学院段利文（第 2 章）、重庆第二师范学院陈军（第 3 章）、重庆城市管理职业学院王敏（第 4 章）、重庆工业职业技术学院赵宇枫（第 5 章）、重庆工商职业学院刘君（第 6 章）、重庆工程职业技术学院刘铭（第 7 章）、重庆建筑工程职业学院黎志（第 8 章）。

由于编写时间仓促，加之编者水平所限，难免有不足或疏漏之处，敬请读者批评指正。

编　者

2012 年 8 月

目录

第 **1** 章

计算机基础知识

知识提要

　　计算机技术是当代众多新兴技术中发展最快、应用最广的一项技术，也是渗透力最强，对社会发展影响最为深远的高新技术。今天它已经逐渐深入到社会的每一个角落，改变着人们的生产方式、社会活动方式和生活方式。本章主要介绍计算机的发展过程与基本特点、计算机的分类和应用领域、计算机中信息的表示、计算机系统组成等内容。

教学目标

◆ 掌握计算机的基本特点、应用领域和发展趋势等基础知识。

◆ 掌握信息在计算机中的表示方法。

◆ 掌握计算机系统的组成。

◆ 掌握计算机硬件系统的组成及其特点。

◆ 掌握计算机软件系统的组成及其特点。

◆ 理解计算机工作原理。

1.1   计算机概述

1.1.1   计算机的发展

1946 年 2 月 14 日，世界上第一台计算机 ENIAC（The Electronic Numerical Integrator And Computer，ENIAC）在费城公诸于世，它标志着计算机的诞生。计算机从诞生至今，可以分为 4 个阶段，也称为 4 个时代，即电子管时代、晶体时代、集成电路和超大规模集成电路时代。这 4 个时代的计算机特征见表 1-1-1。

表 1-1-1   计算机时代的划分及其主要特征

阶段	年份	物理器件	存储器	软件特征	运算速度	应用领域
第一代	1946—1957	电子管	延迟线、磁芯、磁鼓磁带、纸带	机器语言汇编语言	5 000~30 000 次 / 秒	科学计算
第二代	1958—1964	晶体管	磁芯、磁鼓、磁带、磁盘	高级语言	几十万至几百万次 / 秒	科学计算、数据处理、工业控制
第三代	1965—1970	集成电路	半导体存储器、磁鼓、磁带	操作系统	百万至几百万次 / 秒	科学计算、数据处理、工业控制、文字处理、图形处理
第四代	1971 年迄今	超大规模集成电器	半导体存储器、光盘、机械硬盘、固态硬盘、优盘	数据库、网络等	百万至数亿亿次 / 秒	各个领域

1.1.2   计算机的基本特点

计算机不同于其他一般的计算工具。计算机具有计算速度快、精度高，有较强的存储、逻辑判断能力等特点。计算机能模仿人的部分思维活动，与人脑有许多相似之处，故又称作电脑。归纳起来，计算机有以下几方面的特点：

1. 运算速度快

计算机的运算速度是指单位时间内所能执行指令的条数，一般用每秒钟能执行多少条指令来描述，其常用单位是 MIPS（Million Instruction Per Second），即每秒钟百万条指令。微型计算机一般采用主频来描述运算速度，基本单位为赫兹（Hz），1 MHz = 1 000 000 Hz，1 GHz = 1 000 MHz。一般来说，主频越高，运算速度就越快。同一台计算机，执行不同的运算所需时间可能不同，因而对运算速度的描述常采用不同的方法。

2020 年 6 月 23 日，TOP500 组织发布了最新的全球超级计算机 TOP500 榜单。中国超级计算机系统"神威·太湖之光"和"天河二号"榜上有名，如图 1-1-1 所示，其峰值速度和持续速度分别为每秒 9.3 亿亿次和每秒 3.39 亿亿次。

图 1-1-1
"神威·太湖之光"
和"天河二号"
超级计算机

2. 计算精度高

计算机的计算精度在理论上不受限制，通过一定的技术手段，可以实现任何精度要求。计算机计算数据的精度由计算机的字长和采用计算的算法决定。电子计算机具有以往计算机无法比拟的计算精度，目前已达到小数点后上亿位的精度。

3. 具有存储记忆能力

计算机中有许多存储单元，用以记忆信息。内部记忆能力，是电子计算机和其他计算工具的一个重要区别。由于计算机具有内部记忆信息的能力，因此在运算过程中就可以不必每次都从外部去提取数据，而只需事先将数据输入到内部的存储单元中，运算时直接从存储单元中获得数据，从而大大提高了运算速度。

4. 具有数据分析和逻辑判断能力

人是有思维能力的，思维能力本质上是一种逻辑判断能力，也可以说是因果关系分析能力。计算机借助于逻辑运算，可以做出逻辑判断，分析命题是否成立，并可根据命题成立与否做出相应的对策。计算机这种逻辑判断分析能力保证了计算机信息处理的高度自动化，这种工作方式称为程序控制方式。

1.1.3　计算机的分类

计算机发展到今天，可谓种类繁多，对它的分类方法也很多，通常从 3 个不同的角度对其分类。

1. 按工作原理分类

根据计算机的工作原理可分为电子数字计算机和电子模拟计算机。电子数字计算机采用数字技术，即通过由数字逻辑电路组成的算术逻辑运算部件对数字量进行算术逻辑运算。电子模拟计算机采用模拟技术，即通过由运算放大器构成的微分器、积分器，以及函数运算器等运算部件对模拟量进行运算处理。当今所使用的计算机绝大多数都是电子数字计算机，简称为电子计算机。

2. 按用途分类

根据计算机的用途和适用领域，可分为通用计算机和专用计算机。通用计算机是根据普遍的需要来设计的，可满足一般用户的大部分要求，适应性强，但不适应完成某些专业性强、对计算机性能要求高的任务。专用计算机是专门针对某种特定用途设计的，在软硬件的选择上都针对该种用途进行最有效、经济、适宜的匹配，但适应性差。

3. 按规模分类

电子计算机从规模上可分为巨型机、大型机、中型机、小型机、微型机和单片机。计算机中的"巨型"，并非从外观、体积上衡量，主要是从性能方面定义的。小型机和微型机很难有严格的界限。目前微型计算机发展最快、应用最广。图 1-1-2、图 1-1-3、图 1-1-4 分别给出了台式机电脑、便携式计算机和平板电脑的外观图。

图 1-1-2　台式机电脑　　　　　图 1-1-3　便携式计算机　　　　　图 1-1-4　平板电脑

1.1.4　计算机的应用领域

随着计算机技术的不断发展，计算机的应用已渗透到国民经济的各个领域，正在改变着人类的生产、生活方式。概括起来，计算机主要应用于以下几个领域。

1. 科学计算

科学计算也称数值运算，是计算机最根本的应用领域，也是最早的应用领域。计算机科学计算应用领域主要是帮助科学家、科技工作者解决在科学研究或生产建设中遇到的各种各样的数学问题。这些数学问题，往往计算量大，难度较高，用一般的计算工具很难顺利完成。利用电子计算机进行科学计算，速度快且精确度高，可以大大缩短计算周期，使得用人工难以完成的计算变得现实可行甚至轻而易举，从而节省人力、物力和财力。

2. 信息处理

信息处理也称事务数据处理。计算机有海量的外存设备，并能快速处理各种文字、图像和数据。它可以对数据进行加工、检测、分析、传送、存储，被广泛应用于企事业管理、经济管理、办公自动化、辅助教学、排版印刷、娱乐、游戏等方面，也应用于数据报表分析、资料统计、情报检索、飞机订票等方面，如办公自动化系统（Office Automatical，OA）、管理信息系统（Management Information System，MIS）等。

3. 过程控制

过程控制指对动态过程进行控制、指挥和协调。计算机通过监测装置及时地搜集被控制对象运行情况的数据后，经分析处理，按照某种最佳的控制规律发出控制信号，以控制过程的进展。例如，工业生产的自动化控制、自动检测、自动启停、自动记录，制造精密仪器的机械手、危险环境下工作的机器人、导弹发射的自动控制，交通运输方面的行车调度等。

4. 计算机辅助工程

计算机辅助工程指用计算机作为工具，辅助人们对飞机、船舶、桥梁、建筑、集成电路、电子线路等进行设计，它能帮助人们缩短设计周期，提高设计质量，减少差错。计算机辅助设计（Computer Aided Design，CAD）、计算机辅助制造（Computer Aided Manufacturing，CAM）、计算机辅助测试（Computer Aided Test，CAT）、计算机辅助教学（Computer Aided Instruction，CAI）等都得到了广泛的应用。

5. 人工智能

人工智能是探索计算机模拟人的感觉和思维规律的科学，它是控制论、计算机科学、仿真技术、心理学等多学科的产物。人工智能的研究和应用领域包括模式识别、自然语言理解、专家系统、自动程序设计、智能机器人等。

1.1.5　计算机的性能指标

计算机功能的强弱或性能的好坏，不是由某项指标决定的，而是由它的系统结构、指令系统、硬件组成、软件配置等多方面的因素综合决定的。通常，从以下几个指标来大体评价计算机的性能。

1. 运算速度

运算速度是衡量计算机性能的一项重要指标。通常所说的计算机运算速度是指每秒钟所能执行的指令条数，一般用"百万条指令/秒"（MIPS，Million Instruction Per Second）来描述。同一台计算机，执行不同的运算所需时间可能不同，因而对运算速度的描述常采用不同的方法。常用的有 CPU 时钟频率（主频）、每秒平均执行指令数（IPS）等。微型计算机一般采用主频来描述运算速度，主频的单位为赫兹（Hz）。例如，英特尔®酷睿 i9-10900X 10 核 20 线程主频已达 3.7 GHz。一般来说，主频越高，运算速度就越快。

2. 字长

计算机在同一时间内处理的一组二进制数称为一个计算机的"字"，而这组二进制数的位数就是"字长"。在其他指标相同时，字长越大计算机处理数据的速度就越快。早期的微型计算机的字长一般是 8 位和 16 位，现在大多数计算机的字长为 32 位和 64 位。

3. 内存储器的容量

内存储器，也简称主存，是 CPU 可以直接访问的存储器，需要执行的程序与需要处理的数据就是存放在主存中的。内存储器容量的大小反映了计算机即时存储信息的能力。随着操作系统的升级，应用软件的不断丰富及其功能的不断扩展，人们对计算机内存容量的需求也不断提高。目前，运行 Windows 10 操作系统需要 2 GB 以上的内存容量。内存容量越大，系统功能就越强大，能处理的数据量就越庞大。

4. 外存储器的容量

外存储器容量通常是指硬盘容量（包括内置硬盘和移动硬盘）。外存储器容量越大，可存储的信息就越多，可安装的应用软件就越丰富。硬盘容量的单位为兆字节（MB）或千兆字节（GB），目前的主流硬盘容量为 500 GB ～ 2 TB。

除了上述这些主要性能指标外，计算机还有其他一些指标，例如，所配置外围设备的性能指标以及所配置系统软件的情况等。计算机各项性能指标之间不是彼此孤立的，在实际应用时通常综合起来考虑，遵循"高性能低价格"，使性价比达到更高。

1.1.6   计算机的发展趋势

1. 计算机的发展方向

从第一台计算机诞生至今的半个多世纪里，计算机的应用得到不断拓展，计算机类型不断分化，这就决定计算机的发展也朝不同的方向延伸。当今计算机技术正朝着巨型化、微型化、网络化和智能化方向发展。

（1）巨型化

巨型化发展方向是指计算机具有极高的运算速度、大容量的存储空间、更加强大和完善的功能，主要用于航空航天、军事、气象、人工智能、生物工程等学科领域。

（2）微型化

微型化发展方向是以大规模及超大规模集成电路为发展的必然。从第一块微处理器芯片问世以来，发展速度与日俱增。计算机芯片的集成度每 18 个月翻一番，而价格则减半，这就是信息技术发展功能与价格比的摩尔定律。计算机芯片集成度越来越高，所完成的功能越来越强，使计算机微型化的进程越来越快和普及率越来越高。

（3）网络化

网络化发展方向计算机技术和通信技术紧密结合的产物。20 世纪 90 年代以来，随互联网的飞速发展，计算机网络已广泛应用于政府、学校、企业、科研、家庭等领域，越来越多的人接触并了解到计算机网络的概念。计算机网络将不同地理位置上具有独立功能的不同计算机通过通信设备和传输介质互连起来，在通信软件的支持下，实现网络中的计算机之间共享资源、交换信息、协同工作。计算机网络的发展水平已成为衡量国家现代化程度的重要指标，在社会经济发展中发挥着极其重要的作用。

（4）智能化

智能化发展指让计算机能够具有模拟人类的智力活动的能力，如学习、感知、理解、判断、推理等。智能化计算机具有理解自然语言、声音、文字和图像的能力，人、机能够用自然语言直接对话。它可以利用已有的和不断学习到的知识，进行思维、联想、推理，并得出结论，能解决复杂问题，具有汇集记忆、检索有关知识的能力。

2. 未来计算机的新技术

从计算机的产生及发展可以看到，目前计算机技术的发展都是以电子技术的发展为基础的，集成电路芯片是计算机的核心部件。随着高新技术的研究和发展，计算机技术也将拓展到其他新兴的技术领域，计算机新技术的开发和利用必将成为未来计算机发展的新趋势。

从目前计算机的研究情况可以看到，未来计算机将有可能在光子计算机、生物计算机、量子计算机等方面的研究领域上取得重大的突破。

1.1.7　计算机数值信息表示

信息指事物运动的状态及状态变化的方式，也是认识主体所感知或所表达的事物运动及其变化方式的形式、内容和效用，它是人们认识世界和改造世界的一种资源。

信息处理是指信息的收集、加工、存储、传递及使用过程。信息技术（Information Technique，IT）指用来扩展人们信息器官功能并协助人们更有效地进行信息处理的一类技术。计算机中的信息分为数值信息和非数值信息。计算机中的信息都是采用由 0 和 1 构成的二进制代码表示。以下是十进制、八进制、十六进制等数值信息在计算机中的表示方式。

1. 进位计数制

所谓进位计数制，就是人们通常说的进制或数制，是指用一组固定的数字和一套统一的规则来表示数据的方法。在日常生活中最常用的是十进制数，十进制是一种进位计数制，进位、借位的规则是"逢十进一、借一当十"，它用 0、1、2、3、4、5、6、7、8、9 这 10 个计数符号表示数的大小，这些符号称为数码，全部数码的个数称为基数（十进制的基数是 10），不同的位置有各自的位权。例如，十进制数个位的位权是 10^0，十位的位权是 10^1，百位的位权是 10^2。

在计算机中，常用的进制有二进制、八进制、十进制和十六进制。有时为了表达方便，也常常在数字后面加上一个字母后缀，表示不同进制的数。例如，二进制用字母 B 表示，八进制用字母 O 表示，十进制用字母 D 表示，十六进制用字母 H 表示，具体见表 1-1-2。有时也用在括号右下角添加下标数字的形式表示某种进制。

例如：1010D 表示十进制，也可以表示为（1010）$_{10}$。

1010B 表示二进制，也可以表示为（1010）$_2$。

1010O 表示八进制，也可以表示为（1010）$_8$。

1010H 表示十六进制，也可以表示为（1010）$_{16}$。

表 1-1-2   常用进制及其表示方法

名称	表示符号	基本符号数码
十进制	D	0、1、2、3、4、5、6、7、8、9
二进制	B	0、1
八进制	O	0、1、2、3、4、5、6、7
十六进制	H	0、1、2、3、4、5、6、7、8、9、A、B、C、D、E、F

2. 常用数制之间的转换

（1）十进制数转换成二进制数时，整数部分的转换与小数部分的转换要分别进行，然后再组合

① 十进制整数转换成二进制、八进制、十六进制整数。

如果把二进制、八进制、十六进制数统称为 R 进制，十进制整数转换成 R 进制数方法是采用"除 R 取余"法。例如将十进制数转换成二进制数的方法是采用"除 2 取余"法，即反复除以 2 直到商为 0，每次相除得到的余数就是新得二进制数的每一位数。先得到的余数是新得二进制数低位数，后得到的是新得二进制数的高位数。

② 十进制小数转换成二进制。

十进制小数转换成二进制采用"乘 2 取整"法，即反复乘以 2 取整数，直到小数为 0 或达到精度要求为止，先得到的整数为新得二进制数的高位数，后得到整数为新得二进制数的低位数。

例 1-1-1   将十进制数 47 转换为二进制、八进制和十六进制。

转换过程如下：

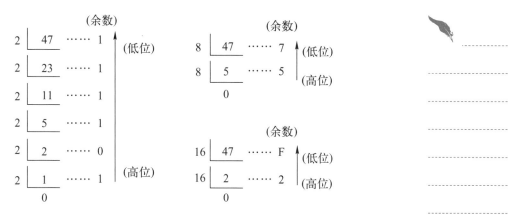

由上述转换过程可以看出，十进制数 47 转换为二进制数为 101111，转换为八进制数为 57，转换为十六进制数为 2F。也可表示为（47）$_{10}$＝（101111）$_2$＝（57）$_8$＝（2F）$_{16}$

例 1-1-2 将十进制数 0.375 转换为二进制数。

解此题的关键是小数部分"0.375"采用"乘 2 取整"法。

转换过程如下：

$$
\begin{array}{ll}
0.375 & \\
\underline{\times 2} & \\
0.750 & \cdots\cdots 取整数部分0 \qquad （高位）\\
0.75 & （小数部分为0.75）\\
\underline{\times 2} & \\
1.50 & \cdots\cdots 取整数部分1\\
0.5 & （小数部分为0.5）\\
\underline{\times 2} & \\
1.0 & \cdots\cdots 取整数部分1\\
0.0 & （小数部分为0结束） \qquad （低位）
\end{array}
$$

所以（0.375）$_{10}$＝（0.011）$_2$

（2）二进制数、八进制、十六进制数转换为十进制数

二进制数、八进制数和十六进制数转换为所对应的十进制数，采用"按权展开求和"的方法。例如，将二进制数 1 101.11、八进制数 1 234.5、十六进制数 1A2.C 分别转换为十进制数，转换过程如下。

（1 101.11）$_2$ ＝ $1 \times 2^3 + 1 \times 2^2 + 0 \times 2^1 + 1 \times 2^0 + 1 \times 2^{-1} + 1 \times 2^{-2}$ ＝（13.75）$_{10}$

（1 234.5）$_8$ ＝ $1 \times 8^3 + 2 \times 8^2 + 3 \times 8^1 + 4 \times 8^0 + 5 \times 8^{-1}$ ＝（668.625）$_{10}$

（1A2.C）$_{16}$ ＝ $1 \times 16^2 + 10 \times 16^1 + 2 \times 16^0 + 12 \times 16^{-1}$ ＝（418.75）$_{10}$

（3）二进制数与八进制数、十六进制数的相互转换

① 二进制数转换成八进制数。

二进制数转换成八进制数的方法是：以小数点为起点，整数部分从右至左，每 3 位一组，最高位不足 3 位时，在高位补 0；小数部分从左至右，每 3 位一组，不

足 3 位时，低位补 0，每组对应一位八进制数。

反之，八进制数转换为二进制数的方法是八进制数的每 1 位对应二进制数的 3 位。

② 二进制数转换成十六进制数。

二进制数转换成十六进制数的方法是：以小数点为起点，整数部分从右至左，每 4 位一组，最高位不足 4 位时，在高位补 0；小数部分从左至右，每 4 位一组，不足 4 位时，后面补 0，每组对应一位十六进制数。

反之，十六进制数转换为二进制数的方法是十六进制数的 1 位对应二进制数的 4 位。

例如，$(20.05)_8 = (010000.000101)_2$

$(11101.1110101)_2 = (1D.EA)_{16}$

十进制数、二进制数、八进制数和十六进制数的相互转换见表 1-1-3。

表 1-1-3   各种进制数码对照表

十进制	二进制	八进制	十六进制	十进制	二进制	八进制	十六进制
0	0	0	0	9	1001	11	9
1	1	1	1	10	1010	12	A
2	10	2	2	11	1011	13	B
3	11	3	3	12	1100	14	C
4	100	4	4	13	1101	15	D
5	101	5	5	14	1110	16	E
6	110	6	6	15	1111	17	F
7	111	7	7	16	10000	20	10
8	1000	10	8	17	10001	21	11

3. 原码、反码和补码三者之间的换算关系

数值在计算机内采用符号数字化后，若将符号位同时和数值参加运算，由于两个操作数符号的问题，有时会产生错误的结果，否则就要考虑计算机结果的符号问题。

为了解决此类问题，在机器数中，引入了原码、反码和补码的概念。计算机系统规定，任何两个数之间的算术运算，都是通过其补码求和来实现的，符号位也参与求和运算。为了简单起见，下面以整数为例进行说明。

（1）原码

原码就是符号位加上真值的绝对值，即用第 1 位表示符号，其余位表示值。

例如，如果是 8 位二进制：

$[+1]_原 = 0000\ 0001$

$[-1]_原 = 1000\ 0001$

第 1 位是符号位。

（2）反码

反码的表示方法是：正数的反码是其本身，负数的反码是在其原码的基础上，符号位不变，其余各个位取反。

例如，[+1] = [00000001]原 = [00000001]反

[−1] = [10000001]原 = [11111110]反

第 1 位是符号位。

（3）补码

补码的表示方法是：正数的补码就是其本身，负数的补码是在其原码的基础上，符号位不变，其余各位取反，最后 +1（即在反码的基础上 +1）。

例如，[+1] = [00000001]原 = [00000001]反 = [00000001]补

[−1] = [10000001]原 = [11111110]反 = [11111111]补

第 1 位是符号位。

注：补码的补码等于原码，如 −1 的补码为 11111111，则 11111111 的反码为 10000000，补码为 10000001（−1 的原码）。

运算结果若有溢出，丢弃高位 1 即可。

利用数值的补码，可以把减法当成加法来计算。正因为如此，CPU 的运算器中只有累加器即加法器，而不需要减法器。在数的有效范围内，符号位如同数值一样参与加法运算，也允许最高位的进位被丢失，所以使用较广泛。

如果运算结果超出该类型表示的范围，就会产生"溢出"。CPU 都具有溢出检测与处理机制，一般不会造成错误。

1.1.8 计算机非数值信息的表示

在计算机内部，除了数值信息外，还有其他信息，如文字、声音、图形、图像、动画、视频等非数值信息。这些非数值信息在计算机内也是采用 0 和 1 两个符号来进行编码和表示的。以下着重介绍西文、中文非数值信息的编码方案。

1. ASCII 码

ASCII 码（American Standard Code for Information Interchange，ASCII）是"美国标准信息交换码"的简称，是目前国际上最为流行的字符信息编码方案。ASCII 有标准 ASCII 码和扩展 ASCII 码之分。

（1）标准 ASCII 码

标准 ASCII 码是用 7 位二进制位表示数据信息，最多可表示 2^7（128）个不同的符号。包括 0 ～ 9 共 10 个数字、52 个大小写英文字母、32 个标点符号和运算符以及还有 34 种控制字符，如回车、换行等。例如，大写字母"Z"的 ASCII 编码为 01011010。常用字符的 ASCII 编码见表 1-1-4。

表 1-1-4   ASCII 码表

低 4 位 ＼ 高 3 位	000	001	010	011	100	101	110	111
0000	NUL	DLE	SP	0	@	P	`	p
0001	SOH	DC1	!	1	A	Q	a	q
0010	STX	DC2	"	2	B	R	b	r
0011	ETX	DC3	#	3	C	S	c	s
0100	EOT	DC4	$	4	D	T	d	t
0101	ENQ	NAK	%	5	E	U	e	u
0110	ACK	SYN	&	6	F	V	f	v
0111	BEL	ETB	'	7	G	W	g	w
1000	BS	CAN	(	8	H	X	h	x
1001	HT	EM	)	9	I	Y	i	y
1010	LF	SUB	*	:	J	Z	j	z
1011	VT	ESC	+	;	K	[	k	{
1100	FF	FS	,	<	L	\	l	|
1101	CR	GS	-	=	M	]	m	}
1110	SO	RS	.	>	N	^	n	~
1111	SI	US	/	?	O	—	o	DEL

（2）扩展 ASCII 码

从表 1-1-4 中可以看出，标准 ASCII 编码只采用 7 位二进制，并没有使用字节的最高位。为了方便计算机处理和信息编码的扩充，人们一般将标准 ASCII 码的最高位前增加一位 0，凑成一个字节，即 8 个二进制位，以便于存储和处理，这就是扩展 ASCII 码。在计算机系统中，通常利用这个字节的最高位作为校验码，以便提高字符信息传输的可靠性。

2. 汉字编码

计算机只识别由 0、1 组成的编码，而对于人们常用的汉字，计算机是不能直接识别的。为了更好地使计算机处理汉字信息，需要对每个汉字进行编码，统称为汉字编码。由于汉字数量远大于 128 个，所以在计算机内部存储汉字时，使用 16 位二进制位即两个字节来表示一个汉字。这样，就可以对 2^{16}=65 536 个汉字进行编码。汉字常用的编码技术有国标码、机内码和区位码。

（1）国标码

我国国家标准局于 1981 年 5 月颁布了《信息交换用汉字编码字符集 基本集》，国家标准代号为 GB/T 2312—1980，习惯上称国标码。共对 6 763 个汉字和 682 个图形字符进行了编码，其编码原则是两个字节表示一个汉字，每个字节用 7 位码，该字节的高位为 0。

（2）机内码

为了避免 ASCII 码和国标码同时使用时产生二义性问题，大部分汉字系统都采用将国标码两个字节的最高位置 1 作为汉字机内码。这样既解决了汉字机内码与西文机内码之间的二义性，又使汉字机内码与国标码具有极简单的对应关系。例如，假设一个汉字的国标码为 0101 0000 0110 0011，即 5063H，而按机内码组成规则该汉字的机内码为 1101 0000 1110 0011，即 D0E3H，两者刚好相差 8080H。换句话说，机内码 = 国标码 + 8080H。

（3）区位码

将 GB 2312—80 的全部字符集排列在一个 94 行 94 列的二维代码表中，每两个字节分别用两位十进制编码，前字节的编码称为区码，后字节的编码称为位码，此即区位码。

1.2 计算机系统

1.2.1 计算机工作原理

1. 冯·诺依曼原理

1945 年美籍匈牙利数学家冯·诺依曼提出"存储程序控制"原理，也称为冯·诺依曼原理，为计算机的发展奠定了坚实的基础。冯·诺依曼原理主要内容概括起来有以下 8 个要点：

① 使用单一的处理部件来完成计算、存储以及通信的工作。

② 存储单元是定长的线性组织。

③ 存储空间的单元是直接寻址的。

④ 使用机器语言，指令通过操作码来完成简单的操作。

⑤ 对计算进行集中的顺序控制。

⑥ 计算机硬件系统由运算器、存储器、控制器、输入设备、输出设备五大部件组成并规定了它们的基本功能。

⑦ 采用二进制形式表示数据和指令。

⑧ 在执行程序和处理数据时必须将程序和数据从外存储器装入主存储器中，然后才能使计算机在工作时能够自动地从存储器中取出指令并加以执行。

2. 计算机工作原理

计算机按照存储程序控制的原理进行工作，即预先把指挥计算机如何进行操作的指令序列（称为程序）和原始数据通过输入设备输送到计算机内存储器中，每一条指令中明确规定了计算机从哪个地址取数、进行什么操作和送到什么地方去，然后由控制器控制协调其他部件完成运算解析操作。

计算机工作过程是首先从内存中取出第 1 条指令，通过控制器的译码，按指令的要求，从存储器中取出数据进行指定运算和逻辑操作等加工，然后再按地址将计算的结果放入指令指定的存储器地址中去。接下来，再取出第 2 条指令，在控制器的指挥下完成规定操作。依此进行下去，直至遇到停止指令。计算机的工作过程就是不断地取指令和执行指令的过程。计算机工作过程中所涉及的计算机硬件部件有内存储器、指令寄存器、指令译码器、计算器、控制器、运算器和输入 / 输出设备等，如图 1-2-1 所示。

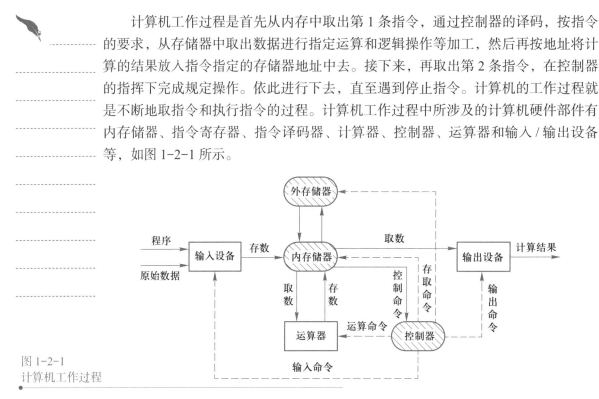

图 1-2-1
计算机工作过程

3. 计算机指令与指令系统

指令是指计算机完成某个基本操作的命令。指令能被计算机硬件理解并执行。一条指令就是计算机机器语言的一条语句，是程序设计的最小语言单位。一台计算机所能执行的全部指令的集合，称为这台计算机的指令系统。指令系统比较充分地说明了计算机对数据进行处理的能力。不同种类的计算机，其指令系统的指令数目与格式也不同。指令系统越丰富完备，编写程序就越方便灵活。指令系统是根据计算机使用要求设计的。

一条计算机指令是用一串二进制代码表示的，它通常应包括两方面的信息：操作码和地址码。操作码用来表征该指令的操作特性和功能，即指出进行什么操作；地址码指出参与操作的数据在存储器中的地址。一般情况下，参与操作的源数据或操作后的结果数据都存放在存储器中，通过地址可访问该地址中的内容，即得到操作数。

程序由一系列指令的有序集合构成，计算机按照程序设定的顺序完成一系列相关操作直到程序终止的过程叫作程序的执行过程。设计程序常用的有 3 种结构，即顺序结构、分支（选择）结构和循环结构。通常情况下，这 3 种程序结构可以相互嵌套，以解决更复杂的问题。

1.2.2　计算机系统组成

一个完整的计算机系统是由计算机硬件系统和计算机软件系统两部分组成，如

图 1-2-2 所示。计算机硬件系统是构成计算机系统的各种物理设备的总称，是机器的实体，又称为硬设备，它通常由运算器、控制器、存储器、输入设备和输出设备构成，其中运算器、控制器和一些寄存器组共同组成了中央处理器。计算机软件系统是运行、管理和维护计算机的各类程序和文档的总和，它可以提高计算机的工作效率，扩大计算机的功能。计算机软件系统通常由系统软件、支撑软件和应用软件构成。没有安装操作系统和其他软件的计算机称为裸机。计算机系统各组成部分层次关系如图 1-2-3 所示。

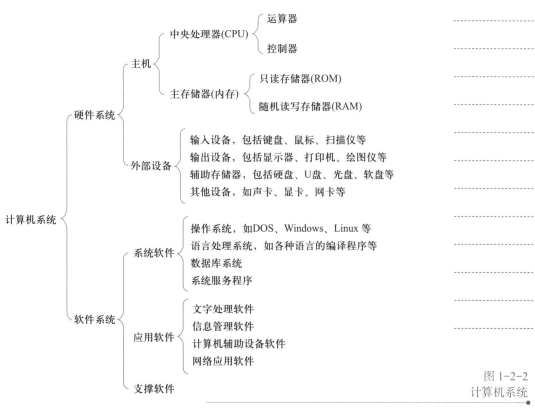

图 1-2-2
计算机系统

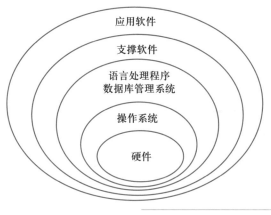

图 1-2-3
计算机系统层次结构

1.2.3   计算机硬件系统

计算机硬件系统由运算器、控制器、存储器、输入设备和输出设备五大部分构成。它们是组成计算机的实体。

1. 运算器

计算机中的运算器由加法器、寄存器、累加器等逻辑电路组成，主要负责对信息或数据进行各种加工和处理，它在控制器的控制下，与内存交换信息。运算器内部有一个算术逻辑单元（Arithmetic Logic Unit，ALU），进行各种算术运算和逻辑运算。计算机通过加法器和移位器来实现算术运算中的加、减、乘、除运算。

运算速度是衡量计算机性能的一项重要指标。通常所说的计算机运算速度（平均运算速度），是指每秒钟所能执行的指令条数，用"百万条指令/秒"（Million Instruction Per Second，MIPS）来描述。同一台计算机，执行不同的运算所需时间可能不同，因而对运算速度的描述常采用不同的方法。微型计算机一般采用主频来描述运算速度，主频的单位为赫兹（Hz）。例如，英特尔®酷睿™2至尊处理器 QX9770 主频已达 3.2 GHz。一般来说，主频越高，运算速度就越快。

计算机在同一时间内处理的一组二进制数称为一个计算机的"字"，而这组二进制数的位数即长度就是该计算机的字长。当其他指标相同时，字长越长，计算机处理数据的速度就越快。现在的计算机大多是 64 位字长。

2. 控制器

控制器主要包括指令寄存器、指令译码器、程序计数器、操作控制器等，主要负责从存储器中取指令，并对指令进行翻译。它根据指令的要求，按时间的先后顺序，负责向其他各部件发出控制信号，从而保证各部件协调一致地工作。寄存器是处理器内部的暂时存储单元，用来暂时存放指令、下一条指令地址、处理后的结果等。

中央处理器（Central Processing Unit，CPU）又称为中央处理单元，它主要由运算器、控制器组成，是一台计算机的运算核心和控制核心。中央处理器主要用来执行各种指令，完成各种计算和控制功能，如图 1-2-4 和图 1-2-5 所示分别为中央处理器及其在主板上的插座。

在购买 CPU 时，有盒装和散装之分，从技术角度而言，散装和盒装 CPU 并没有本质的区别，至少在质量上不存在优劣的问题。一般而言，盒装 CPU 的保修期要长一些（通常为三年），而且附带有一只质量较好的散热风扇，因此往往受到广大消费者的喜爱。但在价格上，盒装 CPU 要比散装 CPU 贵几十到几百元不等。

(a)　　　　　　　　(b)　　　　　　　　(c)

图 1-2-4
CPU 外观

图 1-2-5
CPU 插座

3. 主板

主板即计算机系统主板（Main Board），是安装在主机机箱内的一块矩形电路板，是微处理器与其他部件连接的桥梁，如图 1-2-6 所示。主板的类型和档次决定着整个微机系统的类型和档次，主板的性能影响着整个微机系统的性能，是微机中最重要的部件之一。

计算机系统主板主要包括 CPU 插座、内存插槽、总线扩展槽、外设接口插座、串行和并行端口等。在计算机主板上，集成了计算机常用的 3 种总线，即数据总线（Data Bus，DB）、控制总线（Control Bus，CB）和地址总线（Address Bus，AB），图 1-2-7 给出了微型

图 1-2-6　主板

计算机 3 种总线与其他硬件的结构关系。总线是将信息从一个或多个源部件传送到一个或多个目的部件的一组传输线。通俗地说，就是多个部件间的公共连线，用于在各个部件之间传输信息。

数据总线用于传送数据信息。数据总线是双向三态形式的总线，即它既可以把 CPU 的数据传送到存储器或 I/O 接口等其他部件，也可以将其他部件的数据传送到 CPU。数据总线的位数是微型计算机的一个重要指标，通常与微处理器的字长相一

致。数据的含义是广义的，它可以是真正的数据，也可以是指令代码或状态信息，有时甚至是一个控制信息，因此，在实际工作中，数据总线上传送的并不一定仅仅是真正意义上的数据。

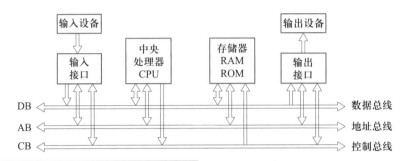

图 1-2-7
微型计算机总线化
硬件结构图

地址总线是专门用来传送地址信息的，由于地址只能从 CPU 传向外部存储器或 I/O 端口，所以地址总线总是单向三态的。地址总线的位数决定了 CPU 可直接寻址的内存空间大小，例如 8 位微机的地址总线为 16 位，则其最大可寻址空间为 $2^{16} = 64\ KB$。一般来说，若地址总线为 n 位，则可寻址空间为 2^n 字节。

控制总线用来传送控制信号和时序信号。控制信号中，有的是微处理器送往存储器和 I/O 接口电路的，也有的是其他部件反馈给 CPU 的。因此，控制总线的传送方向由具体控制信号而定，一般是双向的。控制总线的位数要根据系统的实际控制需要而定，实际上控制总线的具体情况主要取决于 CPU。

4. 存储器

存储器是用来存放指令和数据的硬件，是计算机各种信息的存储和交流中心。按照存储器在计算机中的作用，可分为内存储器和外存储器。

（1）内存储器

内存储器又称为主存储器或内存，分为随机读写存储器（Random Access Memory，RAM）和只读存储器（Read Only Memory，ROM）。目前，计算机的内存一般使用半导体存储器，它的存取速度较外存快很多，但容量小，多在 1 GB ～ 4 GB 之间。

① 随机读写存储器。

使用随机读写存储器存取信息时，既可读也可写，主要用于存取系统运行时的程序和数据，如图 1-2-8 所示为随机读写存储器。随机读写存储器就是人们通常所说的内存（RAM）。RAM 的特点是存取速度快，但断电后其存放的信息全部丢失，无法恢复。

随机读写存储器分为双级型（TTL）和单级型（MOS），目前广泛使用的是 MOS 半导体存储器。而

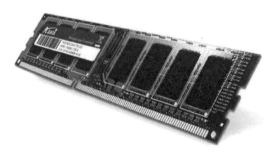

图 1-2-8   内存外观图

MOS 又分为静态存储器（SRAM）和动态存储器（DRAM）。目前，在市场上常见的有 DDR1、DDR2、DDR3、DDR4 这 4 种类型的内存。严格地说，DDR 应该叫 DDR SDRAM。DDR SDRAM 是 Double Data Rate SDRAM 的缩写，是双倍速率同步动态随机存储器的意思。

② 只读存储器。

只读存储器只能读出不能随意写入信息，其最大的特点是断电后其中的信息不会丢失。只读存储器常用来存放一些固定的程序和数据，这些程序和数据是在计算机出厂时厂家按特殊方法写入的，一般将开机检测、系统初始化程序等固化在只读存储器中。

目前常用的只读存储器除了 ROM 外还有可擦除、可编程只读存储器（Erasable Programmable ROM，EPROM）和电可擦除可编程只读存储器（Electrically Erasable Programmable Read-Only Memory，EEPROM）。

（2）高速缓冲存储器（Cache）

随着 CPU 运算速度的提高，内存和 CPU 运行速度不匹配的矛盾表现得越来越突出。为了解决这个矛盾，引入了高速缓冲存储器（Cache）。Cache 又分为一级 Cache（L1 Cache）和二级 Cache（L2 Cache），L1 Cache 集成在 CPU 内部，L2 Cache 可以焊在主板上，也可以集成在 CPU 内部，目前微型计算机中的 L2 Cache 大都集成在 CPU 中。

温馨提示

把信息从存储器中取出，而又不修改存储器内容的过程称为读操作；把信息存入存储器的过程称为写操作，写操作可以修改存储器中原有的内容。

（3）辅助存储器

辅助存储器又称为外存，是内存的补充和后援，其存储容量大，是内存容量的数十倍或数百倍，用来存储 CPU 暂时不会处理的信息和数据。当 CPU 需要用到外存中的信息和数据时，可以将数据从外存读入内存，然后由 CPU 从内存中调用。因此，外存只同内存交换信息，而 CPU 则只和内存交换信息。外存储器较内存最显著的特点是，其断电后也可长久保存信息。

目前，微机上常用的外存包括磁盘存储器、光盘存储器和 USB 闪存存储器等。

① 磁盘存储器。

磁盘存储器又分为软盘存储器和硬盘存储器，以下介绍硬盘存储器。

硬盘存储器，简称为硬盘，是微型计算机非常重要的外存储器，软盘是由单个盘片构成，而硬盘则由多个盘片构成，称为盘片组，硬盘的容量也从几百 MB 到几 TB 不等。盘片组和硬盘驱动器被固定在一个密封的盒内。这若干张盘片的同一磁道在纵方向上所形成的同心圆构成一个柱面，柱面由外向内编号，同一柱面上各磁道和扇区的划分与软盘基本相同，每个扇区的容量也与软盘一样，通常是 512 B，所以，硬盘是按柱面、磁头和扇区的格式来组织存取信息的。图 1-2-9 和图 1-2-10 给出了硬盘外观和内部结构。

图 1-2-9　硬盘外观　　　　　　　　　　　　　图 1-2-10　硬盘内部结构

硬盘转速是指硬盘内主轴的转动速度，单位是 r/min（转 / 分）。目前常见的硬盘转速有 5 400 r/min、7 200 r/min 等。转速越快，硬盘与内存之间的传输速率越高。目前，常见的台式计算机硬盘品牌有希捷、日立、西部数据（West Data，WD）、迈拓（Maxtor）等。

硬盘接口技术常见的有 IDE 技术和 SATA 技术。IDE 是英文 Integrated Drive Electronics 的缩写，翻译成中文为"集成驱动器电子"，它指把控制器与盘体集成在一起的硬盘驱动器。IDE 接口也叫 ATA（Advanced Technology Attachment）接口，现在 PC（个人计算机）上使用的硬盘大多数都是兼容 IDE 的。SATA 是 Serial Advanced Technology Attachment 的缩写，翻译成中文为"串行高级技术附件"，它是一种基于行业标准的串行硬件驱动器接口，是 Intel、IBM、Dell、APT、Maxtor 和 Seagate 等公司共同提出的硬盘接口规范。

固态硬盘（Solid State Drives，SSD），简称固盘，它是用固态电子存储芯片阵列制成的硬盘，由控制单元和存储单元（FLASH 芯片、DRAM 芯片）组成，如图 1-2-11 和图 1-2-12 所示。固态硬盘在接口的规范和定义、功能及使用方法上与普通硬盘的完全相同，在产品外形和尺寸上也完全与普通硬盘一致，它被广泛应用于军事、车载、工控、视频监控、网络监控、网络终端、电力、医疗、航空、导航设备等领域。

固态硬盘具有传统机械硬盘不具备的快速读写、防震抗摔性高、能耗低以及体积小、无噪音等优点。一块 7 200 转的机械硬盘的寻道时间一般为 12 ms ～ 14 ms，而固态硬盘可以轻易达到 0.1 ms 甚至更低。固态硬盘使用闪存颗粒制作而成，具有了发热量小、散热快、重量轻、携带方便等特点。由于没使用任何机械运动部件，所以不会发生机械故障，也不怕碰撞、冲击、振动。但固态硬盘在容量、寿命方面也受限制，价格也偏高。34nm 的闪存芯片寿命约是 5 000 次 P/E，而 25 nm 的寿命约是 3 000 次 P/E（闪存完全擦写一次叫作 1 次 P/E）。一款 120 GB 的固态硬盘，要写入 120 GB 的文件才算做一次 P/E。

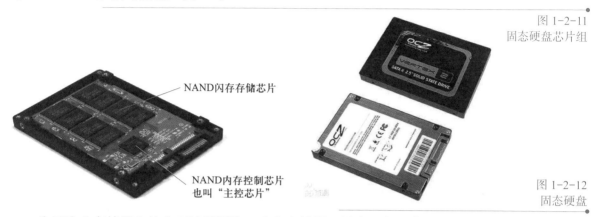

图 1-2-11
固态硬盘芯片组

图 1-2-12
固态硬盘

　　为了防止存储器上的东西被误删除，有些存储器上设有写保护装置用来保护存储器中的数据。具有写保护功能的存储器常见于软盘、U 盘和 SD 卡。写保护功能打开后，就无法向存储器里写数据，也无法删除存储器里的数据。

　　打开、关闭写保护方法因存储器而异。软盘的写保护开关是其右下方的小滑块。当把小滑块移到挡住方形口，写保护功能即关闭，相反则打开。如图 1-2-13（a）所示的磁盘写保护处于打开状态。U 盘和 SD 卡的写保护开关也是个小滑块。当把小滑块移到 UNLOCK 位置，写保护处于关闭状态，当把小滑块移到 LOCK 位置，写保护处于打开状态。如图 1-2-13（b）所示的 U 盘写保护处于关闭状态，如图 1-2-13（c）所示的 SD 卡写保护处于关闭状态。

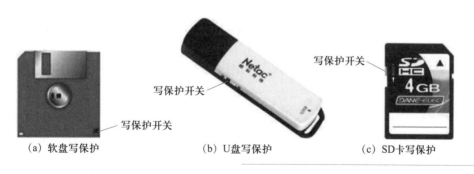

（a）软盘写保护　　　　　　（b）U 盘写保护　　　　　（c）SD 卡写保护

图 1-2-13
存储器写保护

温馨提示

　　磁盘写保护是防止数据遭到破坏，同时也防止病毒的入侵。当磁盘写保护打开时，只能够读信息，不能够写信息。当磁盘写保护关闭时，既能够读信息，又能够写信息。

② 光盘存储器。

光盘是利用塑料基片的凹凸来记录信息的，凹陷部分的两端表示二进制的"1"，凹陷部分表示二进制的"0"。光盘存储器具有存储容量大（一般为 650 MB，DVD 光盘可达 5 GB 甚至更高）、记录密度高、读取速度快（52X 甚至更高）、可靠性高（信息保持寿命高）、环境要求低的特点。光盘携带方便、价格低廉，目前已经成为存储数据的重要手段。光盘主要分为只读型光盘、一次写入型光盘和可重写型光盘 3 种。图 1-2-14 为光盘外观图。

图 1-2-14　光盘

③ 移动存储器。

移动存储器主要指 USB 接口存储器，常见的有移动硬盘和闪存。USB 的英文全称为 Universal Serial Bus，翻译成中文为"通用串行总线"。它是一种串行总线系统，带有 5 V 电压，支持即插即用功能，支持热插拔功能，最多能同时连入 127 个 USB 设备，由各个设备均分带宽。

移动硬盘顾名思义是以硬盘为存储介质，强调便携性的存储产品。目前市场上绝大多数的移动硬盘都是以标准硬盘为基础的，而只有很少部分的是以微型硬盘（1.8 英寸硬盘等）。因采用的是硬盘为存储介质，移动硬盘在数据的读写模式上与标准 IDE 硬盘是相同的。

目前，移动硬盘已能提供 1 TB、1.5 TB、2 TB、3 TB、4 TB 的容量，随着科技的发展，用户需求的提高，更大容量的移动硬盘还将不断推出。移动硬盘可以将大量数据随身携带，也弥补了计算机硬盘的不足。

闪存（Flash Memory）也称为 U 盘，是由中国深圳朗科公司发明的。它采用一种新型的 EEPROM 内存，具有内存可擦写可编程的特点，还具有体积小、重量轻、读写速度快、断电后资料不丢失等特点。闪存的接口为 USB 接口，容量一般为 1 GB 以上，通常作为软盘的替代品。如图 1-2-15 和图 1-2-16 所示分别为闪存和移动硬盘。

图 1-2-15
闪存

图 1-2-16
移动硬盘

（4）计算机中的存储容量单位

在计算机中，信息的存储容量单位常有位、字节、千字节、兆字节、吉字节、太字节等。

① 位（bit）：bit 即比特，它用来表示存放一位二进制数，即 0 或 1，是最小的存储单位。在计算机中，一个比特对应着一个晶体管。

② 字节（Byte）：是计算机中最常用、最基本的存储单位。8 个二进制位为一个字节（B），即 1 Byte = 8 bit。

③ 千字节（KB，Kilobyte）：计算机的内存容量都很大，一般都是以千字节作单位来表示，1 KB = 1 024 B。

④ 兆字节（MB，Megabyte）：简称"兆"，计算机存储容量单位的一种，1 MB = 1 024 KB。

⑤ 吉字节（GB，Gigabyte）：又称"千兆"，计算机存储容量单位的一种，1 GB = 1 024 MB。

⑥ 太字节（TB，Terabyte）：又称为百万兆字节，1 TB = 1 024 GB。

5. 输入设备

将各种外部信息和数据转换成计算机可以识别的电信号，让计算机能够接收，这样的设备称为输入设备。常见的输入设备的种类很多，如键盘、鼠标、扫描仪、触摸屏、数码相机、磁盘、U 盘、光盘等。

（1）键盘

键盘（Keyboard）是数字和字符的输入装置，是计算机不可缺少的设备之一，如图 1-2-17 所示。通过键盘，可以将信息输入到计算机的存储器中，从而向计算机发出命令和输入数据。常用的键盘有 101 键、104 键和 108 键等几种，一般 PC 机使用 104 键盘。通常情况下，将键盘键位分为 4 个区，即打字键盘区、功能键区、数字小键盘区和编辑区。

图 1-2-17
键盘

（2）鼠标

鼠标（Mouse）是一种指点式输入设备，多用于 Windows 环境中，来取代键盘的光标移动键，使定位更加方便和准确，如图 1-2-18 所示。按照鼠标的工作原理可将其分为机械鼠标、光电鼠标和光电机械鼠标。按照鼠标与主机接口标准分为 PS/2 和 USB 接口两类。鼠标的基本操作有指向、单击、双击和拖动 4 种，操作方法见表 1-2-1。

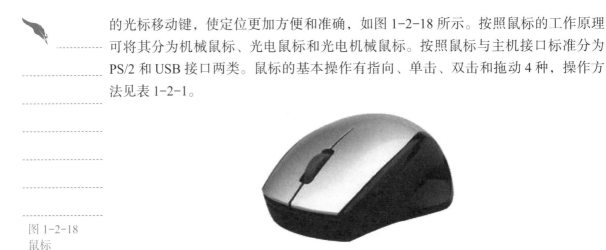

图 1-2-18
鼠标

表 1-2-1   鼠标的基本操作

操作名称	操作方法
指向	将鼠标指针移动到屏幕的某个特定位置或对象上，为下一个操作做准备
单击	迅速按下鼠标左键，常用于选定鼠标指针指向的某个对象或命令
双击	快速连续按两下鼠标左键，常用于启动某个选定的应用程序，或打开鼠标指向的某个文件
右击	将鼠标指针指向目标对象，按下鼠标右键后快速松开按键的过程。该操作常用于打开目标对象的快捷菜单
拖动	按住鼠标左键不放，同时移动鼠标，将鼠标指向另一个位置，常用于对选定的对象从一个地方移动或复制到另一个地方

6. 输出设备

输出设备（Output Device）是指能将计算机内部处理后的信息传递出来的设备。常见的输出设备有打印机、显示器、绘图仪、软磁盘、光盘等。它们的工作原理与输入设备正好相反，它是将计算机中的二进制信息转换为相应的电信号，以十进制或其他形式记录在媒介物上。许多设备既可以作为输入设备，又可以作为输出设备，如磁盘、U 盘、移动硬盘等。

显示器

显示器（Monitor）是计算机系统中最基本的、必不可少的输出设备，是人机对话的主要工具。按显示器的显示原理来分，有阴极射线管（CRT，Cathode Ray Tube）显示器、液晶（LCD，Liquid Crystal Display）显示器和等离子显示器（PDP），如图 1-2-19 ～图 1-2-21 所示，随着技术的不断更新，现在市场上又出现了 3D 立体显示器。

图 1-2-19
CRT 显示器

图 1-2-20
液晶显示器

图 1-2-21
等离子显示器

　　显示器性能的主要参数指标有分辨率、灰度级和刷新率。所谓分辨率是指显示屏上像素点的大小，一般用整个屏幕光栅的列数与行数的乘积来表示（如 $1\,024 \times 768$），乘积越大表明像素越密，分辨率就越高，图像质量越好。现在常用的分辨率是 800×600 像素、$1\,024 \times 768$ 像素、$1\,280 \times 1\,024$ 像素。灰度级指每个像素点的亮暗层次级别，或者可以显示的颜色的数目，其值越高，图像层次越清楚逼真。若用 8 位来表示一个像素，则可有 256 级灰度或颜色。刷新率以赫兹（Hz）为单位，CRT 显示器的刷新率一般为 75 赫兹，若刷新率过低，屏幕会显示有闪烁抖动现象。

　　显示器必须配置正确的适配器（显卡）才能构成完整的显示系统。显卡是主机与显示器之间的接口电路，其主要功能是将要显示的字符或图形的内码转换成图形点阵，并与同步信息形成视频信号，输出给显示器。常见的显卡类型有 VGA 卡，其图形分辨率为 640×480；SVGA 卡和 TVGA 卡，分辨率提高到 800×600 和 $1\,024 \times 768$。有的主板集成了视频接口电路，不需外插显卡。

1.2.4   计算机软件系统

硬件是计算机的实体，软件是计算机的灵魂。一个计算机系统，必须软、硬件齐备，且合理地协调配合，才能正常运行。所谓软件是指各种程序、数据和文档的集合。不同功能的软件由不同的程序组成，这些程序通常被存储在计算机的外部存储器中，需要使用时才装入内存运行。

人们将控制计算机进行各种基本操作的命令称为指令，程序是指有机地组合在一起的、能实现某项功能的多条指令的集合。软件由多个程序组成，一般具有一种或多种功能。计算机软件系统由系统软件、支撑软件和应用软件构成。

计算机系统软件是为管理、监控和维护计算机资源所设计的软件，它由操作系统、语言处理程序、数据库系统等组成。操作系统实施对各种软硬件资源的管理控制，语言处理程序是把用户用汇编语言或某种高级语言所编写的程序，翻译成机器可执行的机器语言程序。支撑软件有接口软件、工具软件、环境数据库等，它能支持用机的环境，提供软件研制工具。应用软件是用户按其需要自行编写的专用程序，它借助系统软件和支撑软件来运行，是软件系统的最外层。

1. 系统软件

（1）操作系统

操作系统（OS，Operating System）是最重要的系统软件，它能帮助人们管理好计算机系统中的各种软、硬件资源，合理组织计算机工作流程，控制程序的执行并向用户提供各种服务功能，使得用户能够灵活、方便、有效地使用计算机。操作系统有效地实现了人和计算机之间对话交流，因此，操作系统是用户与计算机之间的接口。

计算机系统资源常被分为四类，即中央处理器、内外存储器、外部设备、程序和数据。操作系统是一个庞大的管理控制程序，从资源管理的观点出发，大致包括5 个方面的管理功能，即进程管理、作业管理、存储管理、设备管理、文件管理。目前，常见的操作系统有 DOS、OS/2、UNIX、XENIX、Linux、Windows、Netware等，从任务和用户管理的角度来分，操作系统又分为单用户单任务、单用户多任务和多用户多任务等操作系统。例如，DOS 就属于单用户单任务操作系统，Windows属于单用户多任务操作系统，UNIX 和 Linux 属于多用户多任务操作系统。但所有的操作系统具有并发性、共享性、虚拟性和不确定性 4 个基本特征。

Windows 操作系统是人们目前常用的操作系统。它以用户界面友好、多任务性、功能强大，支持长文件名、网络的安装简易、支持即插即用（简称为 PnP，Plug and Play）并能充分利用计算机的硬件资源而广为流行。目前，Windows 操作系统已经由原来的 Windows 1.0 版本发展到 Windows 11 版本。

（2）数据库管理系统（Database Management System）

数据库是在计算机里建立的一组互相关联的数据集合。数据库中的数据是独立于任何应用程序而存在的，并可为多种应用程序服务。数据库管理系统（DBMS，Database Management System）就是在计算机上实现数据库技术的系统软件，用户用它来建立、管理、维护、使用数据库等，是数据库系统的核心组成部分。

数据库管理系统对数据库进行统一的管理和控制，以保证数据库的安全性和完整性。用户通过数据库管理系统访问数据库中的数据，数据库管理员也通过数据库管理系统进行数据库的维护工作。它可使多个应用程序和用户用不同的方法在同时或不同时刻去建立、修改和询问数据库。DBMS 提供数据定义语言（Data Definition Language，DDL）与数据操作语言（Data Manipulation Language，DML），供用户定义数据库的模式结构与权限约束，实现对数据的追加、删除等操作。

数据库系统包括数据库和数据库管理系统。较为著名的数据库管理系统有 Informix、Visual FoxPro 和 Microsoft Access 等。另外，还有大型数据库管理系统 Oracle、DB2、SYBASE 和 SQL Server 等。

（3）语言处理程序

人与人之间交流需要语言，人与计算机之间交流同样需要语言，即程序设计语言。程序设计语言的发展经历了五代，分别是机器语言、汇编语言、高级语言、非过程化语言和智能语言。按照计算机语言对硬件的依赖程度，通常把程序设计语言分为机器语言、汇编语言和高级语言 3 类。

机器语言是由二进制代码"0"和"1"组成的一组代码指令，是唯一能被计算机硬件直接识别和执行的语言。机器语言占用内存小、执行速度快，但编写程序工作量大、程序可读性差。

汇编语言是一种面向机器的程序设计语言。用助词符代替操作码，用地址符号代替地址码，如用 ADD 表示加法（Addition），用 SUB 表示减法（Subtraction），用 MOV 表示移动（Move）等。汇编语言在编写、阅读和调试方面有很大进步，而且运行速度快。但编程复杂，可移植性差。这种程序必须经过翻译（称为汇编），翻译成机器语言程序才能被计算机识别和执行。汇编语言虽然比机器语言直观，但它与机器语言是一一对应的，仍然只能在一种计算机上运行，互不通用。

高级语言是一种独立于机器的算法语言，不依赖于具体计算机指令系统，它是直接使用人们习惯的、易于理解的英文字母、数字、符号来表达的计算机编程语言。因此，用高级语言编写的程序，简洁、易修改，且具有通用性，编程效率高、具有很好的通用性和可移植性。

常用的高级语言中有面向过程的，叫作过程化语言，如 BASIC、PASCAL、FORTRAN、C 语言等。过程化语言重点在于算法和数据结构，它是编写程序的人员一步一步地安排好程序的执行过程的程序设计语言。与过程化语言相比，非过程化语言是一类面向对象的语言，如 Delphi、C++、Visual Basic、Java 等。非过程化语言不再强调程序执行的先后顺序，而是构造一个对象模型，让这个模型能够契合与之对应的问题域，从而获取对象的状态信息得到输出或实现过程控制。

除机器语言外，用高级语言编写的程序称为高级语言源程序，计算机无法识别，必须通过"翻译程序"翻译成机器语言形式的目标程序，计算机才能识别和执行。这种"翻译"通常有两种方式，即编译方式和解释方式。

编译程序是指事先编好一个机器语言程序，作为系统软件存放在计算机内，当用户由高级语言编写的源程序输入计算机后，编译程序便把源程序整个地翻译成用机器语言表示的与之等价的目标程序，然后计算机再执行该目标程序，以完成源程序要处理的运算并取得结果。

解释程序是指事先设计好一个能识别解释高级语言源程序，储存在计算机中，当源程序进入计算机时，解释程序边扫描边解释，逐句输入逐句翻译，计算机逐句执行，并不产生目标程序。

2. 应用软件

应用软件是为了解决各种实际问题而专门研制的软件，如文字处理软件、会计账务处理软件、工资管理软件、人事档案管理软件、仓库管理软件等。应用软件可以帮助人们提高工作质量、效率，解决问题。一个计算机系统的应用软件越丰富，越能发挥计算机的作用。以下是目前计算机上常见的几种应用软件：

（1）文字处理软件

文字处理软件主要用于输入、存储、修改、编辑、打印文字资料（文件、稿件等）。常用的文字处理软件有 Word、WPS 等。

（2）信息管理软件

信息管理软件主要用于输入、存储、修改、检索各种信息，如工资管理软件、人事管理软件、仓库管理软件等。信息管理软件发展到一定水平后，可以将各个单项软件连接起来，构成一个完整的、高效的管理信息系统（MIS）。

（3）网络应用软件

网络应用软件主要用于帮助用户实现网上资源的浏览、电子邮件的收发、远程信息的传送。常用的网络应用软件有 Internet Explorer（IE）、Outlook Express（OE）等。

（4）计算机辅助设计软件

计算机辅助设计软件用于高效地绘制、修改工程图纸，进行常规的设计计算，帮助用户寻求较优的设计方案。常用的有 AutoCAD、Photoshop 等。

3. 支撑软件

支撑软件是支撑各种软件的开发与维护的软件，又称为软件开发环境。它主要包括环境数据库、各种接口软件和工具组。著名的软件开发环境有 IBM 公司的 Web Sphere、微软公司的 Studio.NET 等。支撑软件还包括一系列基本的工具，如编译器、数据库管理、存储器格式化、文件系统管理、用户身份验证、驱动管理、网络连接等方面的工具。

1.3　多媒体技术与多媒体计算机

1.3.1　媒体与流媒体概念

媒体（Media）就是人与人之间实现信息交流的中介，简单地说，就是信息的载体，也称为媒介。媒体原有两重含义，一是指存储信息的实体，如磁盘、光盘、磁带、半导体存储器等，中文常译作媒质；二是指传递信息的载体，如数字、文字、声音、图形等，中文译作媒介。

流媒体是指采用流式传输的方式在 Internet 播放的媒体格式。流式传输方式是将视频和音频等多媒体文件经过特殊的压缩方式分成一个个压缩包，由服务器向用户计算机连续、实时传送。流媒体又叫流式媒体，它是指商家用一个视频传送服务器把节目当成数据包发出，传送到网络上。用户通过解压设备对这些数据进行解压后，节目就会像发送前那样显示出来。

在采用流式传输方式的系统中，用户不必像非流式播放那样等到整个文件全部下载完毕后才能看到当中的内容，而是只需要经过几秒钟或几十秒的启动延时即可在用户计算机上利用相应的播放器对压缩的视频或音频等流式媒体文件进行播放，剩余的部分将继续进行下载，直至播放完毕。这个过程的一系列相关的包称为"流"。流媒体实际指的是一种新的媒体传送方式，而非一种新的媒体。

1.3.2　多媒体计算机系统的基本组成

"多媒体"一词译自英文 Multimedia，它由 media 和 multi 两部分组成。多媒体就是多重媒体的意思，一般理解为多种媒体的综合，也可理解为直接作用于人感官的文字、图形图像、动画、声音和视频等各种媒体的统称，即多种信息载体的表现形式和传递方式。多媒体是计算机技术和视频技术的结合，实际上它是声音和图像两个媒体。

在计算机和通信领域，人们所指的信息的正文、图形、声音、图像、动画，都可以称为媒体。从计算机和通信设备处理信息的角度来看，可以将自然界和人类社会原始信息存在的形式—数据、文字、有声的语言、音响、绘画、动画、图像（静态的照片和动态的电影、电视和录像）等，归结为 3 种最基本的媒体：声、图、文。所谓多媒体技术，是指能够同时采集、处理、编辑、存储和展示两个或以上不同类型信息媒体的技术。

多媒体计算机（Multimedia Computer，MC）是指能够对声音、图像、视频等多媒体信息进行综合处理的计算机。多媒体计算机一般指多媒体个人计算机（Multimedia Personal Computer，MPC），1985 年出现了第一台多媒体计算机，其主要功能是指可以把音频视频、图形图像和计算机交互式控制结合起来，进行综合的处理。

多媒体计算机一般由 4 个部分构成：多媒体硬件平台（包括计算机硬件、声像等多种媒体的输入输出设备和装置）、多媒体操作系统（MPCOS）、图形用户接口（GUI）和支持多媒体数据开发的应用工具软件。随着多媒体计算机应用越来越广泛，在办公自动化领域、计算机辅助工作、多媒体开发和教育宣传等领域发挥了重要作用。

一般用户如果要拥有多媒体个人计算机大概有两种途径，一是直接够买具有多媒体功能的个人计算机（PC）；二是在基本的个人计算机（PC）上增加多媒体套件而构成多媒体个人计算机（MPC）。其实，现在用户所购买的个人电脑绝大多都具有了多媒体应用功能。

1.3.3   图像的分辨率、采样、量化、数字化、像素的概念

在图像处理中，对于图片尺寸和质量的描述经常要用到像素和分辨率的概念。简单来讲，对二维空间上连续的图像在水平和垂直方向上等间距地分割成矩形网状结构，所形成的微小方格称为像素点。像素是图片大小的基本单位，图像的像素大小是指位图在高和宽两个方向的像素数；图像的分辨率是指打印图像时在每个单位长度上打印的像素数。

图像的采样，其实质就是要用多少点来描述一幅图像，采样结果的质量高低用图像分辨率来衡量。一副图像将被采样成有限个像素点构成的集合。采样频率是指一秒钟内采样的次数，它反映了采样点之间的间隔大小。采样频率越高，得到的图像样本越逼真，图像的质量越高，但要求的存储量也越大。在进行采样时，采样点间隔大小的选取很重要，它决定了采样后的图像能真实地反映原图像的程度。一般来说，原图像中的画面越复杂，色彩越丰富，则采样间隔应越小。图像采样的频率必须大于或等于源图像最高频率分量的两倍。

量化是指要使用多大范围的数值来表示图像采样之后的每一个点。量化的结果是图像能够容纳的颜色总数，它反映了采样的质量。例如，如果以 4 位存储一个点，就表示图像只能有 16 种颜色；若采用 16 位存储一个点，则有 $2^{16} = 65\ 536$ 种颜色。所以，量化位数越来越大，表示图像可以拥有更多的颜色，自然可以产生更为细致的图像效果。但是，也会占用更大的存储空间。只要水平和垂直方向采样点数足够多，量化比特数足够大，数字图像的质量就越接近原始模拟图像。

1.3.4   多媒体信息数字化和压缩与存储技术

多媒体是人机交互式媒体，这里所指的"机"，目前主要是指计算机，或者由微处理器控制的其他终端设备。计算机的一个重要特性是交互性，使用计算机就比

较容易实现人机交互功能。从这个意义上说，多媒体和目前大家所熟悉的模拟电视、报纸、杂志等媒体是大不相同的。

多媒体技术是指计算机交互式综合处理文本、图形、图像和声音等多媒体信息的技术，这种技术使多种信息建立逻辑连接，集成为一个系统并具有交互性。简言之，多媒体技术就是具有多样性、集成性、数字化、实时性和交互性的计算机综合处理声、文、图信息的技术。

1. 多媒体信息的数字化

多媒体信息在计算机中都是以数字信号的形式而不是以模拟信号的形式存储和传输的。多媒体信息数字化就是将模拟信息转换为数字信息的过程，称为 A/D 转换，即 Analog to Digital，它包括采样、保持、量化和编码 4 个过程。

在某些特定的时刻对这种模拟信号进行测量叫作采样。要把一个采样输出信号数字化，需要将采样输出所得的瞬时模拟信号保持一段时间，这就是保持过程。量化是将连续幅度的抽样信号转换成离散时间、离散幅度的数字信号。编码是将量化后的信号编码成二进制代码输出。

（1）声音信息的数字化

声音信息的数字化也采用 A/D 转换，它将声音信息的模拟量转换为相应的比特序列。声音文件 Wave 格式文件记录了真实声音的二进制采样数据，通常文件较大；MIDI 格式文件是数字音乐的国际标准，记录的是音符数字，文件小；AIF 格式文件是苹果公司开发的；MPEG 音频文件（如 MP1、MP2、MP3、MP4 等）是采用 MPEG 音频压缩标准进行压缩的文件；VOICE 文件是 Creative 公司开发的。声音信息的数字化过程如图 1-3-1 所示。

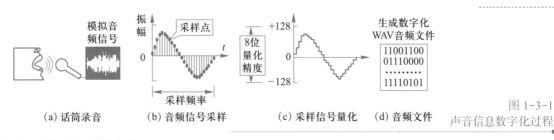

（a）话筒录音　　（b）音频信号采样　　（c）采样信号量化　　（d）音频文件

图 1-3-1
声音信息数字化过程

（2）图像信息的数字化

图像数字化就是将自然模拟信息转换数字信息（二进制代码 0 和 1）。图像的数字化过程主要分采样、量化与编码 3 个步骤。

图像是指由图像输入设备输入的画面。计算机在处理图像时，首先把真实的图像（照片、画报、图书、图纸等）通过数字化转变成计算机能够接受的显示和存储格式（0 和 1 二进制代码），即 A/D 转换，然后再用计算机进行分析处理。图像数字化后主要以位图形式存储。

例如，一副 640×480 分辨率的图像，表示这幅图像是由 $640 \times 480 = 307\,200$

个像素点组成。图像数字化过程如图 1-3-2 所示。图 1-3-2 （a）是要采样的物体，图 1-3-2 （b）是采样后的图像，每个小格即为一个像素点。计算机将图像按照屏幕的分辨率分割成一个矩阵（这里只看到图像的一部分）。图 1-3-2 （c）是计算机对采集的信息进行编码。计算机首先检查矩阵中的每个单元，当单元为白色时，编码为 1，当单元为黑色时，编码为 0。

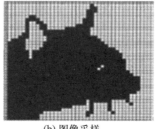
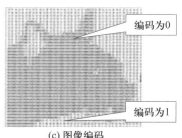

图 1-3-2
图像信息数字化过程　　　　(a) 原始图像　　　　(b) 图像采样　　　　(c) 图像编码

编码为0

编码为1

彩色图像在计算机中的存储将占用较大的存储空间。真彩色图像每个像素点占 3 个字节，即 2^{24} = 16 777 216 种颜色。计算存储一幅图像所需要的字节数可使用公式：列数 × 行数 × 像素的颜色深度 /8 来进行计算。例如，分辨率为 1 280×1 024 的"真彩色"高质量的电视图像，按每秒 30 帧计算，显示 1 分钟，则需要 1 280×1 024×3×30（帧 / 秒）×60 秒 ≈ 6.6 GB。因此，计算机在处理图像信息时，必须进行图像压缩存储。

（3）视频信息的数字化

视频由连续变换的多幅图像构成。它通过将视频信号源（电视机、摄像机等）采样和数字化后保存。动画即动态的画面，它由一系列的静态画面按一定的顺序排列组成，并配以同步的声音。每一幅画面通过软件对图形素材进行编辑制作而成。一幅静态的画面称为一"帧"。当以每秒 25 帧以上的速度播放时，由于视觉的暂留现象产生动态效果。动画是用人工合成的方法对真实世界的模拟；而视频影像则是对真实世界的记录。

2. 多媒体信息的压缩与存储

（1）数据压缩

数据压缩就是在无失真或允许一定失真的情况下，以尽可能少的数据表示信源所发出的信号。通过对数据的压缩减少数据占用的存储空间，从而减少传输数据所需的时间。数据压缩可分成两种类型，一种叫作无损压缩，另一种叫作有损压缩。

无损压缩是指使用压缩后的数据进行重构（或者叫作还原，解压缩），重构后的数据与原来的数据完全相同。无损压缩用于要求重构的信号与原始信号完全一致的场合，例如，磁盘文件的压缩。根据目前的技术水平，无损压缩算法一般可以把普通文件的数据压缩到原来的 1/2 ～ 1/4。一些常用的无损压缩算法有霍夫曼（Huffman）算法和 LZW（Lenpel-Ziv & Welch）压缩算法、算术编码、RLE（run length encoding）编码（行程编码）。

有损压缩是指使用压缩后的数据进行重构，重构后的数据与原来的数据有所不同，但不影响人对原始资料表达的信息造成误解。有损压缩适用于重构信号不一定非要和原始信号完全相同的场合。例如，图像和声音的压缩就可以采用有损压缩，因为其中包含的数据往往多于人们的视觉系统和听觉系统所能接收的信息，丢掉一些数据而不至于对声音或者图像所表达的意思产生误解，但可大大提高压缩比。一些常用的有损压缩算法有 JPEG、MPEG 等。

多媒体信息数字化后得到的数据量十分巨大，必须采用编码技术来压缩其信息量。多媒体数据压缩技术可分为视频压缩、音频压缩和图像压缩。

（2）多媒体数据压缩标准

目前已公布的最著名的数据压缩标准有用于静止图像压缩的 JPEG 标准和用于视频和音频编码的 MPEG 系列标准。1986 年，CCITT 和 ISO 两个国际组织组成了一个联合图片专家组（Joint Photographic Expert Group），建立了第一个实用于连续色调图像压缩的国际标准，简称 JPEG 标准。1988 年，ISO 成立了活动图像专家组（Motion Picture Experts Group），负责活动图像及其伴音的编码标准制定工作。目前已推出了 MPEG-1、MPEG-2、MPEG-4、MPEG-7 等。MPEG-1 被广泛地应用在 VCD 的制作和一些视频片段下载的网络应用上面；MPEG-2 应用在 DVD 的制作方面，同时在一些 HDTV 和一些高要求视频编辑、处理上面也有相当多的应用；MPEG-3 原本针对 HDTV（1920×1080），后来被 MPEG-2 代替；MPEG-4 针对多媒体应用的图像编码标准，是一种新的压缩算法；MPEG-7 是基于内容表示的标准，应用于多媒体信息的搜索、过滤、组织和处理。

1.3.5　多媒体信息的计算机表示方法

1. 计算机中图形和声音的表示

具有多媒体功能的计算机除可以处理数值和字符信息外，还可以处理图形和声音信息。在计算机中，图形和声音的使用能够增强信息的表现能力。对于单色图形来说，用来表示满屏图形的比特数和屏幕中的像素数正好相等。所以，用来存储图形的字节数等于比特数除以 8；若是彩色图形，其表示方法与单色图形类似，但需要使用更多的二进制位用来表示出不同的颜色信息。

图像在计算机里分为位图和矢量图两种。位图也称作点阵图、像素图，它由许多像素组成。位图图像缩放会失真。矢量图也称作向量图，它由一系列指令组成，在计算机中只存储这些指令而不是像素。矢量图主要用于插图（如 WORD 剪贴画）、标志等图形。

声音的表示方法是以一定的时间间隔对音频信号进行采样，并将采样结果进行量化，转化成数字信息（二进制代码 0 和 1）存储。声音的采样是在数字模拟转换时，将模拟波形分割成数字信号波形的过程，采样的频率越大，所获得的波形越接近实际波形，即保真度越高。

2. 常用多媒体信息文件的格式

（1）常用的流媒体文件格式

常用流媒体格式主要包括声音流、视频流、文本流、图像流、动画流等。它主要包括 RA（实时声音）、RM（实时视频或音频的实时媒体）、RT（实时文本）、RP（实时图像）、SMIL（同步的多重数据类型综合设计文件）、SWF（Micromedia 的 Real flash 和 Shockwave flash 动画文件）、RPM（HTML 文件的插件）、RAM（流媒体的元文件，是包含 RA、RM、SMIL 文件地址等 URL 地址的文本文件）、CSF（一种类似媒体容器的文件格式，可以将非常多的媒体格式包含在其中，而不仅仅限于音、视频）等多种文件格式。

（2）常用图像文件格式

常用图像文件格式包括 GIF 格式文件、BMP 和 DIB 格式文件、JPEG 格式文件（JPG）、WMF 格式文件，还包括 EMF、TIF、TGA、PNG、EPS、DXF 等格式的文件。

GIF 格式文件是 Internet 上 WWW 中的重要文件格式之一，最大不超过 64 KB，只能是 256 色，压缩率比较高。BMP 和 DIB 格式文件是位图格式文件，Windows 环境中经常使用。JPEG 格式文件（JPG）是利用 JPEG 方法压缩，Internet 上 WWW 中的重要文件格式之一，适用于处理 256 色以上、大幅面图像。WMF 格式文件是位图与矢量图的混合体，Windows 中许多剪贴画图像是以该格式存储的。广泛应用于桌面出版印刷领域。

（3）常用视频文件格式

常用视频文件格式主要包括 AVI 格式、MOV 格式、MPG 格式、DAT 格式、RA 格式、RM 格式和 RAM 格式。其中，AVI 格式文件由 MS 公司研发，被多种操作系统支持，但必须用相应的解压缩算法才能播放；MOV 格式文件由苹果公司研发，用 Quicktime 播放；MPG 格式文件用 MPEG 标准压缩，压缩比大；DAT 格式文件是在 MPG 文件头部加上运行参数形成的变体；RA 格式、RM 格式和 RAM 格式文件是由 Real Networks 公司研发，是流式音频和视频文件格式。

本章小结

本章介绍了如下内容：

1. 计算机的发展经历了电子管时代、晶体管时代、集成电路时代和超大规模集成电路时代 4 个时代；计算机具有计算速度快、精度高，有较强的存储、逻辑判断能力等特点；计算机从其工作原理、用途和规模进行分类；计算机在科学计算、信息处理、过程控制和人工智能等方面的应用；计算机正在朝着巨型、微型、网络、智能化方向发展；数值信息和非数值信息在计算机中的表示等知识。

2. 计算机的工作原理和工作过程以及指令、程序、指令系统的概念；计算机系统由计算机硬件系统和计算机软件系统组成；计算机硬件系统主要由运算器、控制器、存储器、输入设备和输出设备构成；CPU 主要由运算器和控制器组成；存储器由内存和辅助存储器组成；ROM 和 RAM 的特点；常见的辅助存储器；计算机软件系统由系统软件和应用软件组成；常见的系统软件有操作系统（OS）、数据库管理系统、语言处理程序（编译软件）等。

3. 媒体与流媒体的概念；多媒体计算机组成；常见的多媒体信息及其数值化过程；图像的分辨率、采样、量化、数字化、像素的概念；多媒体信息的压缩存储技术。

知识拓展

文本：
知识拓展
答案

一、单选题

1. 第二代计算机的主要电子逻辑元件是（　　　）。

    A. 电子管　　　　　　B. 晶体管　　　　　　C. 集成电路　　　　　D. 运算器

2. 下列不是计算机应用的主要领域的是（　　　）。

    A. 文字处理　　　　　B. 科学计算　　　　　C. 辅助设计　　　　　D. 数据处理

3. 功能最强大，计算精度最高的计算机类型是（　　　）。

    A. 大型机　　　　　　B. 微型机　　　　　　C. 小型机　　　　　　D. 巨型机

4. 便携式计算机属于（　　　）。

    A. 微型机　　　　　　B. 小型机　　　　　　C. 大型机　　　　　　D. 巨型机

5. 计算机内部数据和指令是以（　　　）的形式传输的。

    A. 八进制码　　　　　B. 十进制码　　　　　C. 简码　　　　　　　D. 二进制码

6. 在计算机中，一个字节是由（　　　）位二进制码表示。

    A. 4　　　　　　　　　B. 2　　　　　　　　　C. 8　　　　　　　　　D. 16

7. 十进制数 130 转换为对应的二进制数等于（　　　）。

    A. 10 000 010　　　　B. 10 000 011　　　　C. 10 000 110　　　　D. 10 000 000

8. 二进制数 11101111 转换成对应八进制数是（　　　）。

    A. 355　　　　　　　　B. 356　　　　　　　　C. 357　　　　　　　　D. 358

9. 现在使用的计算机其工作原理为（　　　）。

    A. 存储程序　　　　　　　　　　　　　　B. 程序控制

    C. 程序设计　　　　　　　　　　　　　　D. 存储程序和程序控制

10. 下列各项中，既可以读又可以写且速度最快的存储器是（   ）。

    A. ROM   B. RAM   C. 硬盘   D. 软驱

11. 8 位字长的计算机可以表示的无符号整数的最大值是（   ）。

    A. 8   B. 16   C. 255   D. 256

12. 1 MB 的准确含义为（   ）。

    A. 1 024 bit   B. 100 万个字节   C. 1 024 KB   D. 1 024 字节

13. 下列 4 个不同数制表示的数中，数值最大的是（   ）。

    A. 二进制数 11011101   B. 八进制数 334

    C. 十进制数 219   D. 十六进制数 DA

14. 计算机的主要性能指标为（   ）。

    A. 字长、运算速度、内存容量

    B. 磁盘容量、显示器分辨率、打印机配置

    C. 所配备的语言、所配备的操作系统、所配备的外部设备

    D. 机器价格、所配备的操作系统、所配备的磁盘类型

15. 目前，制造计算机所用的电子器件是（   ）。

    A. 电子管   B. 晶体管

    C. 集成电路   D. 超大规模集成电路

16. 汉字数据比较大小是按其在（   ）。

    A. 英文字母中的顺序进行的   B. 在字典中的顺序进行的

    C. ASCII 码表中的顺序进行的   D. 区位码表中的顺序进行的

17. 对于（   ）存储器，一般情况下，计算机只能读取其中的信息，无法写入。

    A. RAM   B. ROM   C. 硬盘   D. 随机存储器

18. 十进制数 127 转换为对应的二进制数等于（   ）。

    A. 1111111   B. 1111110   C. 1111010   D. 1111101

19. 以下对补码的叙述中，（   ）不正确。

    A. 负数的补码是该数的反码最右加 1   B. 负数的补码是该数的原码最右加 1

    C. 正数的补码就是该数的原码   D. 正数的补码就是该数的反码

20. 计算机的所有计算工作都是在（   ）完成的。

    A. CPU   B. 内存   C. 主存   D. RAM

21. 计算机可以直接进行识别的语言为（   ）。

    A. C 语言   B. BASIC 语言   C. 机器语言   D. 汇编语言

22. UPS 是指（   ）。

    A. 内存条   B. 处理器   C. 不间断电源   D. 显示卡

23. 下面是关于编译程序和解释程序的论述，其中正确的一条是（   ）。

    A. 编译程序和解释程序均能产生目标程序

    B. 编译程序和解释程序均不能产生目标程序

    C. 编译程序能产生目标程序而解释程序则不能

    D. 编译程序不能产生目标程序而解释程序能

24. 二进制数 1100101 转换为对应的十进制数等于（　　　）。

    A. 101　　　　　　　B. 102　　　　　　　C. 106　　　　　　　D. 100

25. 下列存储器中，存取速度最快的是（　　　）。

    A. 软盘　　　　　　　B. 光盘　　　　　　　C. 硬盘　　　　　　　D. 内存

26. 计算机中的应用软件是指（　　　）。

    A. 所有计算机上都应使用的软件　　　　　　B. 能被各用户共同使用的软件

    C. 专门为某一应用目的而编制的软件　　　　D. 计算机上必须使用的软件

27. 最基础最重要的系统软件是（　　　）。

    A. WPS 和 Word　　　B. 操作系统　　　　　C. 应用软件　　　　　D. 辅助教学软件

28. 在 Windows 系统中单击鼠标右键，屏幕将显示（　　　）。

    A. 用户操作提示信息　　　　　　　　　　　B. 快捷菜单

    C. 工具栏　　　　　　　　　　　　　　　　D. 计算机的系统信息

29. 操作系统的主要功能是（　　　）。

    A. 实现软件和硬件之间的转换　　　　　　　B. 管理系统所有软件和硬件资源

    C. 把源程序转换为目标程序　　　　　　　　D. 进行数据处理和分析

30. 大写字母 C 的 ASCII 码为 1000011B，则大写字母 E 的 ASCII 码为（　　　）。

    A. 1000100B　　　　　B. 1000101B　　　　　C. 1000111B　　　　　D. 1001010B

二、判断题（判断下列的说法正确，在正确的后面画"√"，错误的后面画"×"）

1. 微型计算机中使用最普遍的字符编码是 ASCII 码。　　　　　　　　　　　　　（　　　）

2. 计算机中 CPU 是通过数据总线与内存交换数据的。　　　　　　　　　　　　　（　　　）

3. 计算机能直接识别的语言是汇编语言。　　　　　　　　　　　　　　　　　　（　　　）

4. 运算器的主要功能是实现算术运算和逻辑运算。　　　　　　　　　　　　　　（　　　）

5. 计算机最主要的工作特点是高速度与高精度。　　　　　　　　　　　　　　　（　　　）

6. 微机断电后，机器内部的计时系统将停止工作。　　　　　　　　　　　　　　（　　　）

7. 内存储器与外存储器主要的区别在于是否位于机箱内部。　　　　　　　　　　（　　　）

8. 每个逻辑硬盘都有一个根目录，根目录是在格式化时建立的。　　　　　　　　（　　　）

9. 计算机系统包括运算器、控制器、存储器、输入设备和输出设备五大部分。　　（　　　）

10. Android（安卓）系统是一种基于 Linux 的自由及开放源代码的操作系统，主要是用于移动设备，如智能手机和平板电脑等。　　　　　　　　　　　　　　　　　　　　　　　（　　　）

11. 数字"1028"未标明后缀，但是可以断定它不是一个十六进制数。　　　　　　（　　　）

12. 汉字的字模用于汉字的显示或打印输出。　　　　　　　　　　　　　　　　　（　　　）

13. 我国制定的《国家标准信息交换用汉字编码字符集·基本集》，即 2312-80，简称国标码。

　　　　　　　　　　　　　　　　　　　　　　　　　　　　　　　　　　　（　　　）

14. 1 MB 的存储空间最多可存储 1 024 K 汉字的内码。   （   ）

15. 任何程序不需进入内存，直接在硬盘上就可以运行。   （   ）

16. 在微型计算机的汉字系统中一个汉字的内码占 2 个字节。   （   ）

17. 1 KB 等于 1 024 字节，1 GB 等于 1 000 MB。   （   ）

18. 对于正数，原码、反码和补码是相同的。   （   ）

19. 在计算机系统中增加 Cache 主要是为了扩大内存的容量。   （   ）

20. 在计算机内，位是表示二进制数的最小单位。   （   ）

21. 与十进制数 77 等值的十六进制数为 4C。   （   ）

22. 在计算机领域中通常用 MIPS 来描述计算机的运算速度。   （   ）

23. 计算机系统是由硬件系统和软件系统组成。   （   ）

24. 高级语言不必经过编译，可直接运行。   （   ）

25. 内存存取速度比外存快，容量也比外存大。   （   ）

26. 对磁盘作格式化将会删除磁盘中原有的全部信息。   （   ）

27. 地址总线上除传送地址信息外，还可以传送控制信息和其他信息。   （   ）

28. CAD/CAM 是计算机辅助设计和计算机辅助制造的缩写。   （   ）

29. 计算机用于机器人的研究属于人工智能的应用。   （   ）

30. 十进制小数转换为二进制可以用乘 2 取整的方法。   （   ）

第 2 章

Windows 10 操作系统

知识提要

本章主要介绍 Windows 10 操作系统中的窗口和菜单的基本操作；文件或文件夹的创建、移动、复制、删除、重命名、属性设置等操作；磁盘的管理与维护。

教学目标

◆ 了解 Windows 10 操作系统。

◆ 掌握 Windows 10 窗口和菜单的基本操作。

◆ 掌握 Windows 10 文件管理基本操作。

◆ 掌握常见 Windows 管理工具的使用。

2.1　认识 Windows 10 操作系统

2.1.1　操作系统的定义

操作系统（Operating System，OS）是管理和控制计算机硬件与软件资源的计算机程序，是直接运行在"裸机"上的最基本的系统软件，是核心的系统软件，任何其他软件都必须在操作系统的支持下才能运行。

操作系统是用户和计算机的接口，为用户提供良好的人机互平台和界面。其具体管理功能分为处理机管理、存储管理、文件管理、设备管理和作业管理。

2.1.2　常见的操作系统

① DOS（Disk Operating System），即磁盘操作系统，是微软公司开发的早期在微机上使用最广泛的一种单用户单任务操作系统，主要是使用输入字符命令的方式来完成操作。

② Windows，即"视窗"操作系统，是由微软公司开发的一个多任务的操作系统，采用图形界面来完成操作。从当初的 Windows 1.0 发展到今天的 Windows 10，当前用得较多的是 Windows 7、Windows 8 和 Windows 10。

③ UNIX，即"尤尼克斯"操作系统，是由贝尔实验室开发的一个多用户多任务的分时操作系统。

④ Linux，是一套免费使用和自由传播的类 UNIX 操作系统，是一个基于 POSIX 和 UNIX 的多用户、多任务、支持多线程和多 CPU 的操作系统。

⑤ 中国操作系统 COS（China Operating System）是由上海联彤与中科院软件研究所于北京时间 2014 年 1 月 15 日在北京联合发布的具有自主知识产权的操作系统。该操作系统可应用于个人电脑、智能掌上终端、机顶盒、智能家电等领域。

2.1.3　Windows 10 操作系统概述

2015 年 1 月 21 日，微软公司（Microsoft）发布了新一代 Windows 10 操作系统。3 月 18 日，微软中国官网正式推出了 Windows 10 中文介绍页面。它是一种单用户、多任务、图形化、窗口式的操作系统，主要应用于家庭及商业工作环境、便携式计算机、平板电脑、多媒体中心等。与之前的版本相比，Windows 10 操作系统在易用性和安全性方面有了极大的提升，融合了云服务、智能移动设备、自然人机交互等新技术。

2.1.4　Windows 10 的启动与关闭

1. 计算机的启动

从理论上来讲，计算机的启动分为冷启动、热启动和复位启动 3 种方式。

① 先把连接在计算机上的外部设备电源打开，做好开机的准备，然后按主机箱面板上的 Power 按键打开计算机电源从而启动计算机的过程称为冷启动。

② 按下键盘上的 <Ctrl+Alt+Delete> 组合键并同时松开或者通过 Windows 10 中的"重启"命令启动计算机的过程称为热启动；适用于计算机没有死机的情况，此种启动方式不会进行系统自检。

③ 在计算机已经通电的情况下，按主机箱面板上的 Reset 按键重新启动计算机的过程称为复位启动，应用在无论按什么键计算机都没有反应（死机）的情况下。此种方式在启动计算机时要对系统进行自检。需要特别说明的是现在有相当部分的品牌机已经没有该按键了。

2. Windows 10 的启动

在一台安装了 Windows 10 操作系统并且没有任何故障的计算机上，只需要按下主机箱面板上的电源开关就可以进入 Windows 10 操作系统的登录界面。用户根据自己的实际情况输入用户名和密码以不同的模式进入 Windows 10 的桌面，至此整个启动过程就完成了。

3. Windows 10 的注销

为了方便用户快速登录计算机，Windows 10 提供了注销的功能，用户不必重新启动计算机就可以实现不同用户登录。注销将保存当前用户的设置，并将其关闭。注销 Windows 10 操作系统可选择以下两种方法。

方法 1：单击桌面左下角的"开始"按钮，然后在弹出的"开始"菜单中选择"Administrator"命令，在弹出的选项菜单中选择"注销"命令，如图 2-1-1 所示。

方法 2：按下 <Ctrl+Alt+Delete> 组合键，会弹出如图 2-1-2 所示界面，选择"注销"命令。

需要说明的是："注销"与"切换用户"不同，"切换用户"是指在不关闭当前登录用户的情况下而切换到另一个用户，用户可以不关闭正在运行的程序，而当再次返回时系统会保留原来的状态。

4. 关闭计算机

用户不再使用计算机时可选择安全关机，这样不仅可以节能，而且还有助于使计算机更安全，并确保数据得到保存。

关闭计算机的方法：单击桌面左下角的"开始"按钮，然后在弹

图 2-1-1　"注销"选项菜单

出的"开始"菜单中选择"电源"命令，在弹出的"选项"菜单中选择"关机"命令，如图 2-1-3 所示。计算机将关闭所有打开的程序以及 Windows 本身，然后完全关闭计算机。关机不会保存正在编辑的文件，用户必须事先保存好自己的文件。

图 2-1-2
"任务管理器"选项菜单

图 2-1-3
"关机"选项菜单

如果用户的计算机已设置自动更新功能，并且已经准备安装更新，则选择"开始"菜单中的"电源"命令时，在弹出的选项菜单中会显示"更新并关机"命令，如图 2-1-4 所示。此时，选择"更新并关机"命令，Windows 将首先安装更新，然后再自动关闭计算机。

图 2-1-4
"更新并关机"选项菜单

如果是便携式计算机，可采用一种简单的方法来关闭计算机，就是合上盖子或按机箱上的电源按键。用户也可以设置便携式计算机合上盖子或按电源按键时是进入睡眠还是关机等状态。

2.2　Windows 10 的基本操作

2.2.1　项目描述——Windows 10 操作环境的配置

Windows 操作系统是目前个人计算机的主流操作系统，具有优异的人机操作性。Windows 操作系统界面友好，窗口制作优美，计算机资源管理效率高、效果好。本节学习 Windows 10 操作环境的配置，包括桌面背景个性化设置、主题个性化设置、"开始"菜单个性化设置、跳转列表个性化设置等。

2.2.2 项目知识准备

1. 桌面和任务栏

（1）桌面

桌面是打开计算机并登录到 Windows 10 之后看到的主屏幕区域，主要包括桌面背景、桌面图标和任务栏。桌面图标是代表文件、文件夹、程序和其他项目的小图片。首次启动 Windows 10 时，桌面上至少能看到一个图标"回收站"。也可能包含由计算机制造商或用户添加的图标。如图 2-2-1 所示是一些常用的图标示例。

图 2-2-1
常用图标示例

（2）任务栏

任务栏是位于屏幕底部的水平长条。通过任务栏可以便捷地管理、切换和执行各类应用。任务栏从左向右依次是"开始"按钮、快速启动区、任务显示区、输入法区、通知区和"显示桌面"按钮，如图 2-2-2 所示。

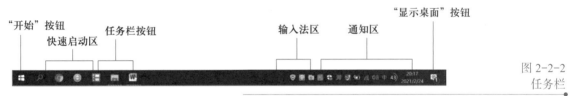

图 2-2-2
任务栏

"开始"按钮用于打开"开始"菜单。

"快速启动区"用于显示最常用的程序图标按钮，单击该区的按钮可快速启动相应的应用程序。用户可以根据自己的需要，把经常要使用的应用程序图标拖放到该区，或者把不常用的图标从该区中解除锁定。

"任务栏按钮"是每个正在使用的文件或应用程序在任务栏上的显示状态。单击这些按钮（或按 <Alt+Tab> 键或 <Alt+Esc> 键）可以切换到不同的应用程序窗口。如果将鼠标悬停在按钮上，将显示它们的缩略图，用户还可以直接从缩略图关闭窗口。

"通知区"包括一个时钟和一组图标。这些图标表示计算机上某程序的状态，或提供访问特定设置的途径。将指针移向特定图标时，会看到该图标的名称或某个设置的状态。例如，指向网络图标将显示有关是否连接到网络、连接速度以及信号强度的信息。

（3）跳转列表

跳转列表是最近打开的文件、文件夹和网站的快捷方式列表，这些项目按照用来打开它们的程序进行组织，它为用户打开这些程序提供了快捷的方式。

2. 窗口组成及操作

（1）窗口的组成

窗口是屏幕上与一个应用程序相对应的矩形区域，当用户开始运行一个应用程序时，应用程序就创建并显示一个窗口。窗口还具有导航的作用，可以帮助用户轻松地使用文件、文件夹和库。典型的 Windows 10 窗口主要由标题栏、地址栏、快速访问工具栏、导航窗格、搜索框和内容窗口等部分构成，如图 2-2-3 所示。

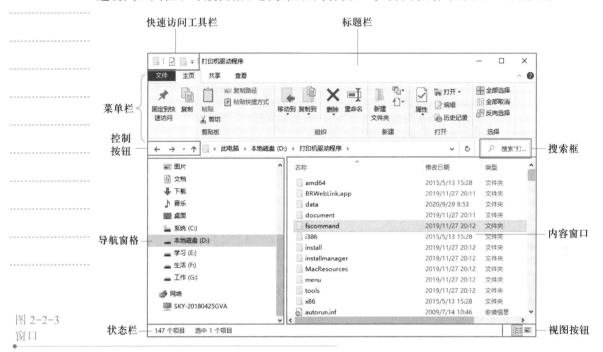

图 2-2-3
窗口

窗口各部分组成的功能见表 2-2-1。

表 2-2-1　窗口组成元素的含义

标题栏	位于窗口的最上方，显示当前的目录位置或当前窗口的名称。标题栏右侧包含"最小化""最大化"/"向下还原"和"关闭"按钮，单击相应按钮可以执行相应的窗口操作
快速访问工具栏	位于标题栏左侧，包含当前窗口图标及查看属性、新建文件夹、自定义快速访问工具栏 3 个按钮。单击"自定义快速访问工具栏"按钮，在弹出的下拉列表中，用户可以在弹出的下拉列表中选择需要的功能选项来自定义快速访问工具栏
菜单栏	位于标题栏下方，包含了当前窗口或窗口内容的一些常用操作菜单。在菜单栏右侧为"展开功能区/最小化功能区"和"帮助"按钮
地址栏	位于菜单栏下方，显示了从根目录开始到当前所在目录的路径
控制按钮区	位于地址栏左侧，使用"返回""前进"或"上移"按钮可以实现返回、前进或上移到前一个目录位置
搜索框	位于地址栏右侧，在搜索框中输入所要查看信息的关键字，可以快速查找当前目录中相关的文件、文件夹
导航窗格	位于控制按钮区下方，显示计算机中包含的具体位置，如快速访问、OneDrive、此电脑、网络等。通过使用导航窗格，用户可以快速访问相应的目录

续表

内容窗口	位于导航窗格右侧，显示当前目录的内容
状态栏	位于导航窗格下方，显示当前目录所包含项目的数量信息或显示用户所选择项目的数量、容量等属性信息
视图按钮	位于状态栏右侧，包含"在窗口中显示每一项的相关信息"和"使用大缩略图显示项"两个按钮

（2）窗口的操作

在 Windows 10 中，可以同时打开多个窗口，窗口始终显示在桌面上。窗口的基本操作包括移动窗口、使用滚动条、更改窗口大小、工具栏操作、最大化 / 向下还原、最小化、关闭等。

①移动窗口：将鼠标指针移到窗口的标题栏上，按住鼠标左键并拖动窗口到桌面上的目的位置。

②更改窗口大小：单击标题栏右侧的"最小化""最大化" / "向下还原"或"关闭"按钮，可以快速地实现窗口的大小调节、隐藏窗口等操作，其见表 2-2-2。

表 2-2-2　更改窗口大小的操作方法

类型	按钮	操作方法
最小化窗口	—	单击"最小化"按钮可将窗口隐藏（即最小化）。窗口最小化后，仍然处于打开状态，并在任务栏上显示为相应图标按钮。如果要使最小化的窗口重新显示在桌面上，可单击其任务栏上相应按钮
最大化窗口	□	方法1：单击最大化按钮可使窗口填满整个屏幕 方法2：双击窗口的标题栏
向下还原窗口	❐	方法1：单击"向下还原"按钮可将最大化的窗口还原为以前的大小 方法2：双击窗口的标题栏
关闭窗口	×	关闭窗口
调整窗口大小	无	指向窗口的任意边框或角。当鼠标指针变成双箭头时，拖动边框或角可以缩小或放大窗口

 温馨提示

关闭窗口还有以下一些常用方法：

①按 <Alt+F4> 组合键可关闭窗口。

②按 <Alt+Space> 组合键打开窗口控制菜单，再选择"关闭"命令。

③如果关闭的是程序窗口，也可在"文件"菜单中选择"退出"命令来关闭窗口退出应用程序。

④如果该窗口处于最小化的状态，可以右击其任务栏按钮，在弹出的快捷菜单中选择"关闭窗口"命令。

③切换窗口：把窗口变为活动窗口的过程称为激活。处于活动状态的窗口总在最前面，并且其标题栏和任务栏高亮显示。打开多个窗口后，还可以通过以下方法切换窗口：

- 任何时刻在所要激活的窗口内单击。
- 通过 <Alt+Tab> 组合键切换窗口。此时屏幕上会打开一个小框，框中排列着所有已打开窗口的图标，每按一次 <Tab> 键，就会选择下一个窗口图标，当窗口图标带有边框时，即为激活状态。
- 通过 <Alt+Esc> 组合键进行切换（最小化的窗口不包括在内）。

④排列窗口：有自动排列窗口和使用"对齐"排列窗口两种方式。

- 自动排列窗口。自动排列窗口分为层叠窗口、堆叠显示窗口和并排显示窗口 3 种方式。方法是：先打开一些窗口→右击任务栏的空白区域→在弹出的快捷菜单中分别选择"层叠窗口""堆叠显示窗口"或"并排显示窗口"命令。
- 使用"对齐"方式排列窗口。这种方法可在移动的同时自动调整窗口的大小，或将这些窗口与屏幕的边缘"对齐"。方法是：如果将窗口的标题栏拖动到屏幕的左侧或右侧，直到出现已展开窗口的轮廓，释放鼠标即可将窗口扩展为屏幕大小的一半。如果将窗口的标题栏拖动到屏幕的顶部，直到出现已展开窗口的轮廓，释放鼠标即可将窗口扩展为全屏显示。如果将窗口的上边缘或下边缘拖动到屏幕的顶部或底部，可使窗口扩展至整个桌面的高度，但窗口的宽度不变。

3. 菜单

（1）菜单的类型

菜单是操作系统或应用软件所提供的操作功能的一种最主要的表现形式。在 Windows 10 中，常用的菜单有"开始"菜单、快捷菜单和命令菜单等。

①"开始"菜单。

在 Windows 10 操作系统中，"开始"菜单界面进行了全面的设计，右侧集成了 Windows 8 操作系统中的"开始"屏幕。打开"开始"菜单，即可看到左侧显示一列按钮、中部显示按英文字母排序的所有应用选项、右侧"开始"屏幕区域显示 3 列动态磁贴。动态磁贴是"开始"屏幕界面中的图形方块，通过它可以快速打开应用程序，如图 2-2-4 所示。

②快捷菜单，是使用鼠标右键单击某个对象时弹出的菜单，该菜单中的功能都是与当前操作对象密切相关的，其功能项与当前操作状态和位置有关。

③命令菜单，是窗口菜单栏上的功能项组成的菜单，如"文件"等。单击菜单名称将会弹出一个下拉式菜单，其中包括若干命令。

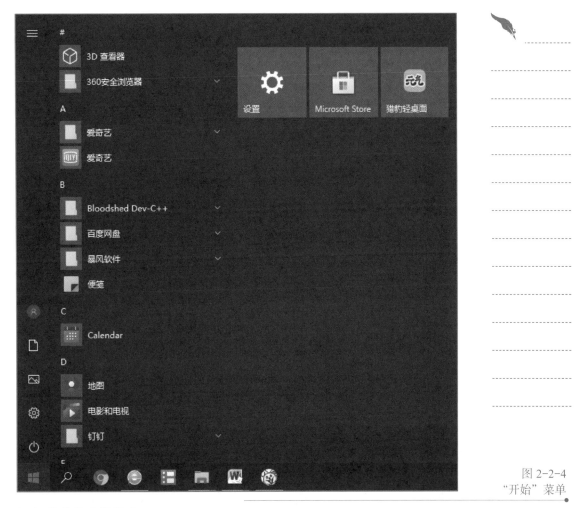

图 2-2-4
"开始"菜单

（2）菜单的有关约定

Windows 系统及应用程序所提供的各种菜单，其各个功能项的表示有一些特定的含义，表 2-2-3 列出了其相关含义。

表 2-2-3　菜单的有关约定

功能项	含　义
带下画线的字母	热键，按键盘上的该字母键则执行该项功能
灰色选项	该功能项当前不可使用
省略号（…）	选择该功能将打开一个对话框
复选标记（√）	该项功能当前有效，再次选择该命令时则取消该项功能，此时该项功能当前无效
圆点	该项功能当前有效，一般是多项中只选一项且必选一项
深色项	为当前项，移动光标键可更改，按 Enter 键则执行该项功能
三角形（▶）	表示鼠标指向该项后会弹出一个级联菜单（或称子菜单）
键符或组合键符	表示该项命令的快捷键，使用快捷键可以直接执行相应的命令

（3）对话框

Windows 中，对话框是特殊类型的窗口，用于请求用户输入信息、设置选项，或向用户提供信息，如图 2-2-5 所示。对话框的大小一般是不可调节的。

标题栏 —— 文件夹选项　　　　　"关闭"按钮

选项卡 —— 常规　查看　搜索

打开文件资源管理器时打开：此电脑

浏览文件夹
　◉ 在同一窗口中打开每个文件夹(M)
单选按钮 —— ○ 在不同窗口中打开不同的文件夹(W)

按如下方式单击项目
　○ 通过单击打开项目(指向时选定)(S)
　　○ 在我的浏览器中给所有图标标题加下划线(B)
　　◉ 仅当指向图标标题时加下划线(P)
　◉ 通过双击打开项目(单击时选定)(D)

隐私
　□ 在"快速访问"中显示最近使用的文件
复选框 —— □ 在"快速访问"中显示常用文件夹

　清除文件资源管理器历史记录　　　清除(C)

　　　　　还原默认值(R)

确定　　取消　　应用(A) —— 命令按钮

图 2-2-5
"文件夹选项"对话框

在 Windows 的对话框中，除有标题栏和"关闭"按钮外，还有以下一些控件供用户使用：

- 选项卡：当两组以上功能的对话框合并在一起形成一个多功能对话框时就会出现选项卡，单击选项卡名可进行选项卡的切换。
- 文本框：用于输入或选择当前操作所需的文本信息。
- 数值框：用于输入数字，若其右边有两个方向相反的三角形按钮，也可单击它来改变数值大小。
- 单选按钮：表示在一组选项中选择一项且只能选择一项，单击某项则被选中，被选中项前面有一个圆点"."。
- 复选框：有一组选项供用户选择，可选择若干项，各选项间一般不会冲突，被选中的项前有一个"√"，再单击该项则取消"√"。
- 列表框：列出当前状态下的相关内容供用户查看并选择，当有显示不完的内容时，会自动出现滚动条。

- 下拉列表框：单击框右边的下拉按钮会弹出一个下拉列表，其中显示了可选择的选项。
- 命令按钮：单击命令按钮可以执行该命令。当命令按钮呈灰色显示时则不可用，命令按钮中有省略号表示将单击时将打开下一级对话框。

2.2.3　项目实施

1. 创建快速启动按钮

将 Windows 10 中的"截图工具"应用程序的快捷方式制作成任务栏中的快速启动按钮，操作步骤如下：

① 单击"开始"按钮在"开始"菜单中选择"Windows 附件"→指向"截图工具"应用程序。

② 按住鼠标左键拖动"截图工具"图标至任务栏中的快速启动区，释放鼠标即可添加成功。或者，右击"截图工具"图标，从弹出的快捷菜单中选择"更多"→"固定到任务栏"命令。此时，"截图工具"程序的快速启动按钮添加完成。

2. 将常用文件夹固定到跳转列表及取消固定

如果用户要随时快速访问某个文件夹，可以将该文件夹固定到跳转列表中。操作步骤如下：

① 选定一个目标文件夹。

② 将该文件夹拖动到任务栏区域，当出现"固定到文件资源管理器"的提示时，松开鼠标即可。

如果用户希望取消固定，可以在任务栏找到对应的文件夹，鼠标指向该文件夹并右击，在弹出的快捷菜单中选择"从任务栏取消固定"命令。

3. 任务栏个性化设置

用户不仅可以通过任务栏方便地查看所使用的应用和检查时间，还可以对任务栏进行个性化设置。

鼠标指针指向任务栏空白区域并右击，在弹出的快捷菜单中选择"任务栏设置"命令，此时将弹出"设置－任务栏"窗口，如图 2-2-6 所示。在"设置"窗口右侧的"任务栏"窗格区，为用户提供了多项个性化设置选项。任务栏不仅可以出现在屏幕底部，还可以设置显示在屏幕的其他位置；用户还可以对任务栏进行隐藏、锁定等其他个性化设置操作。

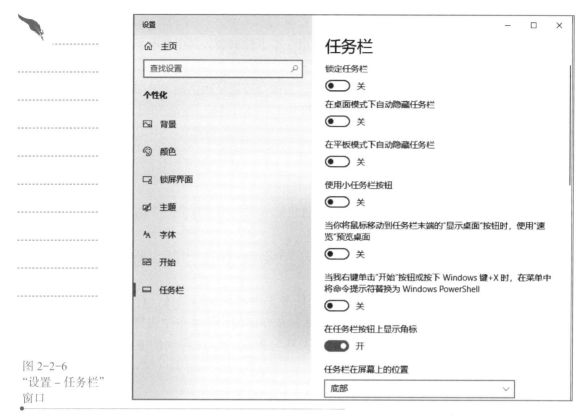

图 2-2-6
"设置 – 任务栏"
窗口

4. "开始"菜单个性化设置

鼠标指针指向"开始"按钮并右击,在弹出的快捷菜单中选择"设置"命令,此时将弹出"Windows 设置"窗口,如图 2-2-7 所示。在"Windows 设置"窗口中双击"个性化"图标,此时窗口显示为"设置 – 开始",如图 2-2-8 所示。"设置 – 开始"窗口为用户提供了多个设置选项,如是否在"开始"菜单上显示更多磁贴、是否在"开始"菜单中显示应用列表、是否使用全屏"开始"屏幕、选择哪些文件夹显示在"开始"菜单上等。

5. 显示个性化设置

桌面是启动计算机并登录 Windows 之后看到的主屏幕区域。用户可以对它进行个性化设置,让它看起来更美观、舒适。

（1）设置桌面的背景

桌面背景主要包括图片、纯色和幻灯片 3 种形式。桌面空白处右击,在弹出的快捷菜单中选择"个性化"命令,此时将弹出"设置 – 背景"窗口,在其右侧区域即可设置桌面背景。如图 2-2-9 所示,单击"浏览"按钮,在打开的对话框中选择本地图片作为桌面背景图,在"设置 – 背景"窗口右上部的预览区即可看到桌面背景预览效果。

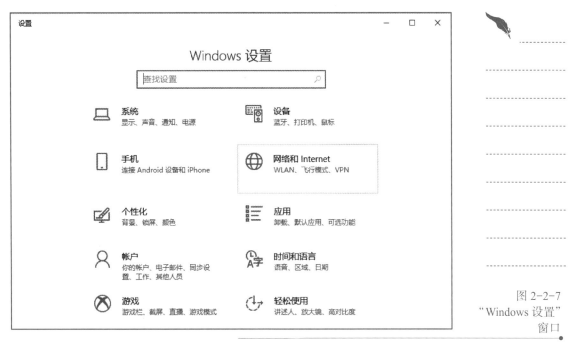

图 2-2-7
"Windows 设置"
窗口

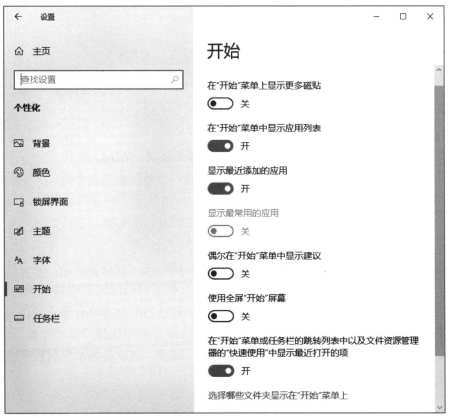

图 2-2-8
"设置 - 开始"
窗口

图 2-2-9
"设置 – 背景"窗口

（2）设置主题

主题是桌面背景图片、颜色和声音等设置项的组合。Windows 10 采用了新的主题方案，窗口、图标显示更具现代感。在"设置 – 背景"窗口左侧选择"主题"选项，此时将显示"设置 – 主题"窗口，如图 2-2-10 所示。在窗口右侧可以对主题的各个设置项单独设置，也可以选择系统自带的默认主题选项。

（3）设置屏幕分辨率

屏幕分辨率是指屏幕上显示的文本和图像的清晰度。分辨率越高，显示项目越清楚，同时屏幕上的显示项目越小，因此屏幕上可以容纳的显示项目越多。反之，在屏幕上显示的项目越少，但显示尺寸越大。设置适当的分辨率有助于提高屏幕上图像的清晰度。在桌面空白处右击，在弹出的快捷菜单中选择"显示设置"命令，此时将弹出"设置 – 显示"窗口。在窗口右侧区域的"显示分辨率"列表中选择适合的分辨率即可。如图 2-2-11 所示。

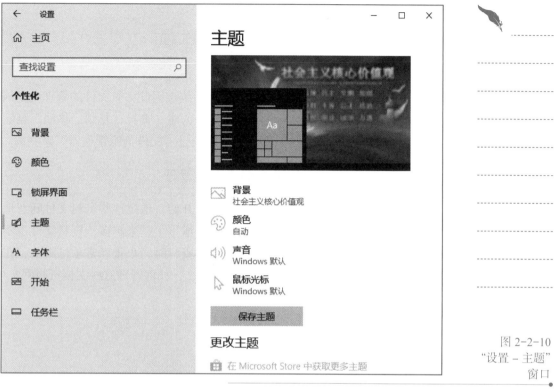

图 2-2-10
"设置 – 主题"
窗口

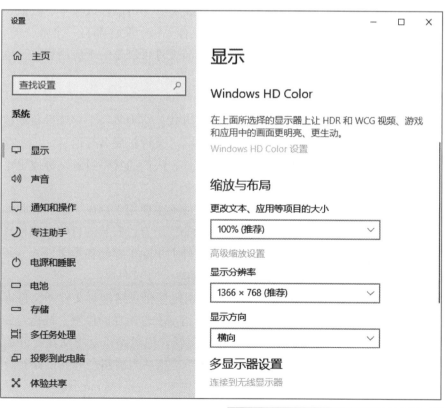

图 2-2-11
"设置 – 显示"
窗口

2.3　文 件 管 理

Windows 10 是一个面向对象的文件管理系统。因此，对文件的管理应是该操作系统的基本功能之一，它包括文件和文件夹的创建、查看、复制、移动、删除、重命名等操作。在 Windows 10 中，文件的管理通过"文件资源管理器"来完成。

2.3.1　项目描述——公司人事资料的管理

小张主要负责管理公司人事相关资料。一开始，他把这些资料文件随意地放在计算机中，但随着公司规模不断扩大，公司新增员工越来越多，资料文件也不断增多，文件显得杂乱无章。当领导要求小张查找资料时，小张经常手忙脚乱，花很多时间来查找文件，领导不悦，小张也心烦。那么，如何管理这些文档资料呢?

2.3.2　项目知识准备

1. 文件和文件夹的相关概念

（1）文件

文件是操作系统存取磁盘信息的基本单位，文件中可以存放文本、数值、图像或音乐等信息，是磁盘上存储的信息的一个集合。每个文件都有一个唯一的名字，操作系统正是通过文件的名称对文件进行管理。文件可以是一个应用程序，也可以是由一段文字组成的文本文档等。

（2）文件夹

操作系统中的文件管理是按名存取的管理方式。它为每一个存储设备创建了一个文件列表，称为目录。表中包括了诸如文件名、文件扩展名等信息，每个存储设备上的主目录称为根目录，为了更好地组织文件，人们通常将目录又分成更小的列表，称为子目录或子文件夹，以此类推。

文件夹是可以在其中存储文件的容器。文件夹主要用于存放、整理和归纳各种不同类型的文件以及组织和管理设备文件。例如，所有已安装的打印机和传真，其文件都存放在"设备和打印机"文件夹中。文件夹中除了存储各类文件外，还可以存储其他文件夹。文件夹中包含的文件夹通常称为"子文件夹"。

在 Windows 10 文件资源管理器中，是采用树型目录结构对文件和文件夹进行管理的。由树型目录结构中的各级文件夹可以指定文件所在的位置，被指定的这个位置称为文件的路径，分为绝对路径和相对路径。绝对路径是指从盘符开始的路径，如 C:\windows\system32\cmd.exe。相对路径是指从当前路径开始的路径，假如当前路径为 C:\windows 要描述上述路径，只需输入 system32\cmd.exe。

（3）命名规则

文件（文件夹）的名称，包括文件根名和扩展名两部分。文件根名可使用英文或汉字，扩展名表示这个文件的性质。命名要通俗易懂，即通常说的"见名知意"，同时必须遵守以下规则：

- 在 Windows 中，文件（文件夹）名最多使用 255 个英文字符或 127 个汉字。
- 文件（文件夹）名的开头字符不能使用空格。
- 不能含有以下符号：斜线（\ 或 /）、竖线（|）、小于号（<）、大于号（>）、冒号（：）、引号（"）、问号（?）、星号（*）。
- 用户在文件（文件夹）名中可以指定文件名的英文大小写格式，但是不能利用大小写字母来区别文件名。例如，MyDocument.docx 和 mydocument.docx 被认为是同一个文件名。
- 同一文件夹下不能有两个及两个以上相同的文件（文件夹）名。

（4）通配符

在 Windows 中搜索文件时，可以在文件名中使用通配符。通配符主要有两种，分别是 * 和 ?，其使用说明见表 2-3-1。

表 2-3-1 通配符的功能与含义

通配符	含 义	举 例
?	表示任意一个有效字符	"?1.ppt"表示第 2 个字母为 1 的所有 PPT 文件
*	表示任意个有效字符	"*.doc"表示所有的 Word 文档；"a*.bmp"表示以字母 a 开头的 bmp（位图）文件；"*.*"表示所有文件

（5）文件类型

文件的扩展名用来表示文件的类型。在计算机中，文件用图标表示，不同类型的文件在 Windows 10 中对应不同的文件图标，见表 2-3-2。

表 2-3-2 文件类型与图标和扩展名的对应关系

图标	文件类型	扩展名
	浏览器文件	htm
	压缩文件	rar
	可执行	exe
	文本文件	txt
	图片文件	jpg
	字体文件	ttf

程序文件：由可执行的代码组成，在 Windows 中，以 com、exe 和 bat 为扩展名。其中，扩展名为 bat 的程序文件是批处理文件。

文本文件：由 ASCII、汉字组成，一般情况下扩展名为 txt。值得注意的是，有的文件虽然不是文本文件，但是可以用文本编辑器进行编辑。

图像文件：有各种不同的扩展名，比较常见的有 bmp、jpg 和 gif 等。

字体文件：Windows 10 中有各种不同的文体，其文件各自存放在 Windows 10 文件夹下的 FONTS 文件夹中，如 TTF 表示 True Type 字体文件，FON 则表示位图字体文件。

综上所述，可以发现文件的扩展名可以帮助用户识别文件的类型。用户在创建应用程序和存放数据时，可以根据文件的内容给文件加上适当的扩展名，以帮助用户识别和管理文件。

值得注意的是，大多数的文件在存盘时，应用程序都会自动给文件加上默认的扩展名。当然，用户也可以特定指出文件的扩展名。为了帮助用户更好地辨认文件的类型，表 2-3-3 中列出了一些常用的文件扩展名。

表 2-3-3   Windows 10 中常用的文件扩展名

扩展名	文件类型	扩展名	文件类型
avi	影像文件	jpg	一种常用的图形文件
bmp	位图文件	mdb	Access 数据库文件
com/exe	可执行程序文件	txt	文本文件
doc	Word 字处理文档	wav	波形文件
xls	Excel 电子表格文件	htm	超级文本文件

温 馨 提 示

在查看文件时，文件的扩展名有时是被隐藏的。如果此时再将某 word 文件命名为 "note.docx"，系统将把文件名显示为 "note.docx.docx"。虽然系统不会提示错误，但这的确是画蛇添足。

2. 文件排序方式和显示方式

（1）排序方式

在 Windows 10 中，文件的排序方式有名称、大小、项目类型和修改日期 4 种。改变文件排序方式的方法有右击窗口空白处，在弹出的快捷菜单中单击"排序方式"命令；或者单击菜单栏中的"查看"选项卡，在功能区中单击"排序方式"按钮，然后根据实际需要选择排序的方式，同时还可以选择排序时是按升序（递增）还是降序（递减）排列。

（2）查看方式

在 Windows 10 中，文件列表的查看方式有超大图标、大图标、中等图标、小图标、列表、详细信息、平铺和内容。改变文件列表查看方式的方法有右击窗口空白处，在弹出的快捷菜单中选择"查看"命令；或者单击菜单栏中的"查看"选项卡，在功能区的"布局"组单击需要的查看方式按钮。

3. 剪贴板

剪贴板是 Windows 系统中一个非常实用的重要工具，用来实现不同应用程序之间数据的共享和传递。

（1）剪贴板概述

剪贴板是 Windows 系统中一段连续的、可随存放信息的大小而变化的临时存储区域，占用的是一部分内存空间，用来临时存放交换信息。它形如信息的中转站，可用于不同磁盘或文件夹之间的文件（或文件夹）的移动及复制，也可用于不同的 Windows 应用程序之间信息的交换。

在 Windows 系统中，剪贴板可存放文字、图形、图像、声音、文件、文件夹等信息，其工作过程是：将选定的内容通过"复制"或"剪切"到剪贴板中暂时存放，当需要时"粘贴"到目标位置。

使用剪贴板时，用户不能直接感觉到它的存在，但可以查看剪贴板中的内容。方法如下：

① 单击"开始"按钮，在"开始"菜单中选择"设置"命令，此时将打开如图 2-2-7 所示的"Windows 设置"窗口。

② 在窗口左侧选择"系统"选项，将显示"设置 – 显示"窗口，如图 2-2-11 所示。

③ 在"设置 – 显示"窗口左侧选择"剪贴板"选项，将显示"设置 – 剪贴板"窗口，如图 2-3-1 所示。将窗口右侧"剪贴板历史记录"选项下方的按钮置于"开"状态，即可保存多个项目到剪贴板以备稍后使用。

④ 按下组合键 <Windows 键 +V> 就可以查看剪贴板历史记录并粘贴其中的内容了，如图 2-3-2 所示。

（2）剪贴板的应用

用户使用剪贴板时，常用的有剪切、复制、粘贴 3 种操作。

① 剪切操作：单击菜单栏中的"主页"选项卡，在功能区中单击"剪切"按钮；或右击剪切对象，在弹出的快捷菜单中的选择"剪切"命令，均可将选定的内容移动到剪贴板中。

② 复制操作：复制操作与剪切操作完全类似。不同之处在于，它是将选定的内容复制到剪贴板中。

在 Windows 系统中，可以把整个屏幕、活动窗口或活动对话框内容作为图形方式复制到剪贴板中，称为屏幕硬拷贝。

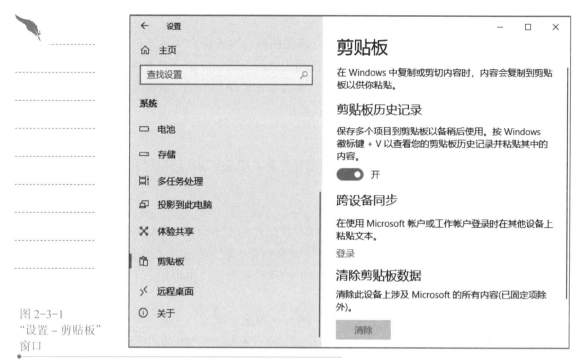

图 2-3-1
"设置 – 剪贴板"
窗口

（2）剪贴板的应用

用户使用剪贴板时，常用的有剪切、复

图 2-3-2
查看剪贴板
历史记录

屏幕硬拷贝的方法是：先用鼠标将屏幕、活动窗口或活动对话框调整到所需要的状态，然后按 <Print Screen> 键，即可将整个屏幕的静态内容作为一个图形复制到剪贴板中；按 <Alt+Print Screen> 键，可将活动窗口或活动对话框的静态内容作为一个图形复制到剪贴板中。

③ 粘贴操作：是将剪贴板中的内容复制到当前位置或插入到应用程序的光标开始位置。确定目标位置后，单击菜单栏中的"主页"选项卡，在功能区中单击"粘贴"按钮；或在其快捷菜单中选择"粘贴"命令，即可将剪贴板中的内容粘贴到目标位置上。

将选定内容复制或剪切到剪贴板的目的，一般是为了供粘贴操作使用。如果不选定内容，则不能执行剪切和复制操作，此时的按钮及命令均呈灰色。剪贴板中的内容可供用户反复粘贴使用。

另外，在实际应用中，常使用组合键 <Ctrl+X>、<Ctrl+C>、<Ctrl+V> 分别实现剪切、复制、粘贴功能。

实际上，在 Windows 基本操作中，对于文件和文件夹的复制和移动，以及以后在 Office 文档中的文本的移动和复制等都是通过剪贴板完成的。

4. 回收站

回收站主要用来存放用户临时删除的文档资料，占用的是一部分硬盘空间，如删除的文件、文件夹、图片、快捷方式等。这些被删除的项目会一直保留在回收站中，直到清空回收站。

回收站是一个特殊的文件夹，默认在每个硬盘分区根目录下的 RECYCLER 文件夹中，而且是隐藏的。当用户将文件删除并移到回收站后，实质上就是把它放到了这个文件夹，仍然占用磁盘的空间。只有在回收站里删除它或清空回收站才能使文件真正的删除。

温馨提示

不是所有被删除的对象都能够从回收站中被还原，一般来说，只有从硬盘中删除的对象才能放入回收站。以下两种情况无法还原文件或文件夹：

① 从可移动存储器如 U 盘、软盘等或网络驱动器中删除对象

② 回收站使用的是硬盘的存储空间，当回收站空间已满，系统将自动清除较早删除的对象。

5. 文件和文件夹的基本操作

（1）选定文件或文件夹

在 Windows 中，对文件或文件夹进行操作之前，必须先选定文件或文件夹，称为"先选后作"原则。选定的文件或文件夹的名字表现为深色加亮。

- 选定单个的文件或文件夹：单击目标文件名或文件夹名，如图 2-3-3 所示。
- 选定多个连续对象：单击要选定的第 1 个文件或文件夹，按下 <Shift> 键，单击最后一个文件或文件夹，也可以进行框选，如图 2-3-4 所示。

图 2-3-3
选定单个文件

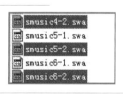

图 2-3-4
选定多个连续文件

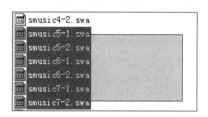

- 选择多个非连续的文件或文件夹：按下 <Ctrl> 键，单击要选的每一个文件或文件夹，如图 2-3-5 所示。
- 全部选定文件或文件夹：按组合键 <Ctrl+A> 完成，如图 2-3-6 所示。

图 2-3-5
选定多个非连续文件

图 2-3-6
选定全部文件

（2）搜索文件或文件夹

Windows 提供的查找文件或文件夹有下面两种常见的方式。

- 使用任务栏中的搜索框进行查找。
- 使用文件资源管理器中的搜索框进行查找。

方法是：在搜索框中，键入要搜索主题的几个字词或短语，然后按 <Enter> 键或单击"搜索"按钮 🔍，将会出现搜索结果的页面。

当用户要对某一类或某一组文件进行操作时，可以使用通配符来表示文件名中不同的字符，如 "*.mp3"。

（3）移动、复制文件和文件夹

复制或移动文件和文件夹的操作方法主要有下面 4 种。

① 使用鼠标左键。

- 同盘复制：按住 <Ctrl> 键拖动到目标位置；
- 同盘移动：按住 <Shift> 键拖动或者直接拖动到目标位置；
- 不同盘复制：按住 <Ctrl> 键拖动或者直接拖动到目标位置；
- 不同盘移动：按住 <Shift> 键拖动到目标位置；

在进行移动操作时，鼠标指针形状为 ↖；在进行复制操作时，鼠标指针形状为 ↖₊。

② 使用右键拖动。

选定一个或多个对象，用右键将其拖动到目标位置，释放鼠标后，在弹出的快捷菜单中根据需要选择"复制到当前位置"或"移动到当前位置"命令。

　　③ 使用快捷菜单。

　　右键单击选定的对象，在弹出的快捷菜单中选择"复制"或"剪切"命令，然后选择目标文件夹，使用"粘贴"命令即可实现。

　　④ 用组合组合键。

　　选定的对象，按组合键 <Ctrl+X> 或者 <Ctrl+C>，然后选择目标文件夹按组合键 <Ctrl+V> 即可实现。

　　（4）删除与恢复文件或文件夹

　　选定对象后，可以采用如下的操作方法删除对象：

- 选定需删除的对象，然后按 <Delete> 键。这时，Windows 打开"确认文件删除"对话框，询问用户是否想要把文件或文件夹放入回收站中，单击"是"按钮即可。
- 选定需删除的对象，单击菜单栏中的"主页"选项卡，在功能区中单击"删除"按钮，在弹出的下拉菜单中根据需要选择相应的命令。
- 右击需删除的对象，在弹出的快捷菜单中选择"删除"命令。
- 直接拖动需删除的对象到"回收站"图标上。

　　使用上述方法删除的本地磁盘中的对象，其实并未真正从磁盘中删除，只是被放入了回收站。用户可在清空回收站之前，右击选定的对象，在弹出的快捷菜单中选择"还原"命令来恢复。

　　按住 <Shift> 键的同时按 <Delete> 键，则选定对象会被直接删除而不会放入"回收站"，即不能恢复。

　　（5）文件或文件夹的更名

　　文件或文件夹的更名可采用下面 4 种方法。

- 右击需要更名的文件或文件夹→在弹出的快捷菜单中选择"重命名"命令→输入新名称→按 <Enter> 键完成更名。
- 选定要更名的文件或文件夹→单击菜单栏中的"主页"选项卡，在功能区中单击"重命名"按钮→输入新名称→按 <Enter> 键完成更名。
- 选定要更名的文件或文件夹→按功能键 F2 →输入新名称→按 <Enter> 键完成更名。
- 两次单击要更名的文件或文件夹的名称→输入新名称→按 <Enter> 键完成更名。

温 馨 提 示

　　当文件为打开状态时，不能对文件进行"重命名"操作。

　　当文件重命名时，一般来说文件的扩展名，是不能更改的，由于文件的扩展名关联到该文件所对应的应用程序。

2.3.3　项目实施

人事资料管理主要是对文档资料进行分类管理，在 Windows 10 中，人们通过建立不同的文件夹对文件进行分类管理，在本任务中，通过以下操作来实现文件的管理。

- 在 D 盘上根目录下建立两个文件夹："工资管理"和"员工信息"，再在"工资管理"文件夹下建立"在编人员工资"和"非在编人员工资"两个子文件夹，在"员工信息"文件夹下建立"考勤信息""员工业绩"和"员工基本信息"3 个子文件夹。
- 把"销售部员工业绩 .xlsx"及其相关文件保存到"员工业绩"文件夹中，把"2020 年 8 月份在编人员工资发放情况 .xlsx"保存到"在编人员工资"文件夹中。
- 把"工资管理"和"员工信息"两个文件夹保存到 U 盘备份。

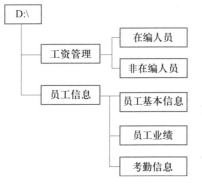

图 2-3-7　树形目录结构

1. 创建文件夹

在 D 盘根目录中创建如图 2-3-7 所示的文件夹结构。操作步骤如下：

① 在文件资源管理器左侧导航窗格中，展开"此电脑"→选择"本地磁盘（D:）"→在右窗格的空白区域右击→在弹出的快捷菜单中选择"新建"→"文件夹"命令，如图 2-3-8 所示。

② 输入新的文件夹名"工资管理"，在该文件夹之外单击鼠标，或通过按 <Enter> 键完成创建。

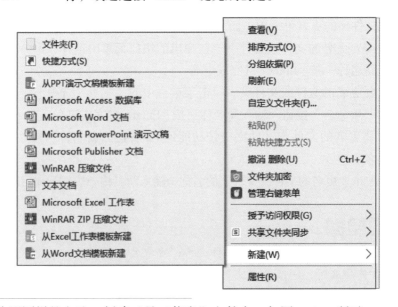

图 2-3-8
创建文件夹

③ 使用同样的方法，创建"员工信息"文件夹，如图 2-3-9 所示。

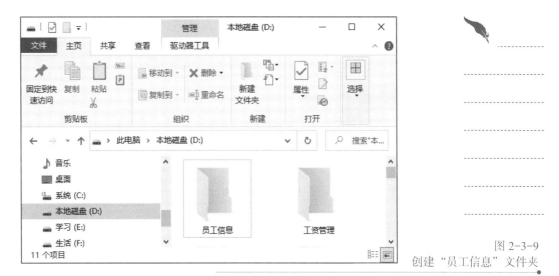

图 2-3-9
创建"员工信息"文件夹

④ 双击"工资管理"文件夹,重复操作步骤①和②,依次完成"在编人员工资"和"非在编人员工资"子文件夹的创建。

⑤ 双击打开"员工信息"文件夹,重复操作步骤①和②,依次完成"员工基本信息""员工业绩"和"考勤信息"子文件夹的创建。

2. 创建文件

在"员工业绩"文件夹中创建"销售部员工业绩 .xlsx"文档,在"工资管理"文件夹中创建"2020 年 8 月份在编人员工资发放情况 .xlsx",然后保存。操作步骤如下:

① 打开"员工业绩"文件夹→在右窗格的空白区域右击→在弹出的快捷菜单中选择"新建"→"Microsoft Excel 工作表"命令,如图 2-3-10 所示,此时会在右窗格中出现一个新的 Excel 图标。

图 2-3-10
创建 Excel 工作表

② 输入"销售部员工业绩 .xlsx"文件名→在该文件之外单击鼠标，或按 <Enter> 键完成创建，如图 2-3-11 所示。

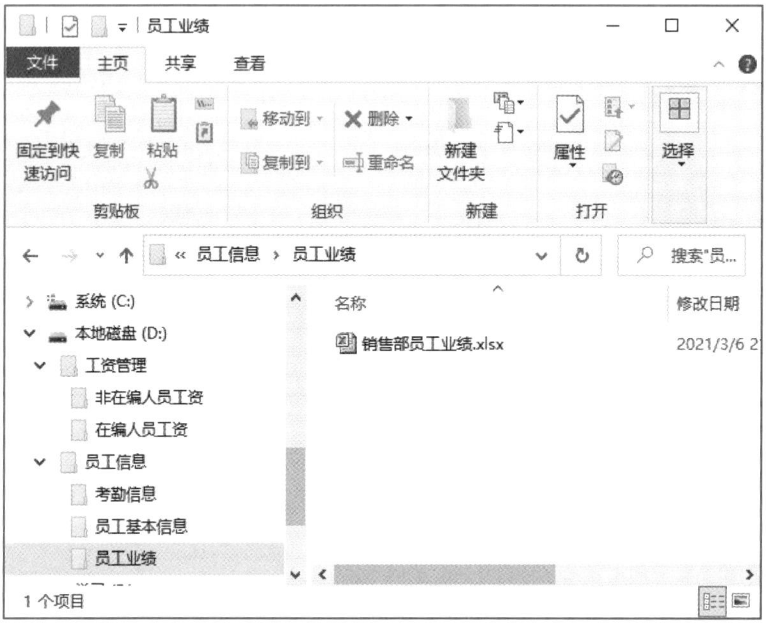

图 2-3-11
创建"销售部员工
业绩"文件

③ 使用同样方法，在"工资管理"文件夹中创建"2020 年 8 月份在编人员工资发放情况 .xlsx"文件。

3. 复制或移动文件和文件夹

移动文件或文件夹是将文件或文件夹从原位置移动到目标位置，移动操作使文件或文件夹从原位置被删除。复制文件和文件夹是将文件或文件夹从原位置复制到目标位置，原位置仍存有副本。

将"工资管理"和"员工信息"两个文件夹复制到 U 盘中备份。操作步骤如下：

① 右击"员工信息"文件夹→在弹出的快捷菜单中选择"复制"命令。

② 打开 U 盘→在右窗格的空白区域右击→在弹出的快捷菜单中选择"粘贴"命令。

③ 使用同样的方法，将"工资管理"文件夹复制到 U 盘中。

温馨提示

用户也可直接右击"员工信息"文件夹→在弹出的快捷菜单中选择"发送到"→"可移动磁盘"命令，将文件复制到 U 盘中。

4. 创建快捷方式

在桌面上为"员工信息"文件夹创建一个快捷方式。操作步骤：右击"员工信息"文件夹→在弹出的快捷菜单中选择"发送到"→"桌面快捷方式"命令即可，如图 2-3-12 所示。

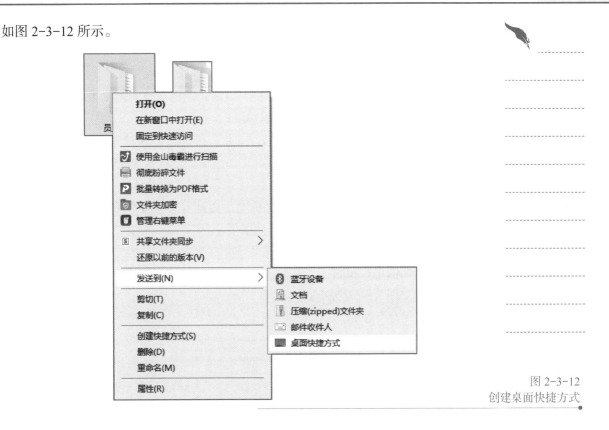

图 2-3-12
创建桌面快捷方式

2.4　Windows 10 的其他操作

2.4.1　项目描述——常见 Windows 管理工具的使用

财务部小李负责公司财务工作，财务工作关系着公司很多机密，因此小李需要解决以下几个问题：

① 设置文件隐藏属性以保护公司机密文件。

② 对公司机密文件设置密码。

③ 隐藏已知文件类型的扩展名。

④ 使用屏幕保护密码，防止文件信息泄漏。

⑤ 创建一个标准类型的新账户 USER1，并设置密码。

2.4.2　项目知识准备

1. 文件和文件夹的属性

文件和文件夹的属性记录了文件和文件夹的详细信息。广义的文件属性主要包括常规信息，如对象名称、对象类型、打开方式、对象位置、对象大小、创建时间、修改时间、访问时间、作者姓名、标记等；狭义的文件属性一般包括只读、隐藏、存档等。

- 只读：只能对文件进行读的操作，而不能删除、修改或保存。
- 隐藏：在通常情况下不显示该文件，以防止泄密或被误删除等。
- 存档：表明文件在上次备份后做过修改。

在 Windows 10 中，可右击文件或文件夹，在弹出的快捷菜单中选择"属性"命令来查看文件或文件夹属性，还可以对文件添加标记和其他属性。

（1）添加或更改常见属性

文件资源管理器的"详细信息"窗格中，会显示文件最常见的属性。通过该窗格可以添加或更改文件属性，其操作方法如下。

① 打开包含要更改文件属性的文件夹→单击该文件。

② 在"详细信息"窗格中，在要添加或更改的属性旁单击→键入新的属性（或更改该属性），如图 2-4-1 所示。

③ 单击"保存"按钮。

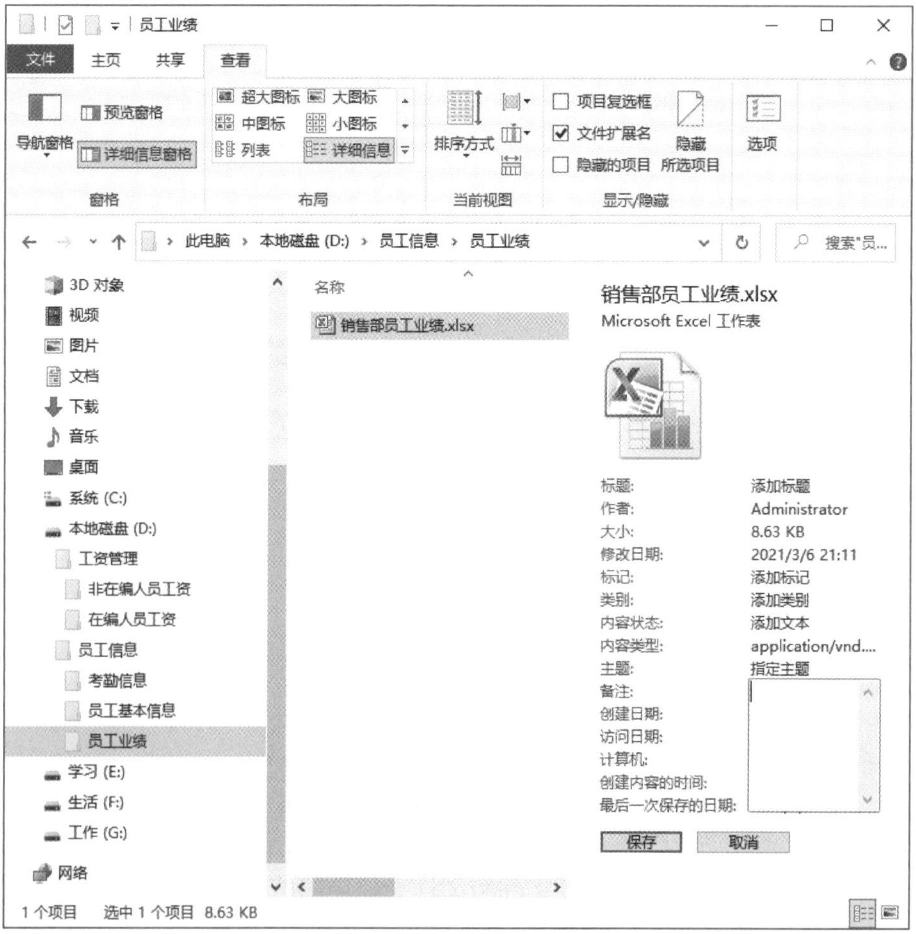

图 2-4-1 在"详细信息"窗格中添加属性

温馨提示

　　如果添加了多个属性，要用分号隔开。如果要对文件进行分级，单击代表分级属性的星星即可。如果要查看更多文件属性，可放大"详细信息"窗格，方法是单击详细信息窗格的上边缘，然后向上拖动。

（2）添加或更改未显示的属性

　　如果"详细信息"窗格中未显示要添加或更改的文件属性，则可以通过"属性"对话框来以显示文件属性的完整列表，其操作步骤如下。

　　① 打开包含要查看文件属性的文件夹。

　　② 右击该文件→在弹出的快捷菜单中选择"属性"命令→在打开的对话框中单击"详细信息"选项卡，如图 2-4-2 所示。

　　③ 要添加或更改的属性旁单击，键入新的值→单击"确定"按钮。

属性	值
说明	
标题	
主题	
标记	
类别	
备注	
来源	
作者	Administrator
最后一次保存者	
修订号	
版本号	
程序名称	Microsoft Excel
公司	
管理者	
创建内容的时间	2006/9/16 8:00
最后一次保存的日期	2006/9/16 8:00
最后一次打印的时间	
内容	
内容状态	
内容类型	application/vnd.openxmlformats-

销售部员工业绩.xlsx 属性

常规　安全　详细信息　以前的版本

删除属性和个人信息

确定　　取消　　应用(A)

图 2-4-2
在"属性"对话框中
向文件添加属性

2. 文件和文件夹的加密

加密是通过对内容进行编码来增强消息或文件安全性的一种方式，只有拥有解密密钥的用户才能读取这些加密的消息或文件。Windows 10 具有强大的文件加密功能，并且操作简单。但前提是准备加密的文件与文件夹所在的磁盘必须是 NTFS（New Technology File System）文件系统。由于正在运行的文件不能进行加密解密操作，因此系统文件或在系统目录中的文件是不能被加密的，否则系统就无法启动。

Windows 内建的加密功能与用户的账户关系非常密切，同时用于解密的用户密钥也存储在系统内，任何导致用户账户改变的操作和故障都有可能带来灾难，要避免这种情况的发生需备份加密密钥。

3. NTFS 文件系统

NTFS 是 Windows NT 操作环境和 Windows NT 高级服务器网络操作系统环境的文件系统。NTFS 可以支持的分区（如果采用动态磁盘则称为卷）大小可以达到 2 TB。而 Windows 2000 中的文件分配表 FAT（File Allocation Table）32 可以支持的分区大小最大为 32 GB。NTFS 是一个可恢复的文件系统。NTFS 还提供了磁盘压缩、数据加密、磁盘配额、动态磁盘管理等功能。除了 NTFS 之外，常用的分区格式还有 FAT16、FAT32 和 Linux。

4. 屏幕保护程序

如果在使用计算机进行工作的过程中临时有一段时间需要做一些其他的事情，从而中断了对计算机的操作，这时就可以启动屏幕保护程序，将屏幕上正在进行的工作状况画面隐藏起来。在实际工作中，可以使用屏幕保护程序中的密码来对正在编辑或阅读的文件信息进行保护操作。

5. 用户账户

在共享计算机上拥有不同账户可让多个用户使用同一台设备，同时让每个用户拥有自己的登录信息、能够访问自己的文件、浏览器收藏夹和桌面设置。

Microsoft 开发了可用于登录到 Windows 10 设备的两种不同类型的账户。

本地计算机账户是一种为特定设备创建的账户。使用该账户创建或存储的信息是与该计算机绑定的，无法从其他设备访问。

Microsoft 账户是一种并不与设备本身绑定的"关联账户"，Microsoft 账户可以在任意数量的设备上使用。可以从登录的任何设备通过云存储访问 Windows Store 应用程序、设置和数据。

6. 磁盘管理与维护

（1）磁盘概述

计算机中的所有文件都存储在磁盘上，计算机中的磁盘包括硬盘和软盘。硬盘一般固定在机箱中，但移动式硬盘除外。软盘可随身携带。由于软盘的存储容量很小，现在已经被淘汰，取而代之的是体积小、质量轻、可靠性高、存储容量较大（32 GB ～ 512 GB）、数据传输速度快、携带方便的 U 盘。

① 硬盘分区。

计算机中存放信息的主要存储设备是硬盘，但硬盘不能直接使用，必须先在上面创建一个或多个分区。分区是硬盘上的一个区域，能够进行格式化并分配有驱动器号。硬盘分区之后，会形成 3 种形式的分区状态，即主分区、扩展分区和非 DOS 分区。主分区至少有 1 个，最多 4 个，扩展分区可以没有，最多 1 个。主分区和扩展分区总共不能超过 4 个。

主分区是能够安装操作系统，能够进行计算机启动的分区，该分区格式化后才能安装操作系统。主分区需设定为活动分区，才能够通过硬盘启动系统。主分区通常标记为字母 C。

非 DOS 分区（Non-DOS Partition）是一种特殊的分区形式，它是将硬盘中的一块区域单独划分出来供另一个操作系统使用，对主分区的操作系统来讲，是一块被划分出去的存储空间。只有非 DOS 分区的操作系统才能管理和使用这块存储区域。

扩展分区是不能直接用的，它是以逻辑分区的方式来使用的，一个扩展分区可最多可分成 23 个逻辑分区，每个分区都单独分配一个盘符，可以被计算机作为独立的物理设备使用。

② 磁盘格式化。

硬盘分区后，在使用时还需要对其进行格式化。在格式化磁盘时，使用文件系统对其进行配置，以便 Windows 可以在磁盘上存储信息。

格式化会删除磁盘上的所有数据，并重新创建文件分配表。格式化还可以检查磁盘上是否有坏的扇区，并将坏扇区标出，以后存放数据时会避开这些坏扇区。一般新的硬盘都没有格式化过，在安装 Windows 10 操作系统时必须先对其进行分区并格式化，而用户在日常使用中基本上不需要对硬盘进行格式化，只需要对移动硬盘、U 盘等进行格式化。

（2）磁盘管理

磁盘管理是计算机使用时的一项常规任务。它是以一组磁盘管理应用程序的形式提供给用户的，位于"开始"菜单的"Windows 管理工具"目录中，包括磁盘清理、碎片整理和优化驱动器等常用磁盘管理程序。

① 磁盘清理程序。

磁盘清理的目的是释放硬盘上的空间。因为磁盘用久了，会积累大量的垃圾文件，它们占据了大量的磁盘空间，如浏览网页时积累的各种临时文件。使用 Windows 10 提供的"磁盘清理"程序能帮助用户释放硬盘空间，删除临时文件、Internet 缓存文件，可以安全地删除不需要的文件，腾出它们占用的系统资源，以提高系统性能。

② 磁盘碎片整理程序。

● 磁盘碎片的产生。

磁盘碎片即为文件碎片，它的产生是因为文件被分散保存到整个磁盘的不同地方，而不是连续地保存在磁盘连续的簇中。硬盘在使用一段时间后，由于反复写入和删除文件，磁盘中的空闲扇区会分散到整个磁盘中不连续的物理位置上，从而使文件不能存在连续的扇区里。这样，再读写文件时就需要到不同的地方去读取，增加了磁头的来回移动，降低了磁盘的访问速度。

当应用程序所需的物理内存不足时，操作系统会在硬盘中产生临时交换文件，将该文件所占用的硬盘空间虚拟成内存。虚拟内存管理程序会对硬盘频繁读写，产生大量的碎片，这是产生硬盘碎片的主要原因。除此之外，使用 IE 浏览器浏览信息时生成的临时文件，以及设置临时文件目录等也会形成大量的碎片。文件碎片一般不会在系统中引起问题，但如果文件碎片过多会引起硬盘性能下降，甚至会缩短硬盘寿命。

● 磁盘碎片整理的作用。

Windows 10 系统中提供的"碎片整理和优化驱动器"可以对使用文件分配表（FAT）文件系统、FAT32 文件系统和 NTFS 文件系统格式化的卷进行碎片整理。磁盘碎片整理就是把硬盘上的文件重新写在硬盘上，以便让文件保持连续性。

一般情况下，个人用户每月作 1 ～ 2 次磁盘碎片整理，使硬盘的读写速度保持在最佳状态。

2.4.3　项目实施

1. 隐藏文件

在 D 盘建立一个文件夹，命名为"公司机密"，创建一个"2020 上半年财务支出统计 .xlsx"文件，并将其设置为隐藏，操作步骤如下。

① 打开 D 盘，单击"主页"选项卡→单击"新建文件夹"按钮，建立一个新文件夹，并命名为"公司机密"。

② 打开"工资管理"文件夹，右击此窗口已提前创建好的"2020 上半年财务支出统计 .xlsx"文件，在弹出的快捷菜单中选择"剪切"命令。

③ 打开"公司机密"文件夹，在右窗格的空白区域右击，在弹出的快捷菜单中选择"粘贴"命令。

④ 右击"2020 上半年财务支出统计 .xlsx"文件，在弹出的快捷菜单中选择"属性"命令，此时将弹出"2020 上半年财务支出统计 .xlsx 属性"对话框。

⑤ 在"常规"选项卡中，选中"隐藏"复选框，如图 2-4-3 所示。

⑥ 单击"确定"按钮。

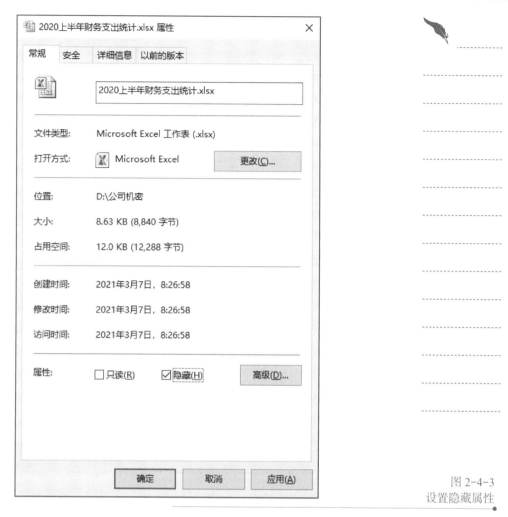

图 2-4-3
设置隐藏属性

2. 显示隐藏的文件

在文件资源管理器中查看具有隐藏属性的"2020上半年财务支出统计.xlsx"文件，方法如下。

方法 1：在文件资源管理器中，单击"查看"选项卡，选中"显示／隐藏"组中的"隐藏的项目"复选框，即可在窗口查看到被隐藏的文件。

方法 2：在文件资源管理器中，单击"查看"选项卡，单击"选项"按钮，此时打开如图 2-4-4 所示的"文件夹选项"对话框。单击对话框中的"查看"选项卡，在"隐藏文件和文件夹"选项中，选中"显示隐藏的文件、文件夹和驱动器"单选按钮，单击"确定"按钮。

3. 加密文件或文件夹

加密文件和加密文件夹的方法基本相似，下面以加密"公司机密"文件夹为例进行介绍。其操作步骤如下。

图 2-4-4
"文件夹选项"对话框

① 在文件资源管理器中，右击"公司机密"文件夹，在弹出的快捷菜单中选择"属性"命令，打开如图 2-4-5 所示的对话框。

② 在"常规"选项卡中单击"高级"按钮，打开如图 2-4-6 所示的对话框。

③ 在"压缩或加密属性"选项组中，选中"加密内容以便保护数据"复选框，单击"确定"按钮后，返回如图 2-4-5 所示的对话框。

④ 单击"确定"按钮，打开"确认属性更改"对话框，如图 2-4-7 所示。

⑤ 要想只加密文件夹，可选中"仅将更改应用于该文件夹"单选按钮，否则选中"将更改应用于该文件夹、子文件夹和文件"单选按钮。

⑥ 单击"确定"按钮，之后，被加密的文件和文件夹的图标右上角显示一把锁，如图 2-4-8 所示。

4. 隐藏已知文件类型的扩展名

在 Windows 10 中，要隐藏或显示文件的扩展名，操作步骤如下。

① 在文件资源管理器中，单击"查看"选项卡，单击"选项"按钮，此时打开"文件夹选项"对话框。单击对话框中的"查看"选项卡。

公司机密 属性　　　　　　　　　　　　　　✕

常规　共享　安全　以前的版本　自定义

　　　　　公司机密

类型:　　　　文件夹

位置:　　　　D:\

大小:　　　　8.63 KB (8,840 字节)

占用空间:　　12.0 KB (12,288 字节)

包含:　　　　1 个文件，0 个文件夹

创建时间:　　2021年3月7日，8:15:09

属性:　　　■ 只读(仅应用于文件夹中的文件)(R)

　　　　　　□ 隐藏(H)　　　　　　高级(D)...

确定　　　取消　　　应用(A)

图 2-4-5
"公司机密 属性"对话框

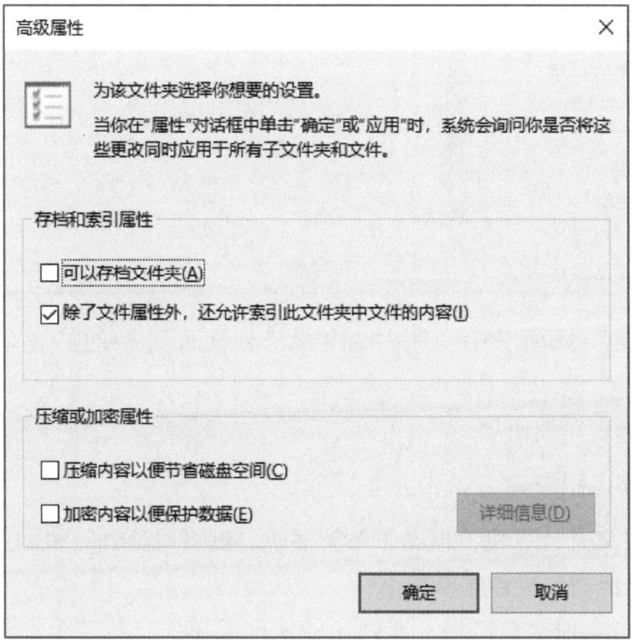

高级属性　　　　　　　　　　　　　　　　✕

　　　为该文件夹选择你想要的设置。
　　　当你在"属性"对话框中单击"确定"或"应用"时，系统会询问你是否将这
　　　些更改同时应用于所有子文件夹和文件。

存档和索引属性

　□ 可以存档文件夹(A)

　☑ 除了文件属性外，还允许索引此文件夹中文件的内容(I)

压缩或加密属性

　□ 压缩内容以便节省磁盘空间(C)

　□ 加密内容以便保护数据(E)　　　　　详细信息(D)

确定　　　取消

图 2-4-6
"高级属性"对话框

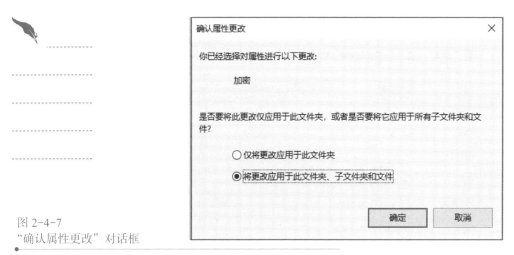

图 2-4-7
"确认属性更改"对话框

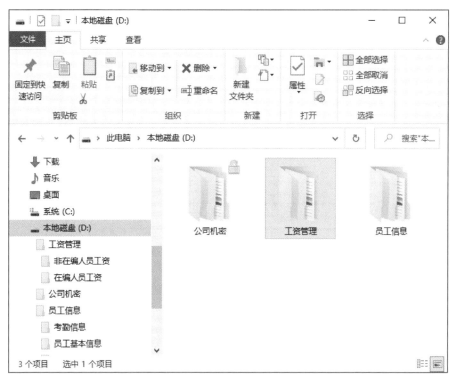

图 2-4-8
被加密文件夹
显示状态

② 在"查看"选项卡中,选中"隐藏已知文件类型的扩展名"复选框,如图 2-4-9 所示。

③ 单击"确定"按钮。

5. 设置屏幕保护密码

如果要临时离开计算机,但又不希望关机,则可以给计算机加上屏幕保护程序以防止文件信息泄露,操作步骤如下:

① 鼠标右击桌面空白区域,在弹出的快捷菜单中选择"个性化"命令。在弹

出的"设置"窗口的左侧窗格选择"锁屏界面"选项，将显示如图 2-4-10 所示的
"设置 – 锁屏界面"窗口。

图 2-4-9
"文件夹选项"对话框

图 2-4-10
"设置 – 锁屏界面"
窗口

　　② 单击"设置－锁屏界面"窗口中的"屏幕保护程序设置"超链接，打开如图 2-4-11 所示的"屏幕保护程序设置"对话框。在"屏幕保护程序"下拉列表中选择一个保护程序后，在预览窗口可预览屏幕保护程序的显示效果。单击"预览"按钮，可全屏显示预览效果。

图 2-4-11
"屏幕保护程序设置"
对话框

　　③ 在"等待"数值框中可设置等待的分钟数。

　　④ 选中"在恢复时显示登录屏幕"复选框。

　　⑤ 单击"确定"按钮。

6. 设置新用户

　　为小李的计算机创建一个名为"USER1"的账户并设置密码，其操作步骤如下。

　　① 鼠标右击"开始"按钮，在快捷菜单中选择"计算机管理"命令，打开"计算机管理"窗口，在窗口左侧窗格选择"本地用户和组"选项，窗口中部显示各用户名称，如图 2-4-12 所示。

　　② 右击窗口中部空白处，在弹出的快捷菜单中选择"新用户"命令，打开如图 2-4-13 所示的"新用户"对话框。

图 2-4-12
"计算机管理"
窗口

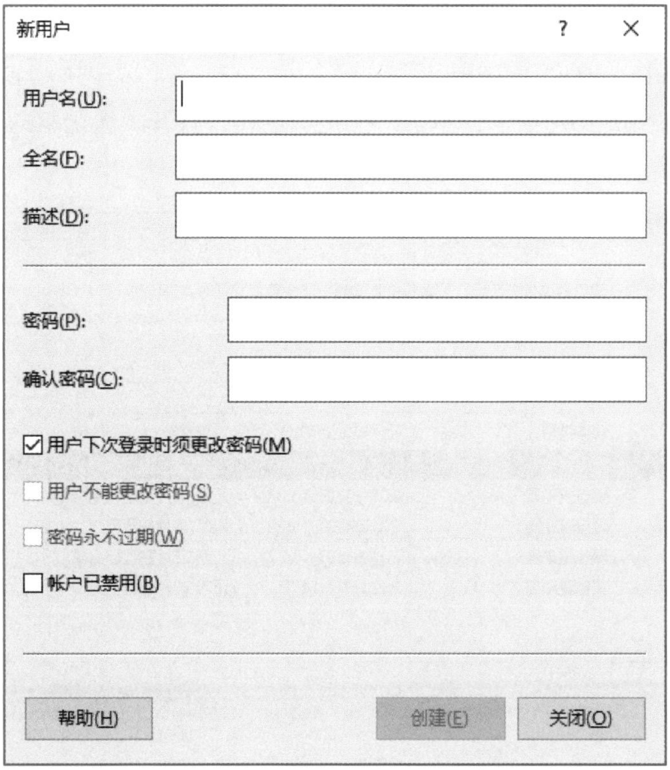

图 2-4-13
"新用户"对话框

③ 输入新用户名 "USER1" 及密码，单击"创建"按钮，返回如图 2-4-14 所示的窗口中将显示新用户信息。

图 2-4-14
"计算机管理"
窗口 – 新用户
USER1

7. 磁盘碎片整理

① 在文件资源管理器窗口中，右击 C 盘图标，在弹出的快捷菜单中选择"属性"命令，打开"属性"对话框。

② 单击"工具"选项卡，单击"优化"按钮，打开"优化驱动器"窗口，如图 2-4-15 所示。

图 2-4-15
"优化驱动器"
窗口

③ 要整理某个磁盘，最好先单击"分析"按钮对磁盘进行分析，然后根据分析结果确定是否需要进行碎片整理。

④ 如果需要进行磁盘碎片整理，则单击"优化"按钮。

8. 磁盘清理

① 单击"开始"菜单→选择"Windows 管理工具"→"磁盘清理"命令，打开如图 2-4-16 所示的对话框。

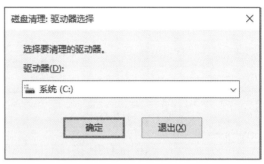

图 2-4-16　选择要清理的驱动器

② 在该对话框中选择要清理的驱动器，单击"确定"按钮，经过分析计算后，会打开如图 2-4-17 所示的对话框。

图 2-4-17
"系统（C：）的磁盘清理"
对话框

③ 选择要删除的文件。

④ 单击"确定"按钮，会打开确认对话框，然后单击"删除文件"按钮即开始清理磁盘，如图 2-4-18 所示。

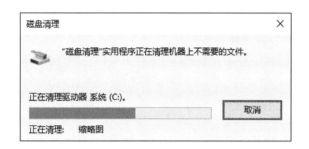

图 2-4-18
"磁盘清理"对话框

9. 格式化磁盘

① 在 USB 接口上插入要格式化的 U 盘。

② 在文件资源管理器窗口中，右击 U 盘显示的图标，在弹出的快捷菜单中选择"格式化"命令，打开如图 2-4-19 所示的对话框。

③ 单击"开始"按钮，便开始格式化。

④ 格式化完成后，单击"确定"按钮。

图 2-4-19
"格式化"对话框

本章小结

　　本章从不同的角度介绍了如何使用 Windows 10 操作系统。通过本章的学习，用户能了解操作系统的基本概念和分类；了解 Windows 10 的新增功能和系统特点；理解文件和文件夹的概念、命名规则、作用及属性；理解库、跳转列表等的作用。本章重点介绍了在 Windows 10 中如何对文件进行管理和如何对系统环境进行设置和管理。

知识拓展

文本：
知识拓展
答案

单选题

1. Windows 中使用 "磁盘清理" 的主要作用是为了（　　）。

　　A. 修复损坏的磁盘　　　　　　　　　　B. 删除无用文件，扩大磁盘可用空间

　　C. 提高文件访问速度　　　　　　　　　D. 删除病毒文件

2. 在 Windows 系统的资源管理器中不能完成的是（　　）。

　　A. 文字处理　　　　　B. 文件操作　　　　　C. 文件夹操作　　　　D. 磁盘格式化

3. 在 Windows 系统中，可以使用组合键（　　）关闭已打开的应用程序窗口。

　　A. Ctrl + F4　　　　　B. Alt + F4　　　　　C. Ctrl + Shift　　　　D. Ctrl + Esc

4. 在 Windows 系统中，可用 Ctrl+ 空格键来进行（　　）。

　　A. 中、英文输入法切换　　　　　　　　B. 全、半角切换

　　C. 各种汉字输入法间切换　　　　　　　D. 以上都不对

5. Windows 系统中，用可以用（　　）将活动窗口或对话框作为一幅图形复制到剪贴板中。

　　A. Alt + PrintScreen　　　　　　　　　B. PrintScreen

　　C. Ctrl + PrintScreen　　　　　　　　　D. Shift + PrintScreen

6. 在 Windows 系统中，选定多个连续的文件或文件夹，操作步骤为：单击所要选定的第 1 个文件或文件夹，然后按住（　　）键，单击最后一个文件或文件夹。

　　A. Ctrl　　　　　　　B. Shift　　　　　　　C. Alt　　　　　　　D. Esc

7. 在 Windows 系统中，使用（　　）键可以选定多个不连续的文件或文件夹。

　　A. Ctrl　　　　　　　B. Shift　　　　　　　C. Alt　　　　　　　D. Esc

8. 在搜索文件时，若用户输入搜索 "*.*"，则将在设置的范围内搜索（　　）

　　A. 所有含有 "*" 的文件　　　　　　　B. 所有扩展名中含有 "*" 的文件

　　C. 所有文件　　　　　　　　　　　　D. 文件名中含有两个 "*" 的文件

9. 磁盘、优盘在使用前应进行格式化操作。所谓 "格式化" 是指对磁盘（　　）。

　　A. 进行磁道和扇区的划分　　　　　　　B. 文件管理

    C. 清除原有信息   D. 读写信息

10. Windows 中，要复制当前文件夹中已经选中的对象，可使用组合键（   ）。

    A. Ctrl + V   B. Ctrl + A   C. Ctrl + C   D. Ctrl + X

11. Windows 中，要剪切当前文件夹中已经选中的对象，可使用组合键（   ）。

    A. Ctrl + V   B. Ctrl + A   C. Ctrl + C   D. Ctrl + X

12. Windows 中，要粘贴当前文件夹中已经选中的对象，可使用组合键（   ）。

    A. Ctrl + V   B. Ctrl + A   C. Ctrl + C   D. Ctrl + X

13. 在 Windows 系统中，使用（   ）键可以选定当前窗口所有的文件或文件夹。

    A. Ctrl + A   B. Shift + A   C. Alt + A   D. Esc + A

14. Windows 系统中，用可以用（   ）将整个屏幕作为一幅图形复制到剪贴板中。

    A. Alt + PrintScreen   B. PrintScreen

    C. Ctrl + PrintScreen   D. Shift + PrintScreen

15. 在 Windows 中允许用户同时打开多个应用程序的窗口，任一时刻有（   ）个是活动窗口。

    A. 1   B. 2   C. 3   D. 多

第 3 章

Word 2016 的应用

知识提要

本章将介绍 Microsoft Office 2016 套装软件中的文字处理软件 Word 2016 的基本操作和使用技巧。主要内容包括文档文字的输入、修改、删除和保存等编辑操作，文档的分栏、分页、页眉和页脚、项目符号设置、样式等基本排版操作，使用艺术字、图片、文本框等工具进行图文混排，制作文档表格操作等。

教学目标

◆ 掌握 Word 2016 启动、退出和窗口组成等基本知识。

◆ 掌握 Word 2016 文档的文字输入、编辑、保存基本操作。

◆ 掌握 Word 2016 文档的字符格式、段落格式和页面设置的基本操作。

◆ 掌握 Word 2016 文档的分页、分栏、页眉和页脚、项目符号的设置。

◆ 掌握 Word 2016 在文档中插入艺术字、剪贴画、形状、图片、文本框等图文混排效果。

◆ 掌握 Word 2016 中表格的制作和排版。

◆ 掌握 Word 2016 文档的打印设置。

3.1　文　档　基　础

Microsoft Word 2016 是微软公司开发的 Office 2016 系列办公软件的组件之一，集文字编辑、格式排版、图文混排、表格制作、文档打印等功能于一体，利用它可以更轻松、高效地组织和编写文档。

3.1.1　项目描述

为了讲好红岩故事，弘扬红岩精神，传承红色基因。着力塑造"红岩故事厅"社会宣传教育品牌，构建一个大众走近红岩文化、解读红岩历史、感悟红岩精神、宣讲红岩故事的新的实践平台，现制作一个寻找红岩发声人的活动通告，如图 3-1-1 所示。

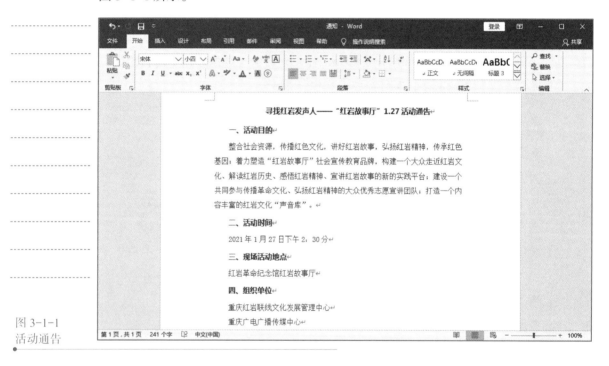

图 3-1-1
活动通告

3.1.2　项目知识准备

1. Word 2016 的启动与退出

（1）启动 Word 2016

启动 Word 2016 程序有以下 3 种方法：

① 在"开始"菜单选择"Microsoft Office"→"Microsoft Word 2016"命令。

② 双击桌面上的 Microsoft Word 2016 程序快捷方式图标。

③ 双击某个已存在的 Microsoft Word 2016 文档的图标。

（2）退出 Word 2016

在编辑结束后，要关闭 Word 2016 程序，必须按正确方法正常退出，否则正在编辑的文档数据会丢失或被破坏。其方法有以下几种：

① 选择"文件"→"关闭"命令。

② 使用快捷组合键 <Alt+F4>。

退出 Word 2016 程序时，若文档未保存，则会弹出相应对话框，询问是否需要对文档进行保存。

2. Word 2016 窗口组成

Word 2016 的窗口组成如图 3-1-2 所示。

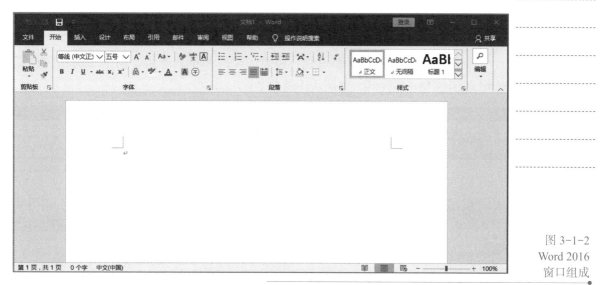

图 3-1-2
Word 2016
窗口组成

在 Word 2016 窗口上方显示选项卡的名称，单击这些选项卡名称时会切换到该选项卡相应的功能区面板。每个功能区根据功能的不同又分为若干个组，各功能区的功能如下。

（1）"开始"功能区

"开始"功能区中包括剪贴板、字体、段落、样式和编辑 5 个组。该功能区主要用于帮助用户对 Word 2016 文档进行文字编辑和格式设置，是用户最常用的功能区，如图 3-1-3 所示。

图 3-1-3
"开始"功能区

（2）"插入"功能区

"插入"功能区包括页、表格、插图、加载项、媒体、链接、批注、页眉和页脚、文本、符号和特殊符号等组，主要用于在 Word 2016 文档中插入各种元素，如图 3-1-4 所示。

图 3-1-4
"插入"功能区

（3）"设计"功能区

"设计"功能区包括文档格式、页面背景，主要用于文档样式设置和页面格式设置等组，如图 3-1-5 所示。

图 3-1-5
"设计"功能区

（4）"布局"功能区

"布局"功能区包括页面设置、稿纸、段落和排列等组，用于帮助用户设置 Word 2016 文档页面样式，如图 3-1-6 所示。

图 3-1-6
"布局"功能区

（5）"引用"功能区

"引用"功能区包括目录、脚注、信息检索、引文与书目、题注、索引和引文目录等组，用于实现在 Word 2016 文档中插入目录等比较高级的功能，如图 3-1-7 所示。

图 3-1-7
"引用"功能区

（6）"邮件"功能区

"邮件"功能区包括创建、开始邮件合并、编写和插入域、预览结果和完成等组，该功能区用于在 Word 2016 文档中进行邮件合并方面的操作。如图 3-1-8 所示。

图 3-1-8
"邮件"功能区

（7）"审阅"功能区

"审阅"功能区包括校对、辅助功能、语言、中文简繁转换、批注、修订、更改、比较、保护、墨迹等组，主要用于对 Word 2016 文档进行校对和修订等操作，适用于多人协作处理 Word 2016 长文档，如图 3-1-9 所示。

图 3-1-9　"审阅"功能区

（8）"视图"功能区

"视图"功能区包括视图、页面移动、显示、缩放、窗口、宏、SharePoint 等组，主要用于帮助用户设置 Word 2016 操作窗口的视图类型，以方便操作，如图 3-1-10 所示。

图 3-1-10　"视图"功能区

3. Word 2016 文档操作

（1）新建空白文档

启动 Word 2016 程序，在打开 Word 2016 窗口的同时会自动建立一个空白文档，且文档名默认为"文档 1"。

（2）保存文档

若要将用户编辑的文档存储在适当的存储位置就要进行文件保存操作，称之为文档文件存盘。

文档保存方法有以下 3 种：

① 单击"快速访问工具栏"中的"保存"按钮。

② 选择"文件"→"保存"命令。

③ 按快捷组合键 <Ctrl+S>。

如果是第一次保存文档时，会自动打开"另存为"对话框，如图 3-1-11 所示，用户可以选择设置文件的保存位置、文件名、保存类型等信息。

如果是对已有文件修改后进行的保存操作，则按原文件名保存。如已有文档保存时要改变保存设置，则选择"文件"→"另存为"命令，这时打开"另存为"对话框，可以对文件进行更名、变更文件存储位置、变更文件类型等操作。

4. 输入文字

（1）输入文字

在文档编辑区里有一个不停闪烁的短竖线，称之为插入点或光标。输入文字内容时，插入点会自动向前移动。

（2）输入符号

若要输入键盘上没有的符号，如版权符号、商标符号、段落符号等，单击"插入"功能区"符号"功能组中的"符号"按钮，打开如图 3-1-12 所示的"符号"

文档的创建

对话框，用户可在"符号"选项卡和"特殊符号"选项卡中选择所需要的符号。

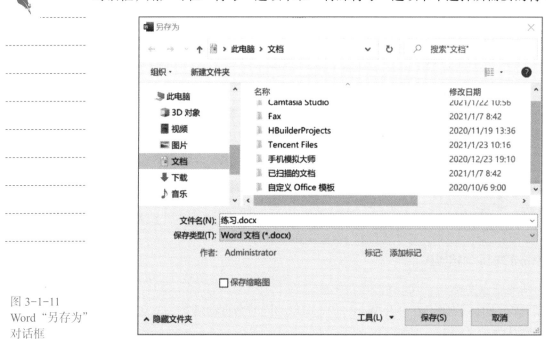

图 3-1-11
Word "另存为"
对话框

图 3-1-12
"符号"对话框

（3）换行

① 自动换行。在文档里输入文字时，文字到达右缩进位置时，Word 2016 会自动换行，并默认首尾字符规则，使后置标点位于行尾。

② 强制换行。在文档里输入文字时，用户也可以根据需要强制换行，有如下两种方法：

- 硬回车。在文档的自然段结束处，按 <Enter> 键，插入硬回车符号（也称段落标记），表示当前自然段结束，同时插入点自动移动到下一行行首。

● 软回车。插入点定位在需要换行的地方，按 <Shift+Enter> 键，插入软回车符号（也称换行标记），表示当前行结束，同时会在当前行下面自动添加一新行，插入点自动移动到下一行行首。

温 馨 提 示

　硬回车和软回车的区别：硬回车是将文字分成不同自然段；软回车是单纯的换行操作，软回车符前后的文字仍为同一个自然段。

5. 编辑文档

Word 2016 的编辑操作是指对文档的字符进行插入、修改、移动、复制、删除等操作。

（1）插入点定位

将插入点定位在文档中的某位置称为插入点定位。插入点定位可以用键盘或鼠标实现。

1）鼠标定位

在文档内容区域中需要定位处单击鼠标，可将插入点定位于此处。

2）键盘定位

利用键盘上的方向键，可实现插入点相对当前位置上、下、左、右移动到目标位置。

①<Home> 键：将插入点移动到当前行行首。

②<End> 键：将插入点移动到当前行尾。

③<PgUp> 键：向上翻屏。

④<PgDn> 键：向下翻屏。

⑤<Ctrl+Home> 组合键：将插入点移动到文档开始位置。

⑥<Ctrl+End> 组合键：将插入点移动到文档结束位置。

（2）插入与改写状态

Word 2016 文档文字输入有插入和改写两种状态，默认是插入状态。插入状态下，在插入点处输入新内容，原有内容会自动向后移动。改写状态下，新输入的内容会覆盖原有内容。

按键盘上的 <Insert> 键实现插入与改写状态的切换。

（3）选定文本

在对 Word 2016 文档中的文本进行编辑和排版之前，首先要选定文本。文本的选定可以使用鼠标和键盘实现。

1）使用鼠标选定文本

①选定一个单词：双击待选定的单词。

②选定一句：按住 <Ctrl> 键，同时单击待选定的句子。

③选定一行：移动鼠标到待选行的左边即选定域，鼠标指针变为向右倾斜的箭头时单击即可。

④选定一个自然段：鼠标移动到待选段落左边的选定域，双击即可。或者，鼠标指向待选段落，然后连续三次单击鼠标，即将此段落选定。

⑤选定整个文档：鼠标移动到文本左边的选定域，连续三次单击即可。或者，单击"开始"功能区"编辑"功能组中的"选择"按钮，在弹出的下拉列表中选择"全选"命令。

⑥选定任意连续的文本：将鼠标指向待选文本的起始位置，按下鼠标左键拖动鼠标到待选文本的结束处，释放鼠标，即将鼠标拖动轨迹中的文本选定。另一种方法是，鼠标在待选文本开始处单击，然后按住 <Shift> 键，鼠标在待选文本结尾处单击，即可将两次单击处之间的文本选定。

⑦矩形块文本：按住 <Alt> 键，拖动鼠标，可选定拖动开始处和结尾处为对角线的矩形区域内的文本。

2）使用键盘选定文本

Word 2016 提供了一系列组合键来实现文本的选定，操作方式见表 3-1-1。

表 3-1-1　文本选定的键盘操作

组合键	选定范围
<Shift+ → >	选定插入点右边的一个字符（可连续按选定多个字符）
<Shift+ ← >	选定插入点左边的一个字符（可连续按选定多个字符）
<Shift+↑>	选定到上一行对应位置之间的所有字符
<Shift+↓>	选定到下一行对应位置之间的所有字符
<Shift+Home>	选定到当前行行首
<Shift+End>	选定到当前行行尾
<Ctrl+Shift+Home>	选定到文档的开始处
<Ctrl+Shift+End>	选定到文档的结尾处
<Ctrl+A>	选定整个文档

（4）修改文本

在文本输入过程中若发生错误，可以进行修改。方法如下：

1）删除单个字符

删除字符用删除键。按 <Backspace> 键删除插入点前面的一个字符；按 <Delete> 键删除插入点后面的一个字符。

2）删除多个字符

选定要删除的词、句、行、自然段、任意连续文本或整个文档，按删除键 <Backspace> 或 <Delete> 执行删除操作。

3）更改文字块内容

在插入状态，选定要更改的文字块，直接输入文字，即可将选定文字块更改。

（5）移动 / 复制文本

有鼠标操作和剪贴板两种方法实现字符或文本的移动或复制。

1）鼠标拖动法

① 选定要移动或复制的文本。

② 将鼠标指向选定的文本。

③ 按住鼠标左键拖动到目标位置即完成移动操作；鼠标拖动的同时按住 <Ctrl> 键可完成复制操作。

2）使用剪贴板

① 选定要移动或复制的文本。

② 单击"开始"功能区"剪贴板"功能组中的"剪切"或"复制"按钮。

③ 将插入点定位到目标位置。

④ 单击"开始"功能区"剪贴板"功能组中的"粘贴"按钮即可。

字符格式

字体对话框

6. 格式排版

文档格式主要包括字符格式（字体、字形、字号等）、段落格式（对齐方式、行间距等）、页面设置（纸张大小、页边距等）。

（1）设置字符格式

字符格式的设置包括字体、字形、字号、字的颜色等的设置。字体是指字符的形体，有中文字体和英文字体。字形是指附加的字符形体属性，如粗体、斜体等。字号是指字符的尺寸大小标准。设置字符的格式可以有以下 3 种方法。

1）使用"开始"功能区的"字体"功能组

利用"开始"功能区"字体"功能组中的各功能按钮可以完成字符格式的设置，包括字体、字号、增大字体、缩小字体、更改大小写、清除格式、拼音指南、字符边框、字形（粗体、斜体、下画线）、字体颜色等工具按钮。

2）使用"字体"对话框

单击"开始"功能区"字体"功能组右下角的"对话框启动器"按钮，打开"字体"对话框，如图 3-1-13 所示。

其中"字体"选项卡用于设置中（西）文字体、字形、字号、字体颜色、文字效果等格式。

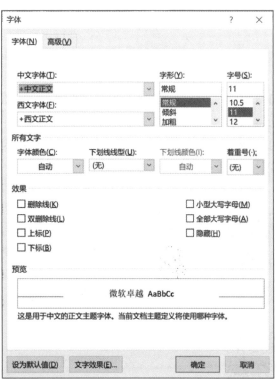

图 3-1-13　Word "字体"对话框

"高级"选项卡设置字符间距、Open type 功能等格式。

3）使用"格式刷"工具

"格式刷"工具可以将选定对象的格式复制到另一个对象上。

在文档排版操作时，需要将多处不连续的文本对象设置为相同的格式，为此可先将一处对象设置好格式，然后将此格式复制到其他对象。操作方法如下：

① 设置好一个对象的格式。

② 选定设置好格式的对象。

③ 单击"开始"功能区"剪贴板"功能组中的"格式刷"按钮 🖌️；此时鼠标指针变为了格式刷样式 📋️。

④ 移动鼠标到目标对象，鼠标拖动选定目标对象，选定对象的格式即已复制。

温馨提示

若要将格式复制到不同位置的多个对象，操作过程为：

选定已有格式对象，双击"格式刷"按钮，然后用鼠标拖动的方式分别复制到各个对象；复制完成后按 <Esc> 键或者再次单击"格式刷"按钮即取消作用。

（2）设置段落格式

段落格式的设置包括对齐方式、缩进、行间距、段间距等格式的设置。

若对一个段落进行设置操作，先将插入点定位到段落中的任意位置。若对多个段落进行设置操作，先选定这些段落。

1）使用"开始"功能区的"段落"功能组

利用"开始"功能区"段落"功能组中的各功能按钮可以完成段落对齐方式的设置。

段落设置

Word 2016 的段落对齐方式有左对齐、右对齐、居中对齐、两端对齐和分散对齐等方式。

- 左对齐：段落各行向左边界对齐。
- 右对齐：段落各行向右边界对齐。
- 居中对齐：段落的文本内容在排版区域内居中对齐。
- 两端对齐：所选段落（除末行外）的左、右两边同时对齐。
- 分散对齐：通过调整字间距使段落文本的各行等宽。

段落格式设置

2）使用"段落"对话框

在"段落"对话框中可以完成对齐方式、缩进、行间距和段间距的设置如图 3-1-14 所示。

（3）设置页面格式

Word 2016 可以设置文档纸张大小、页边距、纸张方向等页面属性。在"布局"功能区"页面设置"功能组中，有"文字方向""页边距""纸张方向""纸张大小"

页面布局

等设置列表项选项来进行页面设置。

也可以单击"布局"功能区"页面设置"功能组中右下角的"对话框启动器"按钮,打开"页面设置"对话框,如图 3-1-15 所示。

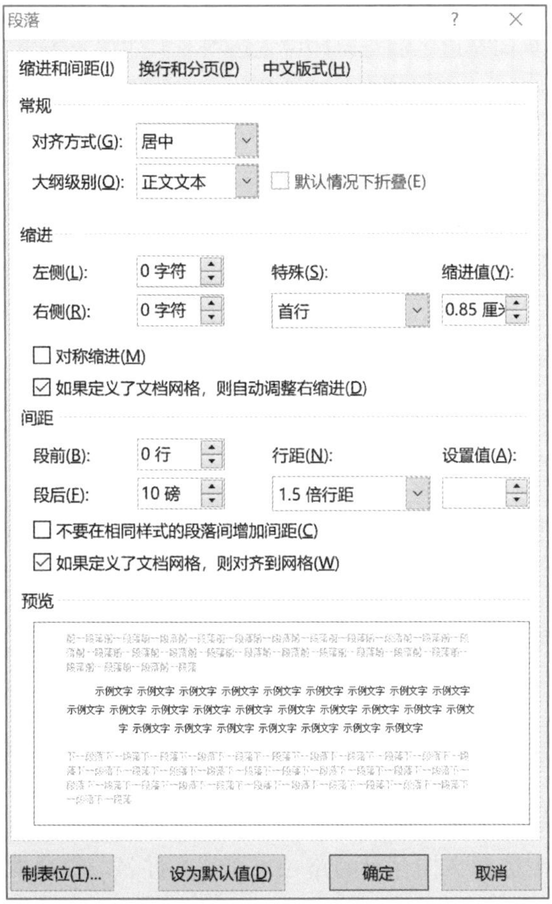

段落	? ×

缩进和间距(I)　换行和分页(P)　中文版式(H)

常规

对齐方式(G): 居中

大纲级别(O): 正文文本　□ 默认情况下折叠(E)

缩进

左侧(L): 0 字符　特殊(S):　缩进值(Y):

右侧(R): 0 字符　首行　0.85 厘米

□ 对称缩进(M)

☑ 如果定义了文档网格,则自动调整右缩进(D)

间距

段前(B): 0 行　行距(N):　设置值(A):

段后(F): 10 磅　1.5 倍行距

□ 不要在相同样式的段落间增加间距(C)

☑ 如果定义了文档网格,则对齐到网格(W)

预览

制表位(T)...　设为默认值(D)　确定　取消

图 3-1-14　Word"段落"对话框

页面设置	? ×

页边距　纸张　布局　文档网格

页边距

上(T): 2.54 厘米　下(B): 2.54 厘米

左(L): 3.17 厘米　右(R): 3.17 厘米

装订线(G): 0 厘米　装订线位置(U): 靠左

纸张方向

纵向(P)　横向(S)

页码范围

多页(M): 普通

预览

应用于(Y): 整篇文档

设为默认值(D)　确定　取消

图 3-1-15　Word"页面设置"对话框

- 页边距:指正文编辑区与纸张边缘的距离。Word 2016 打印页边距内的文本,只有页眉和页脚、页码等可打印在页边距上。"页边距"选项卡内可设置页边距、纸张方向、页码范围等设置项。
- 纸张:可设置"纸张大小"和"纸张来源"。"纸张大小"选项指编辑、排版文档时使用的纸张尺寸类型。"纸张来源"指文档打印时是采用自动送纸方式还是采用手动送纸方式。
- 版式:设置节的起始位置、奇偶页的页眉和页脚是否相同等属性。
- 文档网格:设置文档每一页的行数、列数、文字排列方式等。

7. 打印文档

如果系统里安装好打印机和驱动程序,Word 2016 就可以打印文档了。选择"文

图 3-1-16   Word "打印"设置

件"→"打印"命令，弹出打印设置页面。在打印设置页面右侧是打印预览区域，打印之前可以预先浏览文档的打印效果，若有错误可以及时修改。在打印预览区域右下角可以设置预览文档的显示比例。

在打印设置页面左边区域是打印设置选项区，如图 3-1-16 所示。用户可以根据需要设置各种打印参数。以下是打印参数设置说明：

- "份数"项：可设置打印的份数。
- "打印机"项：可选择已安装的打印机类型。
- "设置"选项组：可设置打印的页数、纸张方向、页边距等参数。
- "页面设置"按钮：可打开"页面设置"对话框进行设置。

3.1.3   项目实施

要完成如图 3-1-1 所示"通知"的编辑排版，可以按如下步骤进行操作。

1. 创建文档

① 双击桌面上的 Microsoft Office Word 2016 程序图标，打开 Word 2016 程序窗口，并自动新建一个名为"文档 n"（n = 1, 2, 3, ……）的空白文档。

② 单击"快速访问工具栏"中的"保存"按钮，打开"另存为"对话框。

③ 在"保存位置"下拉列表框中选择文档存盘的路径，在"文件名"组合框中将文件命名为"通告"，在"保存类型"列表框中选择"Word 文档"。

④ 单击"保存"按钮，将文档存盘。

2. 输入文字

在刚建立的空白文档中完成"通告"的文字输入。注意：在每个自然段的结束处按 <Enter> 键，表示结束本段。

3. 页面设置

① 单击"布局"功能区"页面设置"功能组右下角的"对话框启动器"按钮，打开"页面设置"对话框。

② 单击"纸张"选项卡，在"纸张大小"下拉列表中选择"A4"选项，如图 3-1-17 所示。

③ 单击"页边距"选项卡，在"页边距"选项组中设置上、下页边距为 2.54

厘米，左、右页边距为 3.17 厘米。在"纸张方向"选项组选择"纵向"。在"应用于"选择"整篇文档"，如图 3-1-18 所示。

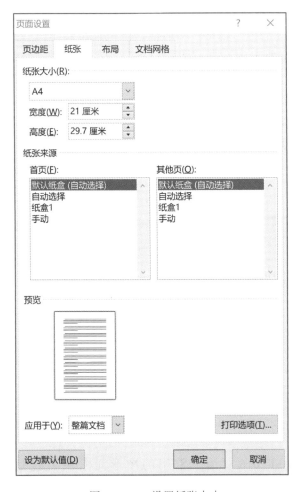

图 3-1-17 设置纸张大小

图 3-1-18 设置页边距

④ 单击"确定"按钮，完成页面设置。

4. 格式排版

（1）标题排版设置

① 选定标题"寻找红岩发声人——红岩故事厅 1.27 活动通告"。

② 在"开始"功能区"字体"功能组中设置字体为"黑体、三号"。

③ 在"段落"功能组中单击"居中"按钮 ≡，将标题居中。

（2）正文排版设置

① 按住 <Ctrl> 键，依次用鼠标拖动功能，选定"一、活动目的""二、活动时间""三、现场活动地点""四、组织单位"，在"开始"功能区"字体"功能组中设置字体为"微软雅黑、小四、加粗"。

② 选定"2021 年 1 月 27 日下午 2：30 分""红岩革命纪念馆红岩故事厅""重庆红岩联线文化发展管理中心""重庆广电广播传媒中心"，设置其中文字体为"黑体"，西文字体为"Arial"，字号为"小四"。

③ 选中"整合社会资源"自然段，打开"段落"对话框，在"缩进和间距"选项卡"常规"组的"对齐方式"下拉列表中选择"两端对齐"。在"缩进"组的"特殊"下拉列表中选择"首行缩进"，将"缩进值"设置为"2 字符"。在"间距"组的"行距"下拉列表中选择"1.5 倍行距"。

④ 选定"活动时间"和"现场活动地点"部分，打开"段落"对话框，在"间距"组将置"段前"和"段后"均设置为"12 磅"。

⑤ 单击"快速访问工具栏"中的"保存"按钮，将当前排版好的文档存盘。

3.2　图 文 混 排

在文档中，除了文字，经常还有图形等非文字元素。Word 2016 还能够运用工具对文字、图形等进行排版，做到图文并茂。

3.2.1　项目描述

为了宣扬爱国主义教育，制作一个红岩联线的宣传单，如图 3-2-1 所示。

3.2.2　项目知识准备

Word 2016 文档中常用的图形元素主要包括 Microsoft Office 自带的联机图片和艺术字、用绘图工具绘制的图形、常见格式的图片文件等。

1. 节格式化

节是指一种排版格式的范围。默认方式下，Word 将整个文档视为一"节"。一篇文档可以划分为若干部分，每个部分可以是一个段落，或是多个段落，因此将这每个部分称为一个节，每个节可以采用不同的版面布局。

相邻的两个节之间用分节符分隔，分节符中存储了"节"的格式设置信息，分节符的格式仅对其前面的节起作用。可以用 <Delete> 键删除分节符及其前面节的格式，而该节的格式将继承下一节的格

图 3-2-1　红岩联线宣传单

式特征。

节的格式化操作包括分节、页面设置、分页、分栏等。

（1）分节

在普通视图下，节与节之间用一条双虚线分隔，称为分节符。分节的操作步骤是：插入点定位到新节的开始位置，单击"布局"功能区"页面设置"功能组中的"分隔符"按钮，在弹出的"分隔符"下拉列表中选择"分节符"选项组中需要的分节符类型，分节符将新建在插入点之前。

"分节符"选项组集合了 4 个选项，表示分节符的类型，如图 3-2-2 所示。

（2）分页

分页分为软分页和硬分页两种。

① 软分页：当到达页面末尾时，Word 会自动插入分页符。

② 硬分页：也称为强制分页。如果想要在文档的其他位置分页，可以插入手动分页符。

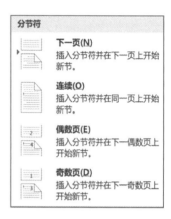

图 3-2-2 "分节符"选项组

 温馨提示

硬分页有两种方法。

方法 1：插入点定位在需要分页的位置，按 <Ctrl+Enter> 组合键。

方法 2：单击"插入"功能区"页"功能组中的"分页"按钮。

（3）分栏

分栏是报纸杂志常见的一种版式，设置分栏版式的操作步骤如下：

① 选定要分栏的文本。

② 单击"布局"功能区"页面设置"功能组中的"栏"按钮，在弹出的下拉列表中有"一栏""两栏""三栏"等选项可选。若要进行复杂的分栏设置，在下拉列表中选择"更多栏"命令，打开"栏"对话框，如图 3-2-3 所示。

艺术字及分栏

 温馨提示

当使用以上方法设置的多栏版式的最后一栏不是满栏或者为空，此时需要平衡栏的长度，使各栏长度相等。

方法是：将插入点定位在多栏版式的文本末尾，单击"页面布局"功能区"页面设置"功能组中的"分隔符"按钮，在下拉列表中选择"分节符"选项组的"连续"选项

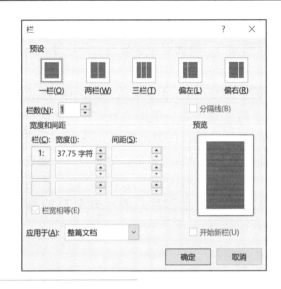

图 3-2-3
"栏"对话框

2. 艺术字

Word 2016 提供了"艺术字"的特殊字体效果，使用艺术字可增强文档的可读性和版式的美感。设置艺术字的操作步骤如下：

① 将插入点定位到准备插入艺术字的位置。单击"插入"功能区"文本"功能组中的"艺术字"按钮，在弹出的艺术字预设样式面板中选择合适的艺术字样式。

② 在插入点位置出现艺术字文字编辑框中输入艺术字文本。

③ 出现"绘图工具格式"功能区"艺术字样式"功能组，如图 3-2-4 所示。在其中可以完成艺术字的"文本填充""文本轮廓""文本效果"等设置。

图 3-2-4
"艺术字样式"功能组

3. 文本框

文本框

利用文本框，用户可以将文本很方便地放置到 Word 2016 文档页面的任意指定位置，而不必受到段落格式、页面设置等因素的影响。Word 2016 内置有多种样式的文本框供用户选择使用。

插入文本框的操作步骤如下：

① 单击"插入"功能区"文本"功能组中的"文本框"按钮，弹出"内置"文本框选项列表。

② 在弹出的"内置"文本框选项列表中选择合适的文本框类型，如"简单文本框"，也可以选择"绘制文本框"或"绘制竖排文本框"命令，如图 3-2-5 所示。

③ 所插入的文本框处于编辑状态，直接输入文本内容即可。

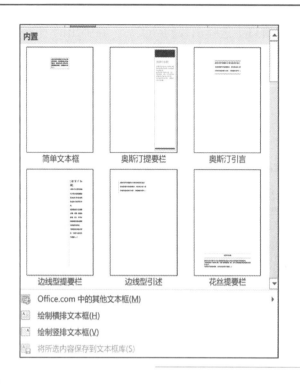

图 3-2-5
"内置"文本框选项列表

4. 图形处理

Word 2016 自带了图片剪辑库,能够识别多种图形格式。在"插入"功能区的"插图"功能组中可以完成图片、图形的插入和设置,如图 3-2-6 所示。

(1)插图

1)插入联机图片

插入联机图片的操作步骤如下:将插入点定位到需要插入联机图片的位置,单击"插入"功能区"插图"功能组中的"图片"按钮,在弹出的"插入图片来自"下拉列表中选择"联机图片"命令。打开"插入图片"窗口,单击"必应图像搜索"选项,打开"联机图片"窗口,如图 3-2-7 所示。

图 3-2-6 "插图"功能组

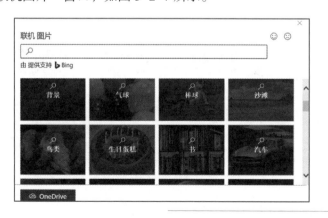

图 3-2-7
"联机图片"窗口 1

在"联机图片"窗口中选择图片的分类后，在弹出的图 3-2-8 联机图片中选择需要的图片并单击"插入"按钮即可。

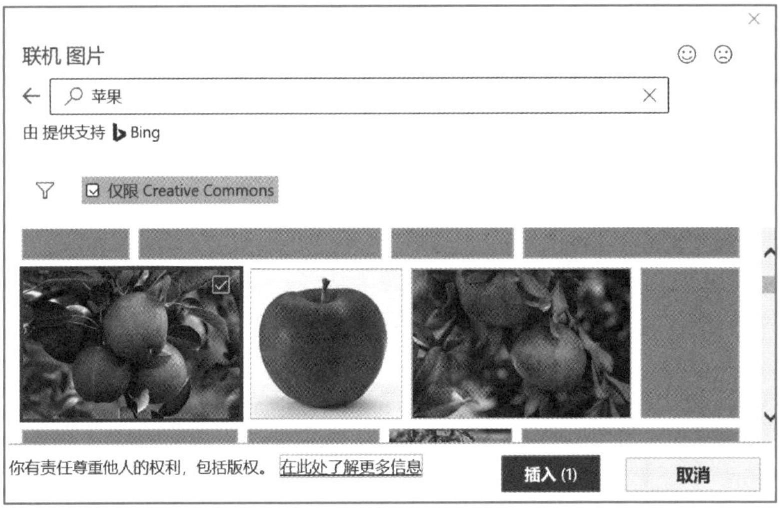

图 3-2-8
"联机图片"窗口 2

2）插入图片来自文件

插入图片来自文件的操作步骤如下：

将插入点定位到需要插入文件图片的位置，单击"插入"功能区"插图"功能组中的"图片"按钮，在弹出的"插入图片来自"下拉列表中选择"此设备"命令，打开"插入图片"对话框，如图 3-2-9 所示。确定要插入图片文件的位置、名称后，单击"插入"按钮即可。

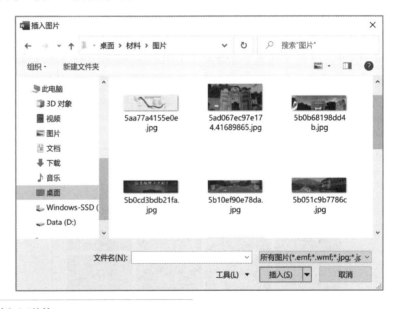

图 3-2-9
"插入图片"对话框

3）插入形状

插入形状，即在文档中插入自选图形，步骤如下：

① 将插入点定位到需要插入形状的位置，单击"插入"功能区"插图"功能组中的"形状"按钮，弹出"形状"下拉列表，在其中选择合适的图形选项。

② 此时，鼠标指针变为十字架形式，按下鼠标左键不放，拖动鼠标，所选形状建立在文档中。

（2）设置图形格式

Word 2016 提供图片编辑功能，能够直接在文档中编辑和处理图片。

1）图片缩放

① 使用鼠标缩放图片。

单击选定图片，此时图片四周出现 8 个控制点，称为控制柄。用鼠标拖动图片上的控制柄即可改变图片尺寸大小。

② 精确缩放图片。

方法 1：选定图片，会打开"图片工具 – 格式"功能区，在"大小"功能组中可以通过设置"高度"和"宽度"的数值来精确缩放图片。

方法 2：指针指向图片并右击，在弹出的快捷菜单中选择"大小和位置"命令，打开"布局"对话框，单击"大小"选项卡，如图 3-2-10 所示。

图 3-2-10
"大小"选项卡

2）移动或复制图片

用鼠标拖动图片，即可以在文档页面上移动图片。也可以先选定图片，再通过"剪切""粘贴"来移动图片，或通过"复制""粘贴"来复制图片。

3）文字环绕

文字环绕是指图形和文字的布局版式。单击选定图片，会打开"图片工具－格式"功能区，在"排列"功能组设置图片的文字环绕方式，如图 3-2-11 所示。单击"位置"按钮，弹出如图 3-2-12 所示的"文字环绕"下拉列表。

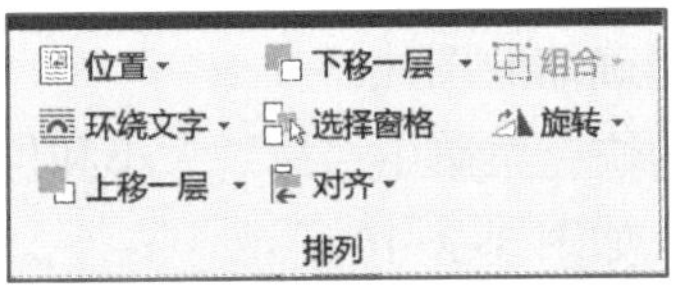

图 3-2-11
"排列"功能组

图 3-2-12
"文字环绕"下拉列表

单击"环绕文字"按钮，也可弹出"文字环绕"选项列表，从中选择需要的文字环绕图片方式。若在列表中选择"其他布局选项"命令，将打开如图 3-2-13 所示的"布局"对话框，单击"文字环绕"选项卡，可进行文字环绕的设置。

图 3-2-13
"布局"对话框

4）设置图片属性

单击选中图片，会打开"图片工具－格式"功能区，在"调整"功能组和"图片样式"功能组中可以对图片的亮度、对比度、设置透明色、阴影等属性做进一步设置，如图 3-2-14 所示。

图 3-2-14
"图片工具 –
格式"功能区

或鼠标右击图片，在弹出的快捷菜单中选择"设置图片格式"命令，打开"设置图片格式"任务窗格，在其中进行图片属性设置，如图 3-2-15 所示。

5. 首字下沉

在报刊排版设计中，一篇文档的第 1 个字是突出显示，用首字下沉操作可以实现。操作步骤如下：

① 插入点定位在需要做首字下沉的段落中。

② 单击"插入"功能区"文本"功能组中的"首字下沉"按钮，在弹出的下拉列表中选择下沉的样式，或是选择"首字下沉选项"命令，打开"首字下沉"对话框，如图 3-2-16 所示。

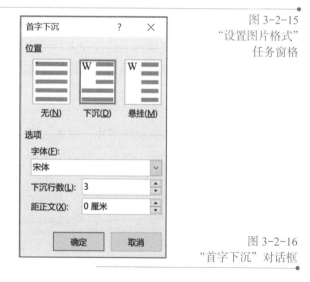

图 3-2-15
"设置图片格式"
任务窗格

图 3-2-16
"首字下沉"对话框

3.2.3　项目实施

1. 创建文档

2. 输入文字及格式排版

① 在文档开始处，单击"插入"功能区"文本"功能组中的"艺术字"按钮，在下拉列表中选择一种艺术字的样式。在编辑艺术字文本框中输入"红岩精神与中国

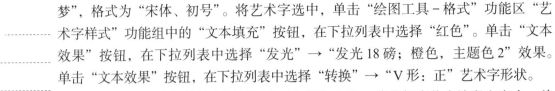

梦",格式为"宋体、初号"。将艺术字选中,单击"绘图工具 – 格式"功能区"艺术字样式"功能组中的"文本填充"按钮,在下拉列表中选择"红色"。单击"文本效果"按钮,在下拉列表中选择"发光"→"发光 18 磅;橙色,主题色 2"效果。单击"文本效果"按钮,在下拉列表中选择"转换"→"V 形:正"艺术字形状。

② 输入"红岩精神的内涵概括为四句话"文字。将光标定位在该段文字内,单击"插入"功能区"文本"功能组中的"首字下沉"按钮,在下拉列表中选择"首字下沉选项"命令,打开"首字下沉"对话框。在其中选择"下沉"选项,设置下沉行数 2 行,距正文 0.5 厘米,单击"确定"按钮。正文文字设置为"宋体、小四",段前、段后 1 行,1.5 倍行距。

③ 输入"红岩精神充分体现了老一辈无产阶级革命家"文字。该段文字格式设置为"宋体、小四",段前、段后 0 行,单倍行距,首行缩进 2 个字符。

将该段文字选中,单击"布局"功能区"页面设置"功能组中的"栏"按钮,在下拉列表中选择"更多栏"命令,打开"栏"对话框。在对话框中选择"两栏"选项,选中"栏宽相等"复选框,并将"间距"设为 2 字符。

将插入点定位在文字末尾,单击"布局"功能区"页面设置"功能组中的"分隔符"按钮,在下拉列表中选择"分节符"选项组中的"连续"选项。此操作的目的是使分栏后的各栏等高。

3. 插入图片

① 将插入点定位在文档中需要插入图片的位置。

② 单击"插入"功能区"插图"功能组中的"图片"按钮,在下拉列表中选择"此设备"命令。在打开的"插入图片"对话框中选择要插入的图片后,单击"插入"按钮。

选中插入的图片,单击"图片工具 – 格式"功能区"排列"功能组中的"环绕文字"按钮,在下拉列表中选择"上下型环绕"样式。用鼠标拖动图片四周的控制柄,调整图片大小。

继续插入"此设备"上的图片,右击该图片,在弹出的快捷菜单中选择"大小和位置"命令,打开"布局"对话框,单击"文字环绕"选项卡,在"环绕方式"组中选择"上下型"。单击"位置"选项卡,在"水平"组中,将"对齐方式"设置为"左对齐"。在下一行继续插入一个图片,"环绕方式"设置为"上下型","对齐方式"设置为"右对齐"。

4. 插入文本框

单击"插入"功能区"文本"功能组中的"文本框"按钮,在下拉列表中选择"绘制横排文本框"命令。此时鼠标的指针变成"十字形",按住鼠标拖动确定文本框的大小,合适后松手,此时在文档中添加了一个横排文本框。在横排文本框中输入文字"渣滓洞原是人工开采的小煤窑"。

单击"插入"功能区"文本"功能组中的"文本框"按钮，在下拉列表中选择"绘制竖排文本框"命令，此时鼠标的指针变成"十字形"，按住鼠标拖动确定文本框的大小，合适后松手，此时在文档中添加了一个竖排文本框。在竖排文本框中输入文字"白公馆，原是四川军阀白驹的郊外别墅"。将竖排文本框选中，出现"绘图工具－格式"功能区。单击"绘图工具－格式"功能区"形状样式"选项组中的"形状轮廓"按钮，在下拉列表中选择"无轮廓"命令，即可将竖排文本框的轮廓线条去掉。

5. 插入形状

将插入点定位在文档中，单击"插入"功能区"插图"功能组中的"形状"按钮，在下拉列表中选择"箭头总汇"中的"箭头：左"选项，此时鼠标的指针变成"十字形"，按住鼠标拖动确定形状的大小，合适后松手。

单击选中"箭头"形状，打开"绘图工具－格式"功能区，在"形状样式"功能组设置"形状填充"为浅绿，"形状轮廓"为 2.25 倍蓝色，"形状效果"为"棱台，角度"。

再插入一个大小相同的"箭头：右"，设置为相同的格式。

3.3　格 式 排 版

在企业、行政和事业单位，日常公务文档的内容和版式较为复杂，如计划书、论文、书籍以及合同等。

3.3.1　项目描述

针对大学生的创新创业活动，筹建一个大学生校园网站，需要撰写一个创新创业计划书，如图 3-3-1 所示。

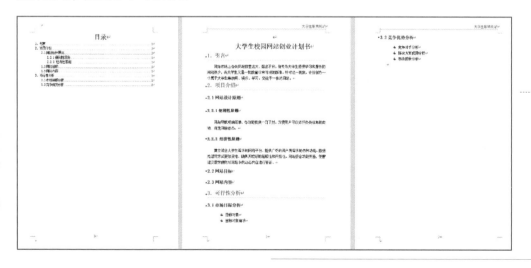

本页大图

图 3-3-1
创新创业
计划书

3.3.2　项目知识准备

1. 视图模式

文档的视图是指文档的显示方式。Word 2016 提供了 5 种视图模式。用户可以在"视图"功能区的"视图"功能组中选择需要的视图模式，也可以在 Word 2016 文档窗口的右下方单击相应视图按钮进入不同视图模式。

（1）页面视图

"页面视图"主要包括页眉、页脚、图形对象、分栏设置、页面边距等元素。是最接近打印效果和最常使用的一种视图模式。

（2）阅读视图

"阅读视图"以图书样式显示 Word 2016 文档。用户可以通过单击"工具"按钮进行查找、搜索、翻译等操作。

（3）Web 版式视图

"Web 版式视图"以网页的形式显示 Word 2016 文档。适用于发送电子邮件和创建网页。

（4）大纲视图

"大纲视图"主要用于 Word 2016 文档标题层级结构的设置和显示。广泛用于 Word 2016 长文档的快速浏览和设置。

（5）草稿视图

"草稿视图"取消了页面边距、分栏、页眉页脚和图片等元素，仅显示标题和正文，是最节省计算机系统硬件资源的视图方式。

2. 项目符号与编号

项目符号与编号的作用是以段落为单位的。

（1）项目符号

单击"开始"功能区"段落"功能组中的"项目符号"按钮，则会在当前段落首部出现项目符号。单击"项目符号"按钮右侧的箭头可在弹出的下拉列表中选择不同的项目符号样式。按 <Enter> 键后，新段落将自动生成相同的项目符号。如果连续按两次 <Enter> 键，新段落会自动取消项目符号。

（2）编号

项目符号与编号的区别：项目符号使用相同的前导符号，编号是连续变化的数字或者字母。创建编号有如下两种方法：

① 单击"开始"功能区"段落"功能组中的"编号"按钮，则会在当前段落首部出现编号。单击"编号"按钮右侧的箭头可在弹出的下拉列表中选择不同的编号格式。

② 单击"插入"功能区"符号"功能组中的"编号"按钮。

3. 页眉和页脚

页眉和页脚是文档中存放特殊内容的区域，通常显示文档的附加信息。页眉处于页面的上边距区域，页脚处于页面的下边距区域。

设置页眉和页脚的操作步骤如下：

① 单击"插入"功能区"页眉和页脚"功能组中的"页眉"按钮，在下拉列表中选择"空白"选项，打开"页眉和页脚工具－设计"功能区，如图 3-3-2 所示。

图 3-3-2
"页眉和页脚
工具－设计"
功能区

同时，在文档上边距区域出现"页眉"编辑区，如图 3-3-3 所示。在页眉编辑区"在此处键入"输入页眉内容。可以使用"页眉和页脚工具－设计"功能区的相关命令进行设置。

图 3-3-3
"页眉"编辑区
（页上边距位置）

② 单击"页眉和页脚工具－设计"功能区"导航"功能组中的"转至页脚"按钮，可切换到页脚编辑，如图 3-3-4 所示。

图 3-3-4
"页脚"编辑区
（页下边距位置）

③ 通过"页眉和页脚工具－设计"功能区"插入"功能组的按钮可以在页眉或页脚处插入日期和时间、文档信息、文档部件、图片等，如图 3-3-5 所示。

④ 单击"页眉和页脚工具－设计"功能区"页眉和页脚"功能组中的"页码"按钮，在下拉列表中可以设置页码的编码格式，如图 3-3-6 所示。选择"设置页码格式"命令，打开"页码格式"对话框，如图 3-3-7 所示。在对话框中可以设置页码的格式为罗马数字或阿拉伯数字等不同的编号格式。

图 3-3-5 "插入"功能组

⑤ 完成页眉和页脚的设置后，单击"页眉和页脚工具－设计"功能区"关闭"功能组中的"关闭页眉和页脚"按钮，返回正文编辑窗口。

图 3-3-6
"页码"下拉列表

图 3-3-7
"页码格式"对话框

4. 样式

样式就是应用于文档中的文本、表格和列表的一组格式。通常有字符样式、段落样式、表格样式和列表样式等类型。Word 2016 允许用户自定义上述类型的样式。同时还提供了多种内建样式，如标题、正文等样式，可以对选定内容快速进行格式设置。

应用样式的操作：选定需要应用样式的段落，在"开始"功能区的"样式"功能组选择某个样式即完成设置，如图 3-3-8 所示。

也可以单击"样式"功能组右下角的"对话框启动器"按钮，打开"样式"任务窗格，在其中选择所需的样式，如图 3-3-9 所示。

图 3-3-8
"样式"功能组

图 3-3-9
"样式"任务窗格

5. 查找与替换

查找

Word 2016 提供了查找和替换功能，可以查找和替换字、词、句、图形、段落标记和制表符等。

（1）查找无格式文本

① 单击"开始"功能区"编辑"功能组中的"查找"按钮，打开"导航"窗格，如图 3-3-10 所示。在"在文档中搜索"处输入要查找的文本内容，进行相应查找操作，若查找到匹配的文本，文档中此文本处以黄色底纹醒目标识。

图 3-3-10
"导航"窗格

② 单击"开始"功能区"编辑"功能组中的"查找"按钮，在下拉列表中选择"高级查找"命令，打开"查找和替换"对话框，如图 3-3-11 所示。

图 3-3-11
"查找和替换"对话框

单击"查找"选项卡，在"查找内容"文本框里输入要查找的文本，单击"查找下一处"按钮执行查找操作。当查找到匹配的文本时，该文本将被自动设置成选定的文本块。再次单击"查找下一处"按钮，Word 2016 将在剩余的搜索范围内继续查找。

（2）查找有格式文本

查找有格式文本的操作与查找无格式文本的"高级查找"方式基本相同，在输入查找内容后，单击"更多"按钮，在搜索选项组中单击"格式"按钮，在弹出的"格式"下拉菜单中选择"字体"命令，打开"查找字体"对话框，设置要查找文本的格式，如图 3-3-12 所示。

（3）替换文本和格式

单击"开始"功能区"编辑"功能组中的"替换"按钮，打开"查找与替换"对话框，单击"替换"选项卡，如图 3-3-13 所示。替换操作是在查找基础上对文本内容进行的替换。

替换

图 3-3-12
"查找字体"对话框

图 3-3-13
"查找和替换"对话框
"替换"选项卡

温馨提示

在查找有格式文本时，若格式不相符合，即使有匹配的文本内容，也查找不成功。若格式设置有误，可单击"不限定格式"按钮取消格式设置。

3.3.3 项目实施

1. 创建文档

启动 Word 2016 程序，创建一个名为"创新创业计划书"的 Word 文档，并完成计划书内所有文字的输入。

正文文字格式为"宋体、小四、首行缩进 2 个字符、固定值 20 磅"。

2. 设置页眉和页脚

① 单击"插入"功能区"页眉和页脚"功能组中的"页眉"按钮，在下拉列表中选择"空白"选项，在页眉处，输入"大学生联盟"，格式为"等线、小四、右对齐"。

② 切换到页脚处，在"页眉和页脚"功能组中单击"页码"按钮，在下拉列表中选择"设置页码格式"命令，在打开的"页码格式"对话框中，将编号格式设置为阿拉伯数字。再次在"页眉和页脚"功能组中单击"页码"按钮，在下拉列表中选择"页面底端"→"普通数字 2"样式。

③ 单击"关闭页眉和页脚"按钮，返回正文编辑窗口。

3. 样式设置

① 在"视图"功能区"显示"功能组中选中"导航窗格"复选框，在"导航"窗格的"标题"选项卡中可以查看是否所有标题都正确应用了标题样式。

② 单击"视图"功能区"视图"功能组中的"大纲"按钮，切换到大纲视图模式。按住 <Ctrl> 键将"引言""项目介绍""可行性分析"选中，单击"大纲显示"功能区"大纲工具"功能组中的"正文文本"右侧的下拉按钮，在下拉列表中选择"1 级"。1 级标题的格式为"宋体、小二"。

按住 <Ctrl> 键依次将"网站设计原则""网站目标""网站内容""市场目标分析""竞争优势分析"选中，将其设置为"2 级"。2 级标题的格式为"宋体、小三"。

按住 <Ctrl> 键依次将"便利性原则""经济性原则"选中，将其设置为"3 级"。3 级标题的格式为"宋体、四号"。

4. 目录设置

确保所有标题样式正确后，就可以为文档提取目录了，提取文档目录的方法如下：

① 将光标定位到文档的开始处，单击"布局"功能区"页面设置"功能组中的"分隔符"按钮，在下拉列表中选择"分节符"→"下一页"选项。在新增的页面上输入文本"目录"，格式为"宋体、二号、居中"。

② 将光标定位到"目录"文本的下方，单击"引用"功能区"目录"功能组中的"目录"按钮，在下拉列表中选择"自定义目录"命令。

③ 在打开的"目录"对话框中，在"常规"组的"显示级别"设置需要提取的目录级别，这里设置为"3"。取消选中"使用超链接而不使用页码"复选框，单击"确定"按钮。

④ 返回文档，即可看到目录已经插入到文档中。

目录的制作

5. 设置项目符号

选定文档中需要设置项目符号的连续段落，单击“开始”功能区“段落”功能组中的“项目符号”按钮，在下拉列表中选择相应的文档项目符号。

3.4　表格制作

Word 2016 提供了强大的表格编辑和处理能力。

3.4.1　项目描述

求职简历表是简历的一部分，主要用于填写个人基本信息，具有非常重要的作用，如图 3-4-1 所示。

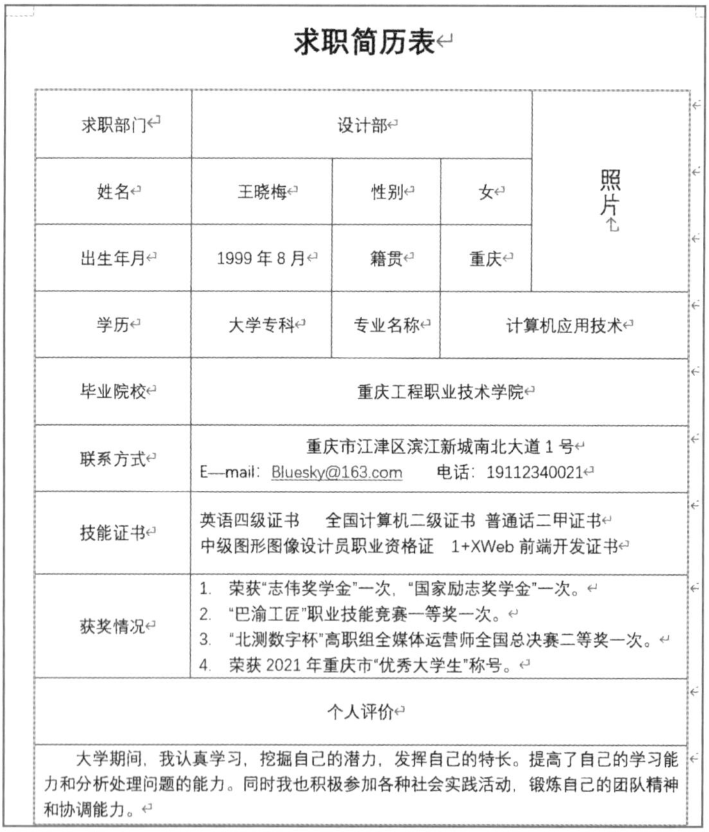

求职简历表

求职部门	设计部			照片
姓名	王晓梅	性别	女	
出生年月	1999 年 8 月	籍贯	重庆	
学历	大学专科	专业名称	计算机应用技术	
毕业院校	重庆工程职业技术学院			
联系方式	重庆市江津区滨江新城南北大道 1 号 E—mail：Bluesky@163.com　电话：19112340021			
技能证书	英语四级证书　全国计算机二级证书 普通话二甲证书 中级图形图像设计员职业资格证　1+XWeb 前端开发证书			
获奖情况	1. 荣获“志伟奖学金”一次，“国家励志奖学金”一次。 2. “巴渝工匠”职业技能竞赛一等奖一次。 3. “北测数字杯”高职组全媒体运营师全国总决赛二等奖一次。 4. 荣获 2021 年重庆市“优秀大学生”称号。			
个人评价				
大学期间，我认真学习，挖掘自己的潜力，发挥自己的特长。提高了自己的学习能力和分析处理问题的能力。同时我也积极参加各种社会实践活动，锻炼自己的团队精神和协调能力。				

图 3-4-1
求职简历表

3.4.2　项目知识准备

Word 2016 的表格由表行和表列分割的小方格构成，每个小方格称为单元格。在单元格内可以输入和编辑文本、数字，填充图形，数据计算处理等。

1. 创建表格

创建表格有自动制表和绘制表格两种方式。

（1）自动制表

① 使用"插入表格"选项组。

在文档中定位插入点，单击"插入"功能区"表格"功能组中的"表格"按钮，弹出如图 3-4-2 所示的选项列表，在"插入表格"选项组移动鼠标，会有单元格被选中，当选中的行数和列数符合需要时单击鼠标，即在插入点处得到相应行和列数的空白表格。

② 使用"插入表格"对话框。

在文档中定位插入点，单击"插入"功能区"表格"功能组中的"表格"按钮，在弹出的选项列表框中选择"插入表格"命令，打开"插入表格"对话框，如图 3-4-3 所示，输入需要的行数和列数，单击"确定"按钮，即可在插入点处得到相应空白表格。

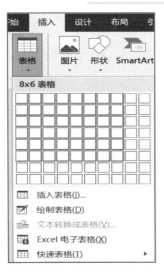

图 3-4-2
"插入表格"选项列表

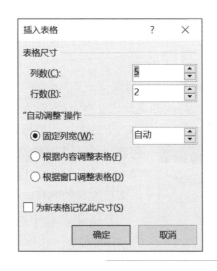

图 3-4-3
"插入表格"对话框

（2）绘制表格

在文档中定位插入点，单击"插入"功能区"表格"功能组中的"表格"按钮，在弹出的选项列表中选择"绘制表格"命令，鼠标指针变为铅笔形状，此时若拖动鼠标，可以获得仅有一个单元格的表格。同时打开"表格工具"功能区，其有"设计"和"布局"两个选项卡，如图 3-4-4 所示。

图 3-4-4
"表格工具－
布局"功能区

在"表格工具－布局"功能区"绘图"功能组有"绘制表格"和"橡皮擦"选项，如图 3-4-5 所示。

① 单击"绘制表格"按钮，鼠标指针变为铅笔形状，为绘制表格状态，再次单击取消表格绘制状态。

② 单击"橡皮擦"按钮，鼠标指针变成橡皮擦形状。将橡皮擦移动到需要删除的表格线上，单击鼠标，表格线即被删除。

③ "表格工具－设计"功能区"边框"功能组中有"笔颜色""边框样式""边框刷"等按钮，可以设置表格边框线的粗线和颜色等，如图 3-4-6 所示。

表格的格式设置

图 3-4-5
"绘图"功能组

图 3-4-6
"边框"功能组

2. 格式化表格

表格的编辑包括调整表格的行高和列宽，合并、拆分、增加、删除单元格等。单击表格，"表格工具－布局"功能区中有"行和列""合并""单元格大小"等功能组，如图 3-4-4 所示。

（1）调整行高 / 列宽

改变行高或列宽是改变本行或本列所有单元格的高度或宽度，方法如下：

方法 1：当鼠标指针指向水平表格线时，指针将变成水平线调整指针，此时拖动鼠标即可调整本行的高度。当鼠标指针指向垂直表格线时，指针将变成垂直调整指针，此时拖动鼠标即可调整本列的列宽。

方法 2：选中行（或列），在"表格工具－布局"功能区"单元格大小"功能组中，利用"高度"框可以设置表格行高，利用"宽度"框可能设置表格列宽，如图 3-4-7 所示。

图 3-4-7 "单元格大小"功能组

温馨提示

对选定的一个或者同一列多个连续的单元格执行这样的操作，仅对选定的单元格有效，不影响同一列中其他单元格的列宽。

（2）插入行或列

用户可以在表格中随时插入行或列。方法如下：

方法 1：将插入点定位在某单元格内，在"表格工具－布局"功能区"行和列"功能组中可以单击所需相应的操作按钮即可，如图 3-4-8 所示。

方法 2：将插入点定位在某单元格内，单击"表格工具 - 布局"功能区"行和列"功能组右下角的"对话框启动器"按钮，打开"插入单元格"对话框，如图 3-4-9 所示。通过此对话框可以在表格中直接插入单元格、行或列，并且可设置插入点所在单元格右移或下移，也可以在插入点所在行之前插入整行或在插入点所在列的左侧插入整列。

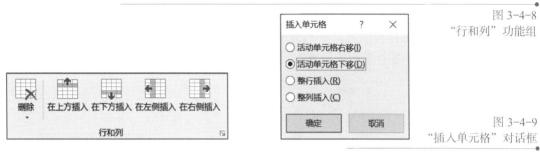

图 3-4-8
"行和列"功能组

图 3-4-9
"插入单元格"对话框

（3）删除行或列

删除列的操作方法如下：

方法 1：选择要删除的行或列，单击"表格工具 - 布局"功能区"行和列"功能组中的"删除"按钮，弹出如图 3-4-10 所示的下拉列表，在其中选择"删除行"或"删除列"命令即可。

方法 2：选择行或列，单击"表格工具 - 布局"功能区选项卡"行和列"功能组中的"删除"按钮，在下拉列表中选择"删除单元格"命令，打开如图 3-4-11 所示的"删除单元格"对话框，进行删除操作。

图 3-4-10
"删除"列表

图 3-4-11
"删除单元格"对话框

（4）合并和拆分单元格

① 合并单元格。

选中需要合并的连续多个单元格，单击"表格工具 - 布局"功能区"合并"功能组中的"合并单元格"按钮，如图 3-4-12 所示。即可将选定的多个单元格合并成一个单元格。

② 拆分单元格。

将插入点定位在目标单元格内，单击"表格工具 - 布局"功能区"合并"功能组中的"拆分单元格"按钮，打开"拆分单元格"对话框，如图 3-4-13 所示。确定列数和行数后，单击"确定"按钮即可。

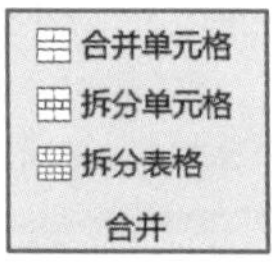

图 3-4-12　"合并"功能组

③ 拆分表格。

将插入点定位在表格中的某单元格，单击如图 3-4-12 所示"合并"功能组中的"拆分表格"按钮，能以插入点所在行的顶线为界，将表格拆分成上、下两个独立的表格。

（5）对齐方式

对齐方式主要是指单元格内容在单元格内的对齐方式，共有 9 种方式。

选定需要设置文字对齐的单元格，在"表格工具－布局"功能区"对齐方式"功能组中选择需要的对齐方式即可，如图 3-4-14 所示。

图 3-4-13
"拆分单元格"对话框

图 3-4-14
"对齐方式"功能组

（6）为表格添加边框和底纹

Word 2016 可以改变表格边框的类型，可以为单元格或整个表格添加背景图片或底纹。

操作方法如下：

方法 1：单击"表格工具－设计"功能区"表格样式"功能组中的"底纹"按钮。可以在下拉列表中选择需要的底纹颜色。

方法 2：单击"表格工具－设计"功能区"边框"功能组中右下角的"对话框启动器"按钮，打开"边框和底纹"对话框，如图 3-4-15 所示。在"边框"选项卡中，可以设置表格或单元格的边框类型、样式、颜色和宽度等。在"底纹"选项卡中，可以设置表格或单元格的底纹样式和底纹颜色。

3. 表格样式

在 Word 2016 文档中，可以使用"表格自动套用格式"功能快速套用 Word 2016 内置的表格样式，以创建或设置表格。

（1）创建套用格式的表格

单击"插入"功能区"表格"功能组中的"表格"按钮，在下拉列表中选择"快速表格"命令，在弹出的级联菜单中选择相应的内置表格样式即可，如图 3-4-16 所示。

（2）对现有表格设置样式

将插入点定位在表格内，在"表格工具－设计"功能区"表格样式"功能组中可直接套用内置的表格样式，如图 3-4-17 所示。

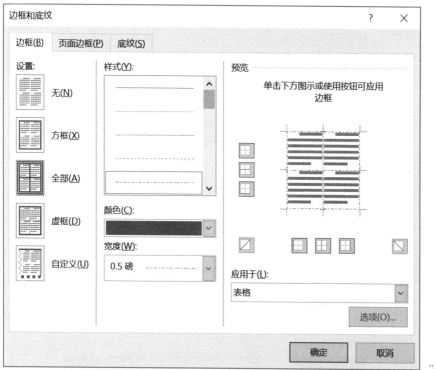

图 3-4-15
"边框和底纹"对话框

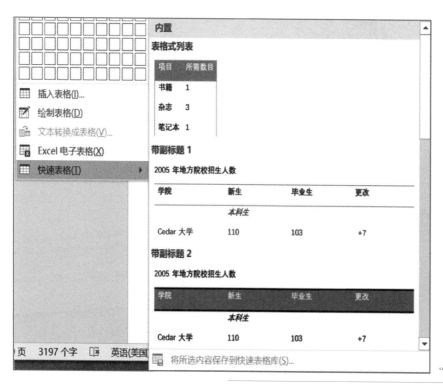

图 3-4-16
"快速表格"内置样式

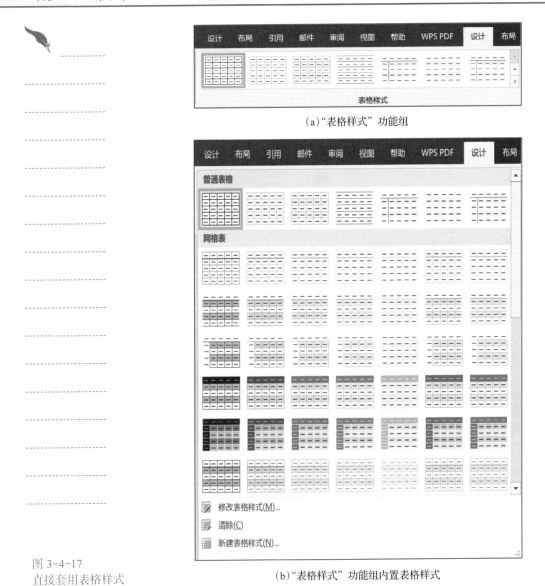

（a）"表格样式"功能组

图 3-4-17
直接套用表格样式

（b）"表格样式"功能组内置表格样式

3.4.3　项目实施

1. 创建文档

启动 Word 2016，创建一个名为"求职简历表"的 Word 文档。

2. 制作表格

① 在输入"求职简历表"，格式为"等线、小二、加粗、居中"，段后 0.5 行，按 <Enter> 键换行。

② 单击"插入"功能区"表格"功能组中的"表格"按钮，在下拉列表中选择"插入表格"命令，在打开的"插入表格"对话框中设置行数为"10"，列数为

"4"，单击"确定"按钮。

③ 根据表格内容的需要，选择相应的单元格进行合并。

④ 将表格选中，利用"表格工具－布局"功能区"单元格大小"功能组中的"高度"和"宽度"框，指定表格的行高和列宽。

3. 表格格式设置

① 将文字依次输入到相应单元格中，格式为"等线、五号"。单击"表格工具－布局"功能区"对齐方式"功能组中的"水平居中"按钮，让单元格内的文字水平居中。选择"照片"所在的单元格，单击"对齐方式"功能组中的"文字方向"按钮，让"照片"两个字竖向排列。

② 选中整张表格，在"表格工具－设计"功能区"边框"功能组中，将表格的外边框设置为"红色、0.75 磅、双实线"。内部框线设置为"蓝色、0.5 磅、单实线"。

③ 单击"快速访问工具栏"中的"保存"按钮，将完成后的文档存盘。

3.5　邮件合并

邮件合并是 Word 2016 中一个可以批量处理和打印邮件的功能。如果需要给不同的收件人发去内容大体一致，但是部分地方有区别的邮件，就可以使用邮件合并的功能。

3.5.1　项目描述

为大一学生制作一份素质拓展报告书，如图 3-5-1 所示。

3.5.2　项目知识准备

邮件合并需要创建一个主文档，所谓主文档就是其中的内容有所有邮件中都有的内容或信息。利用所学的创建文档、制作表格的知识，创建一个名为"素质拓展报告书"的主文档，如图 3-5-1 所示。

邮件合并需要选择数据源。数据源的选取可以使用已经创建好的 Excel 工作表，关于 Excel 将在下一章进行详细的讲解，这里只需要了解工作簿、工作表的概念即可。

邮件合并

1. 邮件合并的类别

Word 邮件合并中，根据不同用途，提供了信函、电子邮件、信封、标签、目录、普通 Word 文档等不同的模板。如果主文档是用户自己设定的格式和排版样式，选择普通 Word 文档即可。

素质拓展报告书

时光荏苒，不知不觉间，大一的学习生活即将结束。相信各位同学在这一学年都是积极的、自信的、努力拼搏的，能积极参与学校、班级、社团组织的各类活动。现将各位同学参与素质拓展活动的统计情况发给大家，如有遗漏，请各位同学及时联系辅导员老师进行核实。

姓名		学号		班级	
专业		学院			
军训积极分子		激扬青春班徽设计大赛			
运动会志愿者		民法典宣传活动			
慰问孤寡老人活动		秀出自己辩论大赛			
环保达人公益活动		迎新杯篮球赛			
光盘行动签名活动		学四史守初心团课			
志愿者活动在路上		为留守儿童送学具			
迎新年登山比赛		朗诵红色经典活动			
爱读书，乐分享读书交流会		书斋生存 8 小时阅读大挑战			
校园网络安全知识竞赛活动					
冬日暖春，衣旧情深捐赠活动					
其他：					

大数据与物联网学院

2021 年 1 月 26 日

图 3-5-1
素质拓展报告书模板

单击“邮件”功能区“开始邮件合并”功能组中的“开始邮件合并”按钮，在下拉列表中列出了 Word 提供的模板，如图 3-5-2 所示。

2. 邮件合并数据源

数据源可以是 Excel 工作表也可以是 Access 文件，也可以是 MS SQL Server 数据库。因为邮件合并是一个数据查询和显示的工作，所以只要能够被 SQL 语句操作控制的数据皆可作为数据源。这里以 Excel 为例。

单击“邮件”功能区“开始邮件合并”功能组中的“选择收件人”按钮，在下拉列表中选择“使用现有列表”命令，如图 3-5-3 所示。

在打开的“选取数据源”对话框中，如图 3-5-4 所示，选择数据源文件的位置和名称，单击“打开”按钮。

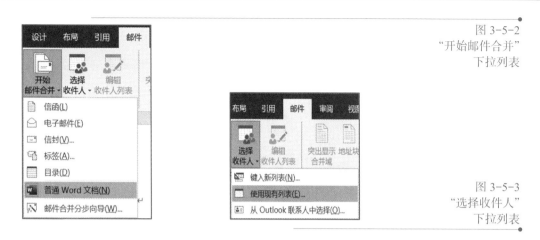

图 3-5-2
"开始邮件合并"
下拉列表

图 3-5-3
"选择收件人"
下拉列表

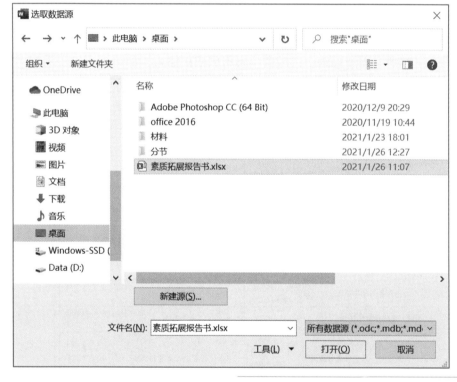

图 3-5-4
"选取数据源"
对话框

打开"选择表格"对话框，如图 3-5-5 所示。选择 Excel 工作簿文件中数据源所在的 Excel 工作表名称，单击"确定"按钮。

3. 邮件合并合并域

将数据源连接到文档后，通过添加合并域可用数据源中的信息对文档进行个性化设置。合并域来自数据源中的列标题。

① 将定位点定位在合并域所在的位置。

② 单击"插入合并域"按钮，在下拉列表中选择一个对应的域，单击完成插入，如图 3-5-6 所示。

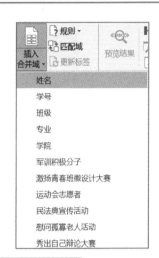

图 3-5-5
"选择表格"
对话框

图 3-5-6
"插入合并域"
下拉列表

4. 完成邮件合并

在主文档所有需要插入合并域的位置将域依次插入，如图 3-5-7 所示。

姓名：	《姓名》	学号：	《学号》	班级：	《班级》
专业：		《专业》	学院：		《学院》
军训积极分子：		《军训积极分子》	激扬青春班徽设计大赛		《激扬青春班徽设计大赛》
运动会志愿者：		《运动会志愿者》	民法典宣传活动：		《民法典宣传活动》
慰问孤寡老人活动：		《慰问孤寡老人活动》	秀出自己辩论大赛		《秀出自己辩论大赛》
环保达人公益活动：		《环保达人公益活动》	迎新杯篮球赛：		《迎新杯篮球赛》
光盘行动签名活动：		《光盘行动签名活动》	学四史守初心团课		《学四史守初心团课》
志愿者活动在路上：		《志愿者活动在路上》	为留守儿童送学具：		《为留守儿童送学具》
迎新年登山比赛：		《迎新年登山比赛》	朗诵红色经典活动		《朗诵红色经典活动》
爱读书，乐分享读书交流会		《爱读书，乐分享读书交流会》	书斋生存 8 小时阅读大挑战：		《书斋生存 8 小时阅读大挑战》
校园网络安全知识竞赛活动：			《校园网络安全知识竞赛活动》		
冬日暖春，衣旧情深捐赠活动：			《冬日暖春，衣旧情深捐赠活动》		
其他：《其他》					

图 3-5-7
完成"合并域的插入"

单击"邮件"功能区"完成"功能组中的"完成并合并"按钮，在下拉列表中根据需要选择"编辑单个文档""打印文档"或"发送电子邮件"命令，如图 3-5-8 所示。

选择"编辑单个文档"命令，会打开"合并到新文档"对话框，如图 3-5-9 所示。

图 3-5-8
"完成并合并"下拉列表

图 3-5-9
"合并到新文档"对话框

在"合并记录"组中选中"全部"单选按钮，单击"确定"按钮，即可完成批量制作素质拓展报告书，并自动创建一个名为"信函 1"的文档，如图 3-5-10 所示。

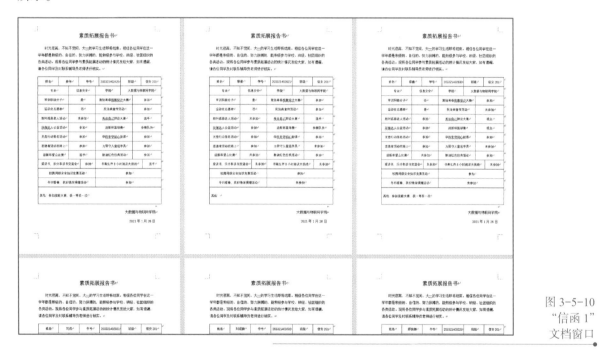

图 3-5-10
"信函 1"
文档窗口

3.5.3 项目实施

1. 创建一个名为"素质拓展报告书"的主文档。纸张大小为 A4，纸张方向为纵向。标题格式设置为"等线、小二、居中、段后 1 行"。正文格式设置为"首行缩进 2 个字符、宋体、小四、两端对齐、1.5 倍行距"。表格中的字符格式设置为"等线、五号、水平居中"。

2. 创建一个名为"素质拓展报告书"的 Excel 工作簿文件，将数据放在 Sheet1 工作表中。

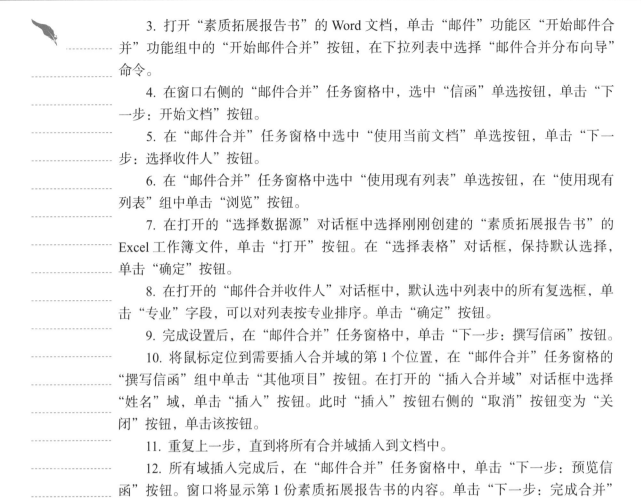

3. 打开"素质拓展报告书"的 Word 文档，单击"邮件"功能区"开始邮件合并"功能组中的"开始邮件合并"按钮，在下拉列表中选择"邮件合并分布向导"命令。

4. 在窗口右侧的"邮件合并"任务窗格中，选中"信函"单选按钮，单击"下一步：开始文档"按钮。

5. 在"邮件合并"任务窗格中选中"使用当前文档"单选按钮，单击"下一步：选择收件人"按钮。

6. 在"邮件合并"任务窗格中选中"使用现有列表"单选按钮，在"使用现有列表"组中单击"浏览"按钮。

7. 在打开的"选择数据源"对话框中选择刚刚创建的"素质拓展报告书"的 Excel 工作簿文件，单击"打开"按钮。在"选择表格"对话框，保持默认选择，单击"确定"按钮。

8. 在打开的"邮件合并收件人"对话框中，默认选中列表中的所有复选框，单击"专业"字段，可以对列表按专业排序。单击"确定"按钮。

9. 完成设置后，在"邮件合并"任务窗格中，单击"下一步：撰写信函"按钮。

10. 将鼠标定位到需要插入合并域的第 1 个位置，在"邮件合并"任务窗格的"撰写信函"组中单击"其他项目"按钮。在打开的"插入合并域"对话框中选择"姓名"域，单击"插入"按钮。此时"插入"按钮右侧的"取消"按钮变为"关闭"按钮，单击该按钮。

11. 重复上一步，直到将所有合并域插入到文档中。

12. 所有域插入完成后，在"邮件合并"任务窗格中，单击"下一步：预览信函"按钮。窗口将显示第 1 份素质拓展报告书的内容。单击"下一步：完成合并"按钮。

13. 在"邮件合并"任务窗格中，单击"合并"组中的"编辑单个信函"按钮，打开"合并到新文档"对话框。选择"全部"单选按钮，单击"确定"按钮，将自动创建一个名为"信函 1"的文档。

14. 单击"快速访问工具栏"中的"保存"按钮，在打开的"另存为"对话框中，设置好文件名、保存路径，单击"保存"按钮。

本章小结

本章从不同角度介绍了 Word 2016 的主要功能和基本的使用技巧，包括 Word 2016 的窗口组成，功能区的使用，文档的创建、保存和打开，文字编辑与文档格式排版操作，图文混排，表格的制作和排版等。其中，文本编辑操作，文字与段落格式化操作，图文混排，表格的制作，是本章的重点内容。

知识拓展

文本：知识拓展答案

一、单选题

1. Word 2016 的文档编辑状态下，按 F7 键可打开（   ）对话框。

   A. "查找与替换"对话框   B. "剪贴板"对话框

   C. "语法"对话框   D. "页面设置"对话框

2. 如要给每位同学发送一份《期末成绩通知单》，用（   ）命令最简便。

   A. "复制与粘贴"命令   B. "标签"命令

   C. "邮件合并"命令   D. "信封"命令

3. （   ）视图模式，可以同时显示出水平标尺与垂直标尺。

   A. 草稿视图   B. 页面视图   C. 阅读版式视图   D. Web 版式视图

4. 在 Word 2016 表格中，文字的对齐方式有（   ）种。

   A. 4 种   B. 5 种   C. 6 种   D. 9 种

5. 若需要在文档每页页面底端插入注释，应该插入（   ）。

   A. 脚注   B. 尾注   C. 批注   D. 题注

二、操作题

录入以下文字，以"红岩精神 .docx"为文件名保存在 D 盘上，完成 Word 操作。

红 岩 精 神

    红岩精神作中国共产党和中华民族的宝贵精神财富，党和国家历来高度重视红岩精神的传承和弘扬。红岩精神的内涵概括为四句话："崇高思想境界""坚定理想信念""巨大人格力量"和"浩然革命正气"。

    红岩精神充分体现了老一辈无产阶级革命家、共产党人和革命志士的崇高思想境界、坚定理想信念、巨大人格力量和浩然革命正气，凝聚了鲜明的爱国主义、集体主义、英雄主义的精神品质，蕴含着深厚的革命情感和厚重的历史文化内涵。红岩精神同井冈山精神、长征精神、延安精神一样，都是中国共产党人和中华民族宝贵的精神财富。

    1958 年 5 月 1 日，红岩革命纪念馆正式对外开放，标志着红岩精神的弘扬和传播有了牢固的阵地。1963 年 11 月 27 日，反映歌乐山革命烈士斗争事迹的"中美合作所美蒋罪行展览馆"（后更名为重庆歌乐山革命纪念馆）对外开放。2007 年 1 月 19 日，为加大我市文化体制改革力度，市委、市政府决定在两馆基础上联点成线，整合资源，建立重庆红岩联线文化发展管理中心，同时加挂"红岩革命历史博物馆"牌子。

    要求：

    1. 页面设置：页边距上、下为 1.5 厘米，左、右为 2 厘米。纸张大小为 B5。

    2. 按以下要求格式化该文档。

（1）标题：隶书、二号、加粗、红色、段前 1 行、段后 1 行、居中对齐。

（2）正文：楷体、小四、行距为固定值 27 磅、首行缩进 2 字符。

3. 添加页眉，左侧内容为学生自己的姓名，右侧内容为学生所在院系名称。

格式：楷体、三号、加粗、右对齐。添加页码，页码的编码格式为 "-1-"。

格式：红色、三号、加粗、居中对齐。

4. 插入一张与文字主题相符的图片，调整大小并置于第一自然段文字前面。环绕文字类型为 "四周型"，图片样式为 "金属圆角矩形"，水平对齐方式为 "居中"。

5. 插入形状 "五角星"，形状填充为 "底部聚光灯—个性色 2" "从中心"。形状效果为 "棱台—角度"。添加文字内容 "红岩精神"，文字格式为楷体、黄色、倾斜。调整大小并置于文章末尾，环绕文字类型为 "上下型环绕"，水平对齐方式为 "右对齐"。

6. 添加内容为 "红岩革命纪念馆" 的艺术字，样式自定义，文字效果为 "三角一正"。调整大小并置于第 3 段文字中间，环绕文字类型为 "衬于文字下方"。

7. 第 1 段设置首字下沉，字体为隶书，下沉 2 行。

8. 第 2 自然段设置分栏，栏数为 2，加分隔线，间距 2 字符。

9. 添加文字水印，内容为 "中国梦"，格式为隶书、144 磅、绿色、斜式、取消半透明。

10. 添加页面边框，格式为红色、双波浪线。

11. 添加页面颜色，格式为渐变、预设、雨后初晴、中心辐射。

第4章

Excel 2016 的应用

知识提要

本章将介绍 Microsoft Office 2016 中的表格处理应用软件 Excel 2016 的基本操作、数据处理及一些高级用法和使用技巧，主要内容包括 Excel 2016 基本知识、表格的创建、工作表的编辑和格式化、图表的创建、数据的管理与分析、数据透视表的建立和编辑、页面的设置和打印。

教学目标

◆ 掌握 Excel 工作簿、工作表和单元格的基本概念和基本操作。

◆ 掌握工作表的创建、编辑和格式化。

◆ 熟练运用公式和函数对数据进行运算处理。

◆ 掌握图表的创建和编辑。

◆ 掌握数据的管理与分析的基本操作。

◆ 理解数据透视表的作用，建立和编辑数据透视表。

4.1   电子表格的创建——参观"红岩联线"学生信息统计

Microsoft Excel 2016 是 Microsoft Office 2016 办公软件的一个重要组成部分，集表格创建、数据计算、图表编辑、统计分析于一体，是一款功能强大的电子表格处理软件。提供了大量的公式函数可供应用选择，极大地方便了各种数据的处理、统计分析和辅助决策操作，广泛地应用于管理、统计财经、金融等众多领域。

4.1.1   项目描述

为了引导大学生以实际行动弘扬报国之志，争做民族复兴的时代新人，培养坚定的青年马克思主义者，校团委准备组织大一新生参观"红岩联线"景区，本次活动采取自愿报名原则，由各班班长负责统计报名学生信息。王源作为大数据 201 班班长，在李老师的指导下，利用 Excel 2016 完成了参观"红岩联线"学生信息统计表的创建和美化工作。完成效果如图 4-1-1 所示。

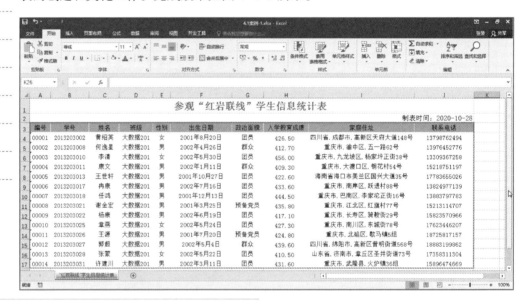

图 4-1-1
"红岩联线"
完成效果图

4.1.2   项目知识准备

1. Excel 2016 启动和退出

Excel 2016 的启动和退出的方法与 Word 2016 相同，不再重复叙述。

2. Excel 2016 窗口组成

Excel 2016 启动后，打开如图 4-1-2 所示的 Excel 2016 应用程序窗口。

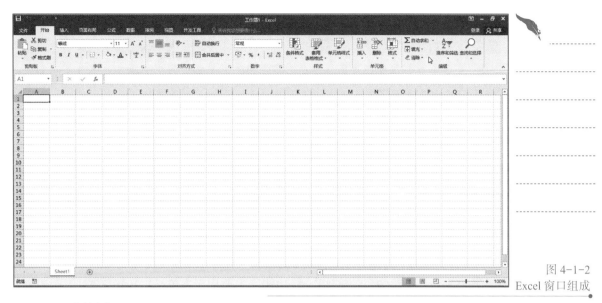

图 4-1-2
Excel 窗口组成

（1）功能区

位于标题栏的下方，默认由 9 个部分组成，分别为 1 个"文件"菜单，8 个功能区选项卡。一个功能区分为多个功能组，每个组中有多个命令，如图 4-1-3 所示。

图 4-1-3
Excel "开始"
功能区

Excel 2016 默认状态下有 8 个功能区，每个功能区所拥有的功能如下。

1）"开始"功能区

"开始"功能区包括剪贴板、字体、对齐方式、数字、样式、单元格和编辑 7 个功能组。主要用于帮助用户对 Excel 2016 表格进行文字编辑和单元格的格式设置，是用户最常用的功能区，如图 4-1-3 所示。

2）"插入"功能区

"插入"功能区包括表格、插图、加载项、图表、演示、迷你图、筛选器、链接、文本和符号 10 个功能组，该功能区主要用于在 Excel 2016 表格中插入各种对象，如图 4-1-4 所示。

图 4-1-4
Excel "插入"
功能区

3）"页面布局"功能区

"页面布局"功能区包括主题、页面设置、调整为合适大小、工作表选项、排列 5 个功能组，该功能区用于帮助用户设置 Excel 2016 表格页面样式，如图 4-1-5 所示。

图 4-1-5
Excel "页面布局" 功能区

4）"公式" 功能区

"公式" 功能区包括函数库、定义的名称、公式审核和计算 4 个功能组，该功能区用于实现在 Excel 2016 表格中进行各种数据计算，如图 4-1-6 所示。

图 4-1-6
Excel "公式"
功能区

5）"数据" 功能区

"数据" 功能区包括获取外部数据、获取和转换、连接、排序和筛选、数据工具、预测和分级显示 7 个功能组，该功能区主要用于在 Excel 2016 表格中进行数据处理方面的操作，如图 4-1-7 所示。

图 4-1-7
Excel "数据"
功能区

6）"审阅" 功能区

"审阅" 功能区包括校对、中文简繁转换、见解、语言、批注和更改 6 个功能组，该功能区主要用于对 Excel 2016 表格进行校对和修订等操作，适用于多人协作处理 Excel 2016 表格数据，如图 4-1-8 所示。

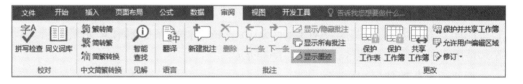

图 4-1-8
Excel "审阅"
功能区

7）"视图" 功能区

"视图" 功能区包括工作簿视图、显示、显示比例、窗口和宏 5 个功能组，该功能区主要用于帮助用户设置 Excel 2016 表格窗口的视图类型，以方便操作，如图 4-1-9 所示。

图 4-1-9
Excel "视图"
功能区

8）"开发工具" 功能区

"开发工具" 功能区包括代码、加载项、控件、XML 4 个功能组，它包含的命令对程序员有用，如图 4-1-10 所示。默认情况下不会显示该功能区。

图 4-1-10
Excel"开发工
具"功能区

（2）名称框和编辑栏

① 名称框，显示当前活动对象的名称信息，包括单元格名称、图表名称、表格名称等。名称框也可用于定位到目标单元格或其他类型对象。在名称框中输入单元格的列表和行号，即可定位到相应的单元格。

② 编辑栏，在单元格中编辑数据时，其内容同时出现在编辑栏的编辑框中，方便用户输入或修改单元格中的数据。中间是确认区，当在右边进行编辑时，将变成 ✕ ✓ ƒx， ✕ 按钮为"取消"按钮， ✓ 按钮为"确认"按钮， ƒx 按钮用于调用函数，当编辑完毕后可单击 ✓ 按钮或按 Enter 键表示确认，或单击 ✕ 按钮取消刚才编辑的内容。

（3）工作表区域

工作表为 Excel 窗口的主体，由单元格组成，每个单元格由列号和行号组成，列号位于工作表的上端，顺序为字母 A、B、C……；行号位于工作表的左端，顺序为数字 1、2、3……

（4）工作表标签

工作表标签显示了当前工作簿中包含的工作表，初始值为 Sheet1，表示工作表的名称。如果需要增加新的工作表，可以单击右侧 ⊕ 按钮，新增加的工作表依次命名为 Sheet2、Sheet3 等，单击工作表标签名可切换到相应的工作表。

其他窗口组成的功能与 Word 软件类似，在此不再累述。

3. 工作簿、工作表和单元格

（1）工作簿

工作簿是计算和储存数据的文件，一个工作簿就是一个 Excel 文件，其默认扩展名为 xlsx。一个工作簿可以拥有多个工作表，每个工作表可以存储不同的数据，每个工作表相互独立。当打开一个新工作簿时，默认有 1 个工作表，工作表命名为 Sheet1。用户根据实际需要可以增减工作表和选择工作表。

（2）工作表

工作表就是电子表格，工作表只能存储在工作簿中，是工作簿文件的一个组成部分。在工作簿中，可以插入、删除、重命名工作表，其中，标签背景为白色的工作表表示活动工作表，即当前正在进行操作的工作表。各个工作表通过鼠标单击对应的标签名进行切换。

（3）单元格

单元格是 Excel 中进行数据输入和处理的基本单位，也是组成工作表的最小单位。一个工作表由 16384 列和 1048576 行组成，列号是由左至右从 A 到 XFD 字母编号，行号是由上至下从 1 到 1048576 编号。每一行列交叉处即为一个单元格。

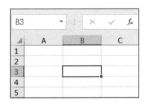

每个单元格均有一个固定的地址，即单元格地址，由列号和行号组成，如 B3。在任何时候，工作表中有且仅有一个单元格是激活的，即"活动单元格"，其标志是有一粗线边框，单元格名称出现在名称框中，如图 4-1-11 所示。由于一个工作簿包含多个工作表，要区分不同工作表的单元格，必须在单元地址前加上工作表名称，并以"！"间隔。例如，Sheet2!B3 代表 Sheet2 工作表的 B3 单元格。

图 4-1-11　活动单元格

数值录入

4. 数据录入

数据录入是处理 Excel 文档的基本操作，录入时，先选择单元格，然后录入数据。数据录入中常用的数据类型有数值、文本、日期时间等。

（1）数值录入

数值除了数字（0～9），还包括 +、-、E、e、$、%、/、(、) 以及小数点"."和千分位符号","等特殊字符。数值数据在单元格中默认向右对齐。

-温·馨·提·示-

① Excel 数值输入与数值显示未必相同，如输入数据长度超出单元格宽度，Excel 自动以科学计数法表示。

② Excel 计算时将以输入数值而不是显示数值为准。

③ 输入分数：在分数前加 0 并用空格隔开，否则系统会当作日期处理，如键入 0 1/5。

④ 保留小数点后数字末位的 0：在 Excel 中，输入数据时，小数点后数字末位的 0 会自动省去，如 6.300，显示为 6.3。如希望保留小数点后数字末位的 0，可在"设置单元格格式"→"数字"→"数值"选项中，在右侧的"小数位数"中设置需保留的小数位数，如图 4-1-12 所示。

科学计数、百分比的输入等与此方法类似，不再累述。

（2）文本录入

Excel 文本包括汉字、英文字母、数字、空格及其他键盘能键入的符号，文本在单元格中默认向左对齐。

文本录入

-温·馨·提·示-

① 如输入的文本长度超过单元格宽度，若右边单元格无内容，则扩展到右边列，否则，截断显示。

②保留数字前面的 0：只需在数字前加上一个英文方式下的""单引号。如果要输入电话号码或邮政编码等特殊文本，也可用此方法。

③如果要在同一单元格中显示多行文本，则单击"开始"功能区"对齐方式"功能组中的"自动换行"按钮 自动换行。

④如果要在单元格中输入"硬回车"，则按 Alt+Enter 键。

图 4-1-12
"设置单元格格式"
对话框

（3）日期时间录入

Excel 内置了一些日期时间的格式，当输入数据与这些格式相匹配时，Excel 将识别它们，Excel 常见的日期时间格式为"年－月－日""日－月－年""月－日"，年月日之间用斜杠（/）或减号（-）分隔。日期时间在单元格中默认向右对齐。

时间录入

 温馨提示

①要输入当前日期，按 <Ctrl+>; 组合键。

②要输入当前时间，按 <Ctrl+Shift+; > 组合键。

③要输入 12 小时制的时间，在时间后留一空格，并键入"AM"或"PM"表示上午或下午。

（4）快速填充

在 Excel 中，当需要输入大量重复性数据时，可利用快速填充来完成。快速填充操作是指在工作表中快速生成具有一定规律的数据。

1）填充简单数据

用鼠标指针指向初始值所在单元格的右下角填充柄，鼠标指针变为实心十字形"+"，按下鼠标左键拖拽至填充的最后一个单元格，松开鼠标，即可完成填充，如

简单填充

图 4-1-13 所示。

填充复杂数据

(a)

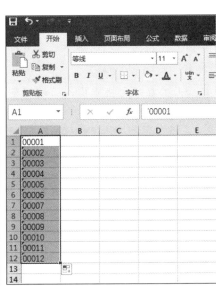

(b)

图 4-1-13
简单填充数据

温馨提示

① 若初始值为数值型数字，自动填充时，是将原数据复制到新单元。

② 若初始值为文本类型数字，自动填充时，数字将依次递增，图 4-1-13 中的数据就为文本类型数字。

③ 若初始值为 Excel 预设的自动填充序列中一员，按预设序列填充。例如初始值为"星期一"，自动填充星期二、星期三……。

2）填充复杂数据

在 Excel 中，输入有规律的数字时，可以利用 Excel 中的"序列"对话框来实现。单击"开始"功能区"编辑"功能组中的"填充"按钮，在下拉列表中选择"序列"命令，打开如图 4-1-14 所示的"序列"对话框，可实现具有一定规律的复杂数据的填充。

3）用户自定义填充序列

方法如下：

① 选择"文件"→"选项"命令，打开"Excel 选项"对话框，单击"高级"选项卡，单击右侧的"编辑自定义列表"按钮，打开"自定义序列"对话框，如图 4-1-15 所示。

② 在"自定义序列"列表框中选择"新序列"选项。

③ 在"输入序列"文本框中每输入一个序列成员按一次回车，如"第 1 名""第 2 名""第 3 名"，输入完毕单击

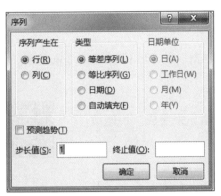

图 4-1-14 "序列"对话框

"添加"按钮。

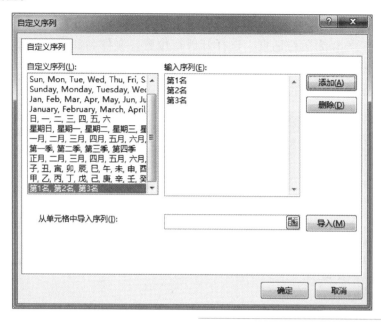

图 4-1-15
"自定义序列"对话框

序列定义成功后就可以使用它来进行自动填充了。将经常出现的有序数据定义为序列，在输入时可以减少许多工作量。

5. 数据清除与删除

（1）数据清除

数据清除针对的对象是数据，单元格本身不受影响。命令如图 4-1-16 所示。

图 4-1-16
"清除"下拉
列表

（2）数据删除

数据删除针对的对象是单元格，删除后单元格连同里面的数据都从工作表中消失。"删除"对话框如图 4-1-17 所示。

4.1.3 项目实施

王源同学是如何在李老师的帮助下利用 Excel 软件完成效果如图 4-1-1 所示的参观"红岩联线"学生信息统计表的创建和美化工作呢？下面，跟着王源同学一起来操作。

图 4-1-17 "删除"对话框

1. 创建并保存工作簿

启动 Excel 软件，单击 Excel 软件窗口上方的"快速访问工具栏"中的"保存"按钮，打开"另存为"对话框，选择好保存位置、文件名和文件类型，单击"保存"按钮，便可将工作簿保存在指定的文件夹中，如图 4-1-18 所示。后续操作中，随时单击"保存"按钮存盘即可。

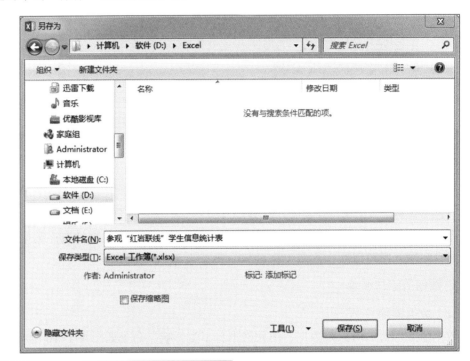

图 4-1-18
Excel "另存为"
对话框

2. 数据输入

（1）输入标题和表头信息

单击或双击要输入内容的单元格，便可输入相应的信息。

针对本案例，在 A1 单元格输入文本"参观'红岩联线'学生信息统计表"，在 A2 单元格输入"制表时间：2020-10-28"，在 A3:J3 单元格分别输入"编号""学号""姓名""班级""性别""出生日期""政治面貌""入学成绩""家庭住址"和"联系电话"。

录入完整基础
数据后的表格

> 温馨提示
> A3:J3 指的是一个单元格区域，即 A3、B3、C3、D3、E3、F3、G3、H3、I3 和 J3 所组成的一个单元格区域。又如 A1:C2 指是 A1、A2、B1、B2、C1 和 C2 所组成的单元格区域。

（2）输入表中数据

① 采用自动填充方式输入编号、学号信息。在 A4 单元格输入编号"'00001"，

然后将鼠标移动到 A4 单元格右下角，当出现填充柄黑十字"+"符号时，按住鼠标左键拖至 A17 单元格，完成编号的输入。学号的输入方法相同，就不再累述。

② 日期时间的输入。在输入出生日期的数据时，注意，在年、月、日之间输入"/"或"-"号来分隔。

③ 性别、政治面貌数据的输入。以性别为例，选中 E4:E17 单元格区域后，单击"数据"功能区"数据工具"功能组中的"数据验证"按钮，如图 4-1-7 所示。

④ 打开"数据验证"对话框，单击"设置"选项卡，在"允许"下拉列表框中选择"序列"选项，在"来源"文本框中输入"男,女"，单击"确定"按钮，如图 4-1-19 所示，然后在指定单元格中根据学生实现情况选择相应的数据即可。"政治面貌"列数据的输入也可采用此方式，就不再累述。

⑤ 在相应单元格输入其余信息。录入完基本信息后的原始表效果如图 4-1-20 所示。

图 4-1-19 "数据验证"对话框

	A	B	C	D	E	F	G	H	I	J
1	参观"红岩联线"学生信息统计表									
2	制表时间：2020-10-28									
3	编号	学号	姓名	班级	性别	出生日期	政治面貌	入学成绩	家庭住址	联系电话
4	00001	2013203002	黄绍英	大数据201	女	2001-8-20	团员	426.50	四川省.成都市.高新区天府大道148号	13798762494
5	00002	2013203008	何逸星	大数据201	男	2002-4-26	群众	412.70	重庆市.渝中区.五一路62号	13976452776
6	00003	2013203010	李清	大数据201	男	2002-5-30	团员	456.00	重庆市.九龙坡区.杨家坪正街38号	13309367258
7	00004	2013203011	康文	大数据201	男	2002-1-11	群众	409.30	重庆市.大渡口区.钢花村54号	15218751197
8	00005	2013203013	王世轩	大数据201	男	2001-10-27	团员	422.60	海南省海口市美兰区国兴大道35号	17783655026
9	00006	2013203017	冉康	大数据201	男	2002-7-16	团员	433.60	重庆市.南岸区.跃进村88号	13824977139
10	00007	2013203018	任鸿	大数据201	男	2001-12-13	团员	444.50	重庆市.巴南区.李家沱正街16号	13883797783
11	00008	2013203021	谢金宏	大数据201	男	2001-3-25	预备党员	435.80	重庆市.江北区.红旗村77号	15213114707
12	00009	2013203022	杨康	大数据201	男	2002-4-30	群众	417.10	重庆市.长寿区.骑鞍街29号	15823570966
13	00010	2013203025	章燕	大数据201	女	2002-5-24	团员	427.30	重庆市.南川区.东城街78号	17623446207
14	00011	2013203026	王源	大数据201	男	2001-7-20	预备党员	424.80	重庆市.北碚区.歇马镇6组	18725817157
15	00012	2013203027	张超	大数据201	男	2002-5-4	群众	439.60	四川省.绵阳市.高新区普明街道568号	18883199862
16	00013	2013203028	张蒙	大数据201	女	2002-5-22	团员	410.50	山东省.济南市.章丘区圣井街道73号	17358311304
17	00014	2013203031	许建川	大数据201	男	2002-3-11	团员	431.60	重庆市.武隆区.火炉镇36组	15896474669

录入性别

图 4-1-20 录入完数据的原始表

3. 工作表的美化

（1）标题的格式化

① 合并居中标题。

选择单元格区域 A1:J1，单击"开始"功能区"对齐方式"功能组中的"合并后居中"按钮 ，使标题位于 A1 到 J1 单元格的中间位置。

② 文字格式设置。

在"开始"功能区"字体"功能组中设置字体、字号和颜色，将标题文字设置为"宋体、20 磅、加粗、红色"。

（2）制表日期的格式

选中 A2:J2 单元格区域，单击"开始"功能区"对齐方式"功能组右下角的"对话框启动器"按钮，在打开的"设置单元格格式"对话框"对齐"选项卡中，设置文本的水平对齐方式为"靠右"，垂直对齐方式为"居中"，"文本控制"选项组中选中"合并单元格"复选框，然后单击"确定"按钮即可完成设置，如图 4-1-21 所示。

图 4-1-21
"制表日期"
格式设置

（3）出生日期数据的格式化

选中 F4:F17 单元格区域，单击"开始"功能区"数字"功能组右下角的"对话框启动器"按钮 ⬚，在打开的"单元格格式"对话框"数字"选项卡中，"分类"列表框中选择"日期"，"类型"列表框中选择"2012 年 3 月 14 日"选项，单击"确定"按钮完成设置，如图 4-1-22 所示。

（4）入学成绩数据的格式化

选中 H4:H17 单元格区域，单击"开始"功能区"数字"功能组右下角的"对话框启动器"按钮 ⬚，打开"设置单元格格式"对话框，单击"数字"选项卡，在"分类"列表框中选择"数值"选项，"小数位数"数值框中输入"2"，如图 4-1-23 所示，单击"确定"按钮完成设置。

图 4-1-22
"出生日期"
格式设置

图 4-1-23
"入学成绩"
格式设置

合并居中

添加表格边框

（5）表格的格式设置

① 表格居中对齐。

选中 A3:J17 单元格区域，单击"开始"功能区"对齐方式"功能组中的"居中"按钮 三，将表格数据居中对齐。再选中 H4:I13 单元格区域，设置为左对齐。

② 表格添加边框。

选中 A3:J17 单元格区域并右击，在弹出的快捷菜单中选择"设置单元格格式"命令，在打开的"设置单元格格式"对话框中单击"边框"选项卡，如图 4-1-24 所示，首先设置表格外边框的样式，在"线条"选项组的"样式"列表框中选择"双线"，设置颜色为蓝色，在"预置"选项组中单击"外边框"图标；再设置内部的样式，在"线条"选项组的"样式"列表框中选择"细线"，设置颜色为黄色，在"预置"选项组中单击"内部"图标，完成对表格边框线的设置。

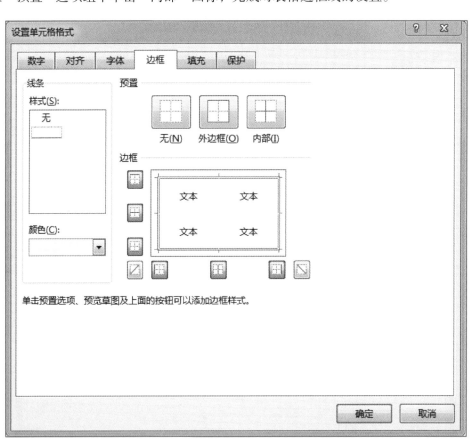

图 4-1-24
"边框"选项卡

填充表格背景色

③ 表格底纹设置。

选中 A3:J3 单元格区域，在打开的"设置单元格格式"对话框中单击"填充"选项卡，如图 4-1-25 所示，在"背景色"列表中选择"绿色"，单击"确定"按钮完成设置。

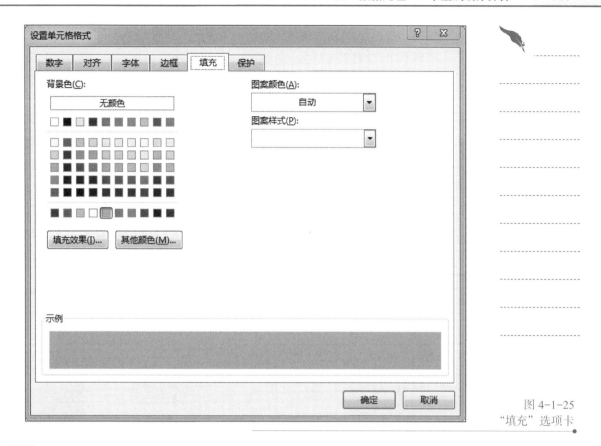

图 4-1-25
"填充"选项卡

温 馨 提 示

　　若用户对自己设置的边框底纹样式不满意时，可以单击"开始"功能区"样式"功能组中的"套用表格格式"按钮来美化表格。

（6）调整行高

　　单击窗口左边第 3 行行标签位置，单击"开始"功能区"单元格"功能组中的"格式"按钮，在下拉列表中选择"行高"命令，在打开的对话框中输入"20"，单击"确定"按钮完成行高设置。

（7）工作表重命名

　　在窗口下方的工作表标签栏中双击所在的工作表标签 Sheet1，将工作表重命名为"'红岩联线'学生信息统计表"，背景设置为红色，如图 4-1-1 所示。

4.2　数据处理——学生成绩分析表

　　Excel 的公式和函数能帮助人们实现数据运算，数据图表能直观明了地反映数据的特征信息，为数据分析工作提供依据。本案例通过学生成绩分析表，让学生掌握公式、函数和图表的操作方法。

4.2.1　项目描述

大一第 1 学期结束后，辅导员老师根据教务处提供的学生成绩统计表，通过计算学生平均分、总分、成绩排名、最高分数等对学生期末成绩进行分析，学生成绩在一定程度上可以反映教学质量，为提高教学质量提供重要的依据。学生成绩分析表如图 4-2-1 所示，要求根据这张表中的数据完成如下工作。

1. 计算出每个学生的平均成绩。

2. 计算出学生的总分、总评成绩（总评成绩 = 总分×80% + 德育×20%）和排名。

3. 求出 C 语言的最高分和最低分。

4. 统计出总分低于 300 分的人数。

5. 将 C 语言成绩低于 60 分的单元格设置为蓝色底纹，红色字体。

6. 创建图表对学生的总评成绩进行分析。

学生成绩分析表（大数据专业）									
学号	姓名	高等数学	大学英语	C语言基础	公共体育	平均分	总分	德育成绩	总评成绩	排名
2013203001	梁小敏	76	83	89	94			90		
2013203002	黄绍英	93	90	87	83			65		
2013203003	李丽	53	72	46	76			86		
2013203004	黄文凯	88	77	91	78			74		
2013203005	何艳林	79	63	84	88			85		
2013203006	郭东云	91	85	81	92			74		
2013203007	刘宇航	82	93	91	89			92		
2013203008	何逸星	83	77	90	74			87		
2013203009	吴建	72	89	76	90			77		
2013203010	李清	86	92	86	92			85		
2013203011	康文	91	86	94	87			91		
2013203012	刘杰英	70	65	52	92			89		
2013203013	王世轩	85	68	73	62			76		
2013203014	王丹丹	43	74	86	77			83		
2013203015	赵龙	69	83	83	65			72		
《C语言基础》最高分：										
《C语言基础》最低分：										
总分低于300分人数：										

图 4-2-1
学生成绩
分析表

4.2.2　项目知识准备

1. 公式和函数

（1）公式

Excel 中，公式必须以"="开头，由常量、单元格引用、函数和运算符等组成。最常用的是数学运算公式，此外也可以进行一些比较、文字连接运算。

公式一般在编辑栏中输入，首先选中单元格，然后在编辑栏中输入"="，再输入相应的运算元素和运算符，最后按 Enter 键确定，如 = B1 + C1。

（2）函数

函数是系统预先编制好的用于数值计算和数据处理的公式，使用函数可以简化或缩短工作表中的公式，使数据处理简单方便。为了满足各种数据处理的要求，Excel 提供了大量函数供用户使用，如财务函数、日期与时间函数、数值与三角函数、统计函数、查找与引用函数、数据库函数、文字函数、逻辑函数、信息函数等。

函数输入有粘贴函数法和直接输入法两种方法。

2. 运算符

（1）算术运算符

包括加（+）、减（-）、乘（*）、除（/）、百分号（%）、乘方（^）等。

（2）比较运算符

包括 =、>、<、>=（大于等于）、<=（小于等于）、<>（不等于）。

（3）文本连接运算符

&，它可以将两个文本连接起来，其操作数可以是带引号的文字，也可以是单元格地址。例如，A1 = "重庆"，B1 = "工程职业技术学院"，则 A1&B1 的结果为"重庆工程职业技术学院"。

（4）引用运算符

主要用于对单元格区域进行合并计算。

① 冒号（:），区域运算符，如 = A1:D3，表示对冒号两侧两个单元格之间区域所有单元格的引用，其引用区域为 A1、B1、C1、D1、A2、B2、C2、D2、A3、B3、C3、D3，共 12 个单元格，如图 4-2-2 所示。

② 逗号（,），联合运算符（或并集运算符），将多个引用区域合为一个引用，如 SUM = (A1:D3，E5)，则是计算 A1:D3 区域中所有单元格和 E5 单元格中数据的总和。

③ 空格，交集运算符，在两个引用中取共有的单元格区域的引用。例如 = SUM(A1:D3　B2:E5)，则是计算 A1:D3 和 B2:E5 两个区域的交叉部分所有单元格数值之和，包括的区域为有黄色背景的红色虚线边框单元格 B2:D3，如图 4-2-3 所示。

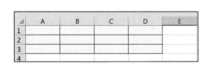

图 4-2-2
A1:D3 引用
单元格区域

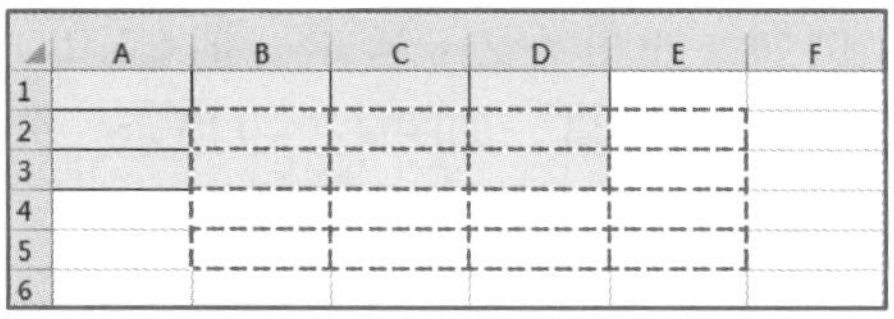

图 4-2-3
空格使用示例

（5）运算符优先级

当多个运算符同时出现在公式中时，Excel 对运算符的优先级做了严格规定，由高到低依次是（ 、）、%、^、乘除号（*、/）、加减号（+、-）、&、比较运算符（=、>、<、>=、<=、<>）。如果运算优先级相同，则按从左到右的顺序计算。

3. 单元格地址引用

在 Excel 中，单元格地址引用分为相对引用、绝对引用和混合引用 3 种。在公式的复制过程中，不同的单元格引用方式，发生的变化也不同。

（1）相对引用

Excel 中默认的单元格引用为相对引用，如 A1、B1 等。相对引用是当公式在复制或移动时会根据移动的位置自动调节公式中引用单元格的地址。

例如，如图 4-2-4 所示，把 C1 单元格中的公式 = A1 + B1 复制或用填充柄拖动到 C2 单元格，如图 4-2-5 所示，公式自动调整为 = A2 + B2。

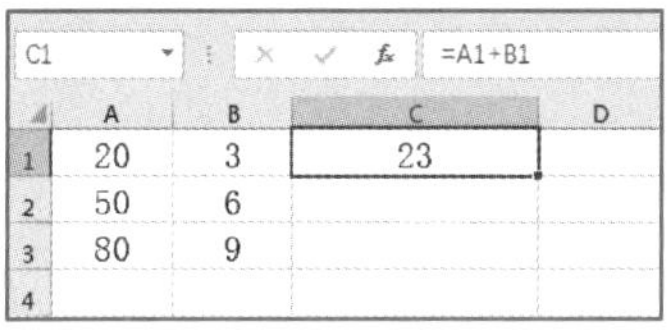

图 4-2-4
相对引用 C1 单元格

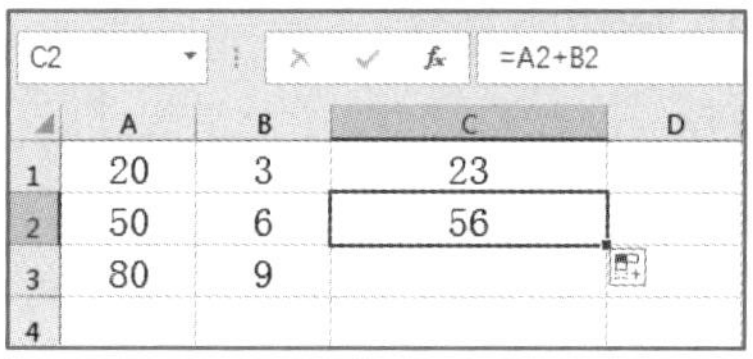

图 4-2-5
相对引用 C2 单元格

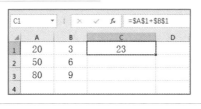
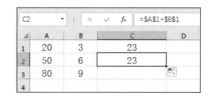

（2）绝对引用

绝对引用是在单元格区域中加了美元符号 "$"。含有绝对引用的单元格将不随公式位置变化而发生改变。

例如，如图 4-2-6 所示，把 C1 单元格中的公式 = $A$1 + $B$1 复制或用填充柄拖动到 C2 单元格，如图 4-2-7 所示，公式自动调整为 = $A$1 + $B$1。

图 4-2-6
绝对引用 C1 单元格

图 4-2-7
绝对引用 C2 单元格

（3）混合引用

混合引用是指单元格地址的行号或列号前加上 "$" 符号，如 $B1 或 B$1。当公式所在单元因为复制或插入而引起行列变化时，公式的相对引用部分会自动调整，而绝对引用不变。

例如，如图 4-2-8 所示，把 C1 单元格中的公式 = A$1 + $B1 复制或用填充柄拖动到 C2 单元格，如图 4-2-9 所示，公式自动调整为 = A$1 + $B2。

图 4-2-8
混合引用 C1 单元格

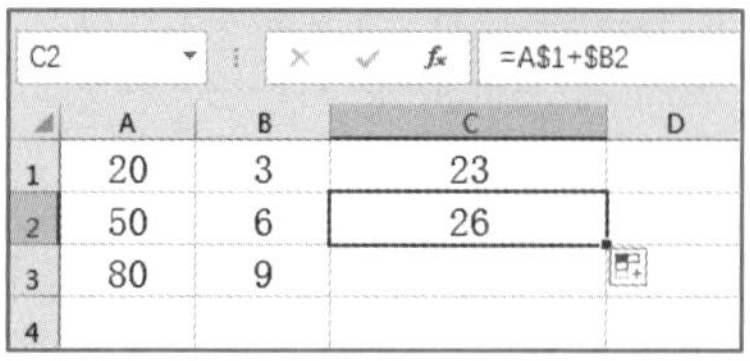

图 4-2-9
混合引用 C2 单元格

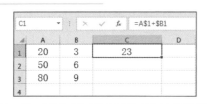

温馨提示

① 引用的单元格来自不同的工作表，引用应为"=［工作表名］！单元格地址"。

② 引用的单元格来自不同的工作簿，引用应为"=［工作簿名］［工作表名］！单元格地址"

③ 按 <F4> 键可以在相对引用、绝对引用、混合引用中相互切换。

4. 图表

Excel 图表是指将工作表中的数据用图形表示出来。图表可以使数据更加有趣、吸引人、易于阅读和评价，也可以帮助人们分析和比较数据。

Excel 中的图表分两种：一种是嵌入式的图表，它和创建图表的数据源放置在同一张工作表中；另一种是独立式图表，它独立于数据表单独存在于一个工作表中，图表的默认名称为"Chart1"。

在 Excel 2016 中，用户可以单击"插入"功能区"图表"功能组中的某一图表类型按钮，创建各种图表。

（1）Excel 的图表类型

Excel 提供的图表类型有柱形图、折线图、饼形图、条形图、面积图、雷达图、XY 散点图、曲面图、旭日图、瀑布图等，如图 4-2-10 所示，每一种都具有多种组合和变换。在实际应用中，可以根据数据的不同和使用要求的不同，选择不同类型的图表。创建图表后如果对图表不满意，还可以将其转换为其他的图表类型。首先选中要修改的图表，单击"图表工具－设计"功能区"类型"功能组中的"更改图表类型"按钮，在打开的对话框中选择所需的图表类型和子类型。

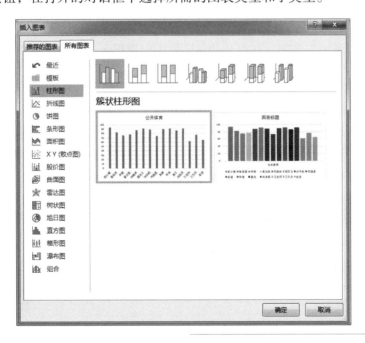

图 4-2-10
图表类型

（2）图表中数据的编辑

当创建了图表后，图表和创建图表的工作表的数据区域之间建立了联系，当工作表中的数据发生了变化，则图表中对应的数据也自动更新。

1）删除数据系列

当要删除图表中的数据系列时，只要在图表中选定所需删除的数据系列，按 <Delete> 键便可将整个数据系列从图表中删除，但不影响工作表中的数据。

若删除工作表中的数据，则图表中对应的数据系列也随之删除。

2）向图表添加数据系列

① 单击图表，然后单击"图表工具 - 设计"功能区"数据"功能组中的"选择数据"按钮，打开"选择数据源"对话框，如图 4-2-11 所示。

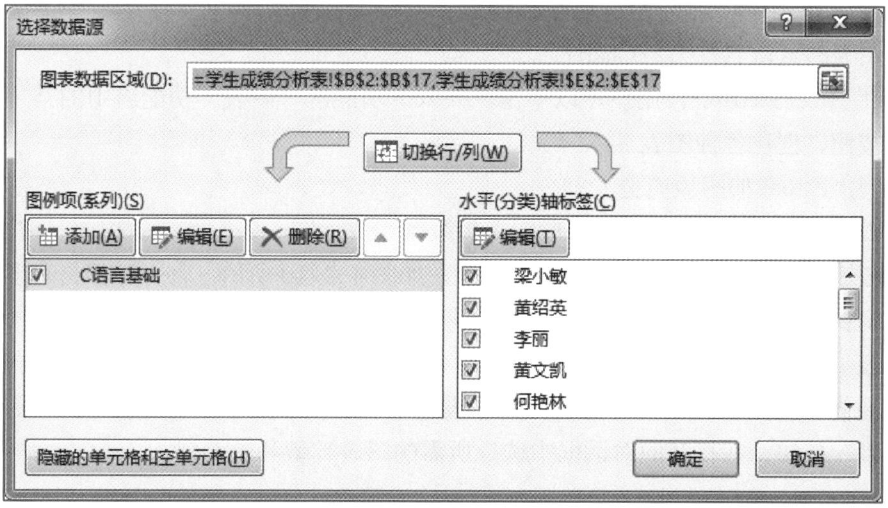

图 4-2-11
"选择数据源"对话框

② 单击"添加"按钮，在打开的对话框中根据提示选择好需要添加的数据和该数据系列的名称，单击"确定"按钮完成添加。

4.2.3 项目实施

1. 计算学生总分

（1）方法

① 使用公式：= C3 + D3 + E3 + F3。

② 使用函数：求和函数 SUM。

（2）使用函数 SUM 具体操作方法：

① 将光标移到 H3 单元格，然后单击"公式"功能区"函数库"功能组中的"自动求和"按钮，则在 H3 单元格和编辑栏的编辑框中将显示 "= SUM(C3:F3)" 的信息，如图 4-2-12 所示。

用公式计算

用函数计算

图 4-2-12
求和函数信息

② 查看函数自动给出的求和单元格区域，是否是计算总分所需的求和区域，若正好是求和区域，便可按 Enter 键或单击编辑栏上的 ✔ 按钮，完成 H3 单元格的求和操作。若不是求和区域，则需移动鼠标框选正确的求和区域。

 温馨提示

完成求和操作后，在单元格中显示的是函数的计算结果而不是函数本身，函数在编辑栏中显示。

③ 其余学生的总分计算，可以参照步骤①、②，一个一个地计算，但 Excel 是一个功能强大的数据处理软件，对于这些相似重复操作，不需要采用这种办法。用户可以通过公式复制来减少重复操作。常用的公式复制方法有两种：一种是复制粘贴法，另一种是自动填充法。最常用的是自动填充法。先选中 H3 单元格，然后将鼠标移到 H3 单元格右下角，当光标变成填充柄的黑十字"+"符号时，按住鼠标不放向下拖到 H17 单元格，释放鼠标，此时所有学生的总分都已快速地计算出来了，如图 4-2-13 所示。

其余学生总分计算

2. 计算学生平均分

（1）方法

① 使用公式：=(C3＋D3＋E3＋F3)/4。

② 使用函数：求平均函数 AVERAGE。

（2）使用函数 AVERAGE 具体操作方法与函数 SUM 类似，在此就不再累述。所有学生的平均分计算出来后的效果图，如图 4-2-14 所示。

计算学生平均分

图 4-2-13
完成总分计算
后的效果图

	A	B	C	D	E	F	G	H	I	J	K
1					学生成绩分析表（大数据专业）						
2	学号	姓名	高等数学	大学英语	C语言基础	公共体育	平均分	总分	德育成绩	总评成绩	排名
3	2013203001	梁小敏	76	83	89	94		342	90		
4	2013203002	黄绍英	93	90	87	83		353	65		
5	2013203003	李丽	53	72	46	76		247	86		
6	2013203004	黄文凯	88	77	91	78		334	74		
7	2013203005	何艳林	79	63	84	88		314	85		
8	2013203006	郭东云	91	85	81	92		349	74		
9	2013203007	刘宇航	82	93	91	89		355	92		
10	2013203008	何逸星	83	77	90	74		324	87		
11	2013203009	吴建	72	89	76	90		327	77		
12	2013203010	李清	86	92	86	92		356	85		
13	2013203011	康文	91	86	94	87		358	91		
14	2013203012	刘杰英	70	65	52	92		279	89		
15	2013203013	王世轩	85	68	73	62		288	76		
16	2013203014	王丹丹	43	74	86	77		280	83		
17	2013203015	赵龙	69	83	83	65		300	72		
18	《C语言基础》最高分：										
19	《C语言基础》最低分：										
20	总分低于300分人数：										

H3 = =SUM(C3:F3)

图 4-2-14
完成平均分计
算后的效果图

	A	B	C	D	E	F	G	H	I	J	K
1					学生成绩分析表（大数据专业）						
2	学号	姓名	高等数学	大学英语	C语言基础	公共体育	平均分	总分	德育成绩	总评成绩	排名
3	2013203001	梁小敏	76	83	89	94	85.5	342	90		
4	2013203002	黄绍英	93	90	87	83	88.25	353	65		
5	2013203003	李丽	53	72	46	76	61.75	247	86		
6	2013203004	黄文凯	88	77	91	78	83.5	334	74		
7	2013203005	何艳林	79	63	84	88	78.5	314	85		
8	2013203006	郭东云	91	85	81	92	87.25	349	74		
9	2013203007	刘宇航	82	93	91	89	88.75	355	92		
10	2013203008	何逸星	83	77	90	74	81	324	87		
11	2013203009	吴建	72	89	76	90	81.75	327	77		
12	2013203010	李清	86	92	86	92	89	356	85		
13	2013203011	康文	91	86	94	87	89.5	358	91		
14	2013203012	刘杰英	70	65	52	92	69.75	279	89		
15	2013203013	王世轩	85	68	73	62	72	288	76		
16	2013203014	王丹丹	43	74	86	77	70	280	83		
17	2013203015	赵龙	69	83	83	65	75	300	72		
18	《C语言基础》最高分：										
19	《C语言基础》最低分：										
20	总分低于300分人数：										

G3 = =AVERAGE(C3:F3)

3. 计算总评成绩

（1）公式

计算的数学表达式为：总评成绩 = 总分 ×80% + 德育成绩 ×20%。

（2）操作方法

在 Excel 中没有满足此运算的函数。那么，要计算出总评成绩只能通过编辑公式的方法实现。具体的操作如下。

计算学生总评
成绩

① 选中梁小敏所在的单元格 J3，然后在上方编辑栏的编辑框中输入"="。

② 在"="后面输入"H3×80%＋I3×20%"，然后按 Enter 或在编辑栏上单击 ✔ 按钮，完成梁小敏同学总评成绩的计算操作。

温馨提示

在公式中输入单元格编号时，为了避免由于看错单元格编号或输入失误，而造成运算结果不正确，最好的方法是用鼠标直接单击选取要进行运算的单元格，此单元格的编号会自动写到公式中，然后在相应位置输入运算符即可。

③ 选中 J3 单元格，然后将鼠标移到 J3 单元格右下角，当光标变成填充柄的黑十字"+"符号时，按住鼠标不放，向下拖到 J17 单元格，释放鼠标，完成所有学生的总评成绩的计算工作，如图 4-2-15 所示。

学号	姓名	高等数学	大学英语	C语言基础	公共体育	平均分	总分	德育成绩	总评成绩	排名
2013203001	梁小敏	76	83	89	94	85.5	342	90	291.6	
2013203002	黄绍英	93	90	87	83	88.25	353	65	295.4	
2013203003	李丽	53	72	46	76	61.75	247	86	214.8	
2013203004	黄文凯	88	77	91	78	83.5	334	74	282	
2013203005	何艳林	79	63	84	88	78.5	314	85	263.2	
2013203006	郭东云	91	85	81	92	87.25	349	74	294	
2013203007	刘宇航	82	93	91	89	88.75	355	92	302.4	
2013203008	何逸星	83	77	90	74	81	324	87	276.6	
2013203009	吴建	72	89	76	90	81.75	327	77	277	
2013203010	李清	86	92	86	92	89	356	85	301.8	
2013203011	康文	91	86	94	87	89.5	358	91	304.6	
2013203012	刘杰英	70	65	52	92	69.75	279	89	241	
2013203013	王世轩	85	68	73	62	72	288	76	245.6	
2013203014	王丹丹	43	74	86	77	70	280	83	240.6	
2013203015	赵龙	69	83	83	65	75	300	72	254.4	
《C语言基础》最高分：										
《C语言基础》最低分：										
总分低于300分人数：										

图 4-2-15 完成总评成绩计算后的效果图

温馨提示

在对总评成绩进行自动填充的过程中，可能由于宽度不够，某些单元格的数据将无法正确显示，而出现"######"符号。这时可以将鼠标移到总评成绩所在列的列标签右边缘处，当鼠标变成双向箭头时，向右拖动鼠标，扩充列宽，数据就能正确显示了。

4. 计算排名

Excel 2016 提供了 RANK.EQ 函数，可进行数据的排名。具体操作如下。

计算排名

① 选中"梁小敏"所在的 K3 单元格，然后单击编辑工具栏上的"插入函数"按钮 f_x，打开"插入函数"对话框，本案例使用的 RANK.EQ 函数不在"常用函数"类别中，需要在"或选择类别"中选择"全部"或"统计"选项，然后在"选择函数"列表中选择 RANK.EQ，如图 4-2-16 所示。

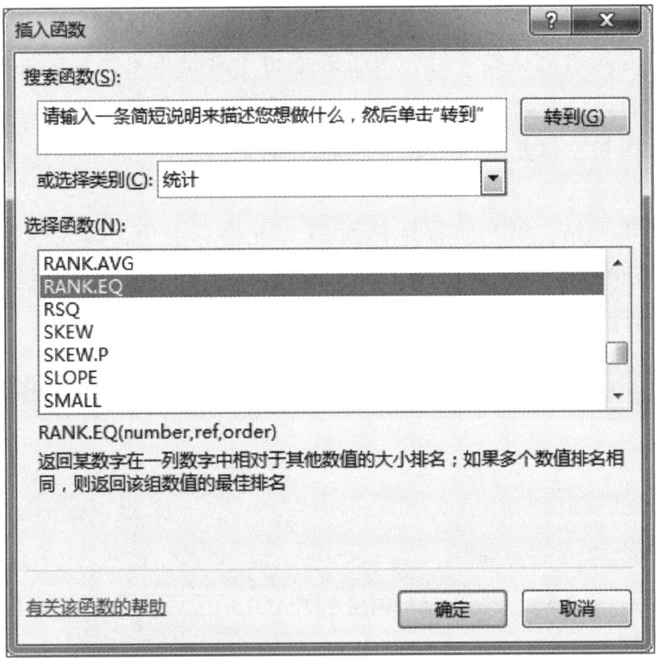

图 4-2-16
选择 RANK.EQ 函数

② 单击"插入函数"对话框中的"确定"按钮，在打开的"函数参数"对话框中进行 RANK.EQ 函数参数设置，各项参数设置如图 4-2-17 所示，然后单击"确定"按钮，完成梁小敏同学的排名计算。

图 4-2-17
RANK.EQ 函数参数设置

③ 选中 K3 单元格，将鼠标移到 K3 单元格右下角，当光标变成填充柄的黑十字"＋"符号时，按住鼠标不放，向下拖到 K17 单元格，释放鼠标，完成所有学生的排名计算工作。为突出显示，字体设置为"红色，加粗"，完成后效果如图 4-2-18 所示。

	A	B	C	D	E	F	G	H	I	J	K
1					学生成绩分析表（大数据专业）						
2	学号	姓名	高等数学	大学英语	C语言基础	公共体育	平均分	总分	德育成绩	总评成绩	排名
3	2013203001	梁小敏	76	83	89	94	85.5	342	90	291.6	6
4	2013203002	黄绍英	93	90	87	83	88.25	353	65	295.4	4
5	2013203003	李丽	53	72	46	76	61.75	247	86	214.8	15
6	2013203004	黄文凯	88	77	91	78	83.5	334	74	282	7
7	2013203005	何艳林	79	63	84	88	78.5	314	85	268.2	10
8	2013203006	郭东云	91	85	81	92	87.25	349	74	294	5
9	2013203007	刘宇航	82	93	91	89	88.75	355	92	302.4	2
10	2013203008	何逸星	83	77	90	74	81	324	87	276.6	9
11	2013203009	吴建	72	89	76	90	81.75	327	77	277	8
12	2013203010	李清	86	92	86	92	89	356	85	301.8	3
13	2013203011	康文	91	86	94	87	89.5	358	91	304.6	1
14	2013203012	刘杰英	70	65	52	92	69.75	279	89	241	13
15	2013203013	王世轩	85	68	73	62	72	288	76	245.6	12
16	2013203014	王丹丹	43	74	86	77	70	280	83	240.6	14
17	2013203015	赵龙	69	83	83	65	75	300	72	254.4	11
18	《C语言基础》最高分：										
19	《C语言基础》最低分：										
20	总分低于300分人数：										

图 4-2-18
排名完成
效果图

5. 求 C 语言基础的最高分、最低分

（1）C 语言基础的最高分

选中 C18:E18，设置为"合并后居中，黄色背景"，单击"公式"功能区"函数库"功能组中的"自动求和"按钮下方的黑色三角符号，在弹出的下拉列表中选择"最大值"选项，然后选择 C18:E18 区域，按 Enter 键完成 C 语言基础的最高分计算，如图 4-2-19 所示。

C 语言基础最高分

C 语言基础最低分

	学生成绩分析表（大数据专业）										
1					学生成绩分析表（大数据专业）						
2	学号	姓名	高等数学	大学英语	C语言基础	公共体育	平均分	总分	德育成绩	总评成绩	排名
3	2013203001	梁小敏	76	83	89	94	85.5	342	90	291.6	6
4	2013203002	黄绍英	93	90	87	83	88.25	353	65	295.4	4
5	2013203003	李丽	53	72	46	76	61.75	247	86	214.8	15
6	2013203004	黄文凯	88	77	91	78	83.5	334	74	282	7
7	2013203005	何艳林	79	63	84	88	78.5	314	85	268.2	10
8	2013203006	郭东云	91	85	81	92	87.25	349	74	294	5
9	2013203007	刘宇航	82	93	91	89	88.75	355	92	302.4	2
10	2013203008	何逸星	83	77	90	74	81	324	87	276.6	9
11	2013203009	吴建	72	89	76	90	81.75	327	77	277	8
12	2013203010	李清	86	92	86	92	89	356	85	301.8	3
13	2013203011	康文	91	86	94	87	89.5	358	91	304.6	1
14	2013203012	刘杰英	70	65	52	92	69.75	279	89	241	13
15	2013203013	王世轩	85	68	73	62	72	288	76	245.6	12
16	2013203014	王丹丹	43	74	86	77	70	280	83	240.6	14
17	2013203015	赵龙	69	83	83	65	75	300	72	254.4	11
18	《C语言基础》最高分：		=MAX(E3:E17)								
19	《C语言基础》最低分：		MAX(**number1**, [number2], ...)								
20	总分低于300分人数：										

图 4-2-19
MAX 函数

（2）C 语言基础的最低分

选中 C19:E19，设置为"合并后居中，黄色背景"，采用相似的方法，求出 C语言基础的最低分。完成后，效果如图 4-2-20 所示。

						学生成绩分析表（大数据专业）					
	学号	姓名	高等数学	大学英语	C语言基础	公共体育	平均分	总分	德育成绩	总评成绩	排名
	2013203001	梁小敏	76	83	89	94	85.5	342	90	291.6	6
	2013203002	黄绍英	93	90	87	83	88.25	353	65	295.4	4
	2013203003	李丽	53	72	46	76	61.75	247	86	214.8	15
	2013203004	黄文凯	88	77	91	78	83.5	334	74	282	7
	2013203005	何艳林	79	63	84	88	78.5	314	85	268.2	10
	2013203006	郭东云	91	85	81	92	87.25	349	74	294	5
	2013203007	刘宇航	82	93	91	89	88.75	355	92	302.4	2
	2013203008	何逸星	83	77	90	74	81	324	87	276.6	9
	2013203009	吴建	72	89	76	90	81.75	327	77	277	8
	2013203010	李清	86	92	86	92	89	356	85	301.8	3
	2013203011	康文	91	86	94	87	89.5	358	91	304.6	1
	2013203012	刘杰英	70	65	52	92	69.75	279	89	241	13
	2013203013	王世轩	85	68	73	62	72	288	76	245.6	12
	2013203014	王丹丹	43	74	86	77	70	280	83	240.6	14
	2013203015	赵龙	69	83	83	65	75	300	72	254.4	11
	《C语言基础》最高分：				94						
	《C语言基础》最低分：				46						
	总分低于300分人数：										

图 4-2-20
最大值、
最小值完成后
效果图

6. 统计总分低于 300 分的人数

① 选中 C20:E20，设置为"合并后居中，黄色背景"，单击"公式"功能区"函数"功能组中的"其他函数"按钮，在下拉列表中选择"统计"→"COUNTIF"选项。

统计总分低于
300 分人数

② 在打开的"函数参数"对话框中，通过 Range 选项确定进行统计的区域，本例选择 H3:H17 区域（可以直接输入，也可单击 Range 选项框右边的"折叠对话框"按钮，暂时折叠对话框，以方便利用鼠标选择参与运算的区域）。在 Criteria 选项框中输入统计的条件，本案例为总分低于 300 分，输入内容为"<300"，最后单击"确定"按钮，即可完成统计操作，如图 4-2-21 所示。

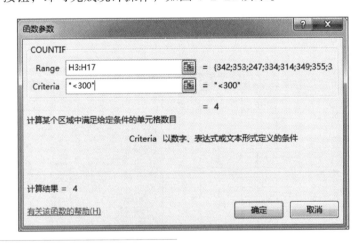

图 4-2-21
设置 COUNTIF 函数参数

7. C 语言基础成绩低于 60 分单元格设置为"蓝色底纹、红色字体、加粗"

单元格设置

选中 C3:C17 区域，单击"开始"功能区"样式"功能组中的"条件格式"按钮，在下拉列表中选择"突出显示单元格规则"→"小于"命令，在打开的对话框中将单元格数值小于 60 的单元格格式设置为"自定义格式"样式，在打开的"字体"对话框中进行相应设置。具体操作如图 4-2-22 所示。最后单击"确定"按钮完成操作。完成效果如图 4-2-23 所示。

图 4-2-22
"小于"对话框

1	学生成绩分析表（大数据专业）									
2	学号	姓名	高等数学	大学英语	C语言基础	公共体育	平均分	总分	德育成绩	总评成绩	排名
3	2013203001	梁小敏	76	83	89	94	85.5	342	90	291.6	6
4	2013203002	黄绍英	93	90	87	83	88.25	353	65	295.4	4
5	2013203003	李丽	53	72	46	76	61.75	247	86	214.8	15
6	2013203004	黄文凯	88	77	91	78	83.5	334	74	282	7
7	2013203005	何艳林	79	63	84	88	78.5	314	85	268.2	10
8	2013203006	郭东云	91	85	81	92	87.25	349	74	294	5
9	2013203007	刘宇航	82	93	91	89	88.75	355	92	302.4	2
10	2013203008	何逸星	83	77	90	74	81	324	87	276.6	9
11	2013203009	吴建	72	89	76	90	81.75	327	77	277	8
12	2013203010	李清	86	92	86	92	89	356	85	301.8	3
13	2013203011	康文	91	86	94	87	89.5	358	91	304.6	1
14	2013203012	刘杰英	70	65	52	92	69.75	279	89	241	13
15	2013203013	王世轩	85	68	73	62	72	288	76	245.6	12
16	2013203014	王丹丹	43	74	86	77	70	280	83	240.6	14
17	2013203015	赵龙	69	83	83	65	75	300	72	254.4	11
18	《C语言基础》最高分：			94							
19	《C语言基础》最低分：			46							
20	总分低于300分人数：			4							

图 4-2-23
条件格式完成
效果图

8. 通过创建图表分析学生的总评成绩

具体操作如下：

① 选择数据区域 B2:B17，J2:J17，单击"插入"功能区"图表"功能组中的"柱形图"按钮，在下拉列表中选择"二维簇状柱形图"选项，如图 4-2-24 所示。

选择数据区域

图 4-2-24
选择图表类型

② 选中工作表中的图表,单击"图表工具–设计"功能区"图表布局"功能组中的"快速布局"按钮,在下拉列表中选择"布局 9"选项,在图表中将图表标题修改为"大数据专业学生总评成绩",X 轴标题改为"姓名",Y 轴标题改为"总评成绩",然后拖动图表边角调整图表大小至合适尺寸,如图 4-2-25 所示。

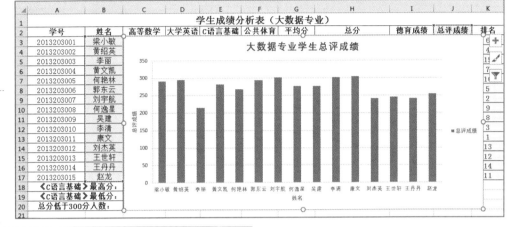

图 4-2-25
图表布局设置

③ 选中图表,在"图表工具–设计"功能区"图表样式"功能组中选择"样式 16"选项;鼠标右击,在快捷菜单中选择"设置数据标签格式"命令,在打开的"设置数据系列格式"任务窗格"填充"选项卡中将图表系列颜色设置为渐变填充→预设渐变→底部聚光灯个性色 6→类型→矩形→方向→从中心。数据标签背景填充为"黄色",如图 4-2-26 所示。

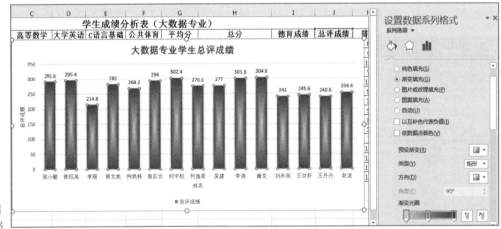

图 4-2-26
"设置数据系列
格式"任务窗格

④ 选中图表,单击"图表工具–设计"功能区"位置"功能组中的"移动图表"按钮,在打开的对话框中设置图表为独立式图表,名字改为"大数据专业学生总评成绩分析图",如图 4-2-27 所示。

⑤ 设置图表背景,右击"图表",在快捷菜单中选择"设置绘图区格式"命令,在打开的"设置图表区格式"任务窗格的"图表选项"–"填充"选项卡中将图表

系列颜色设置为"渐变填充→预设渐变：顶部聚光灯个性色2"；类型设置为"线性→方向：线性向下"，如图4-2-28所示。

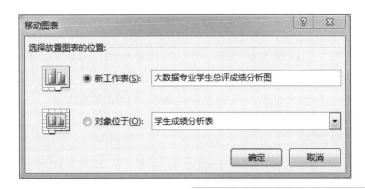

图4-2-27
"移动图表"对话框

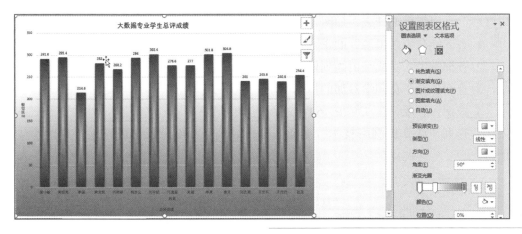

图4-2-28
设置图表背景

⑥ 选中图表，单击"图表工具－设计"功能区"图表布局"功能组中的"添加图表元素"按钮，在下拉列表中选择"趋势线"→"线性"命令，为图表数据添加趋势线，最终效果如图4-2-29所示。

添加趋势线

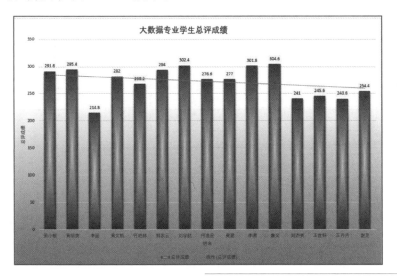

图4-2-29
添加趋势线后的图表

4.3 数据管理——学生"红岩联线"参观报名表信息分析与管理

Excel 具有强大的数据处理功能，可以方便地组织、管理和分析数据信息。工作表内符合一定条件的连续区域可以视为一张数据清单，在 Excel 中可以利用查找、排序和筛选命令来帮助人们从大量数据中快速查询到所需的信息。

4.3.1 项目描述

参观"红岩联线"活动每个学院名额为 20 个，在报名的同学中采取随机抽选原则。罗媛媛是大物学院的学生科科长，她想了解本院学生的最终报名情况（"红岩联线"参观信息统计表，如图 4-3-1 所示），并对数据进行如下管理与分析：

1. 查询姓名为"王源"的学生信息。

2. 查询学生入学成绩由高到低的情况。

3. 查询各专业女同学参加的情况。

4. 查询入学成绩在 430 ~ 460 分之间的学生信息。

5. 查询"计算机网络技术"专业入学成绩高于 440 分或生源地是外地的学生信息。

专业	姓名	班级	性别	政治面貌	入学成绩	是否担任职务	宿舍楼栋	生源地
计算机网络技术	周劲	网络201	男	团员	431.30	否	2栋	外地
计算机网络技术	张玉芳	网络202	男	团员	445.00	否	2栋	外地
计算机网络技术	秦显东	网络203	女	团员	429.70	是	5栋	本地
计算机应用技术	刘昴	计应201	男	团员	452.20	是	1栋	本地
计算机应用技术	李易喜	计应202	女	团员	446.50	是	5栋	本地
大数据技术	王源	大数据201	男	预备党员	424.00	是	1栋	本地
软件技术	陈路	软件201	男	团员	453.80	否	2栋	外地
软件技术	李莎莎	软件202	女	团员	429.60	是	5栋	本地
大数据技术	赵鹏	大数据202	男	群众	418.50	否	1栋	本地
大数据技术	张蒙	大数据201	女	团员	420.50	否	5栋	外地
移动通信技术	刘丽娟	移通201	女	团员	435.50	是	5栋	外地
移动通信技术	胡芳	移通201	男	团员	426.30	是	1栋	外地
软件技术	蒋燕珍	软件201	女	团员	441.80	是	5栋	外地
计算机网络技术	王大伟	网络202	女	团员	419.20	是	5栋	外地
计算机应用技术	孙力	计应203	男	群众	417.50	否	1栋	本地
大数据技术	郭超	大数据201	男	群众	439.60	否	1栋	本地
软件技术	王明	软件202	男	团员	451.10	是	2栋	外地
计算机网络技术	邓舒君	网络201	女	团员	436.80	是	5栋	本地
移动通信技术	汪健	移通202	男	群众	433.20	否	1栋	本地
大数据技术	冉玲	大数据202	女	团员	446.70	否	5栋	外地

图 4-3-1
学生报名信息表

4.3.2 项目知识准备

1. 排序

排序是指按指定的字段值重新调整记录的顺序，这个指定的字段称为排序关键字。排序可以让杂乱无章的数据按一定的规律排列，从而加快数据查询的速度。

排序分为升序和降序。下面列出了按升序方式排列时各类数据的顺序，降序排序的顺序与升序排序顺序相反，但空白单元格仍将排在最后。

简单排序

- 数字：顺序是从小数到大数，从负数到正数。
- 文字和包含数字的文本排序为 0 ～ 9、A ～ Z。
- 逻辑值：False、True。
- 错误值：所有的错误值都是相等的。
- 空白（不是空格）单元格总是排在最后。

（1）简单排序

简单排序是指对排序的单关键字数据只有一列时，在 Excel 2016 中，简单排序操作可通过单击"开始"功能区"编辑"功能组中的"排序和筛选"按钮，在下拉列表中选择"升序"/"降序"按钮实现单关键字的简单排序。

（2）复杂排序

复杂排序是指对选定数据区域排序时，关键字有 2 个及 2 个以上情况。在 Excel 2016 中，可以通过单击"数据"功能区"排序和筛选"功能组中的"排序"按钮，在下拉列表中选择"自定义排序"命令，如图 4-3-2 所示，实现多关键字的复杂排序。

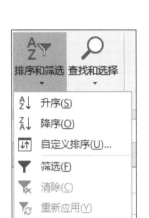

图 4-3-2　"排序"命令

2. 筛选

数据筛选是指从数据库或数据清单众多的数据行中找到满足一定条件的几行或几列数据。用户按照指定的数据筛选条件，将工作表中自己不关心的数据暂时隐藏起来，只显示指定条件的数据行的过程。这样可以快速地查找自己所需数据，提高工作效率。

Excel 2016 提供了自动筛选和高级筛选 2 种筛选方式。

筛选操作可通过单击"开始"功能区"编辑"功能组中的"排序和筛选"按钮，在下拉列表中选择"筛选"命令，实现数据自动筛选，也可通过单击"数据"功能区"排序和筛选"功能组中的"筛选"按钮，实现设置多个查询条件的高级筛选。

（1）自动筛选

自动筛选可以很轻松地显示数据表中满足条件的记录行，用户可以快速查找数据。

自动筛选可以在筛选器列表中的"搜索"框中输入关键字来对数据进行筛选，也可根据单元格填充颜色或文本的颜色来筛选数据，还可根据所在列的数据类型设置文本条件或数字条件进行筛选，如图 4-3-3 所示。

图 4-3-3　"筛选器"列表

（2）高级筛选

高级筛选一般用于多条件的、较复杂的筛选操作，其筛选的结果可显示在原数据表格中，不符合条件的记录被隐藏起来；也可以在新的位置显示筛选结果，不符合的条件的记录同时保留在数据表中而不会被隐藏起来，这样就更加便于进行数据的比对。

高级筛选的条件设置需要用户手工输入到工作表的相应单元中，高级筛选的条件设置区域可以在原数据的四周，但至少与原数据保持一行或一列的间隔，通常设置在原数据区域的下方。

常见的高级筛选条件区域设置形式有如下几种。

1）通配符的使用

Excel 的高级筛选条件区域设置可以使用通配符 ?、*；也可以使用比较运算符 >、=、<、>=、<=、<>。

例如要查询姓“王”同学的信息，只需要在条件区域输入“= 王 *”即可。

2）单列上具有多个条件，满足其中一个条件就显示（OR 或者）

可以在单列中从上到下依次键入各个条件，如显示专业为“大数据技术”或“软件技术”的学生信息，如图 4-3-4 所示。

3）多列上的单个条件，满足所有条件就显示（AND 并且）

在条件区域的同一行中输入所有条件，如显示专业为“大数据技术”且政治面貌为“团员”的学生信息，如图 4-3-5 所示。

4）多列上的单个条件，满足其中一个条件就显示（OR 或者）

在条件区域的不同行中输入所有条件，如显示专业为“大数据技术”或者政治面貌为“团员”的学生信息，如图 4-3-6 所示。

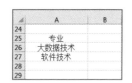

	A	B
24		
25	专业	
26	大数据技术	
27	软件技术	
28		
29		

图 4-3-4 单列上的多个条件

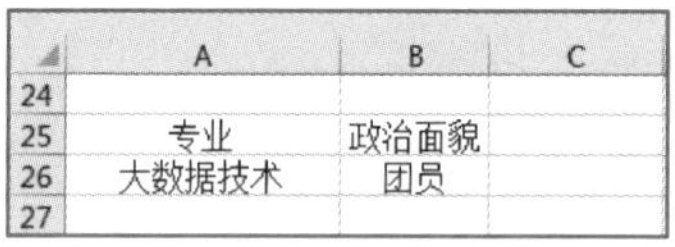

	A	B	C
24			
25	专业	政治面貌	
26	大数据技术	团员	
27			

图 4-3-5 多列上的多个条件（在同一行）

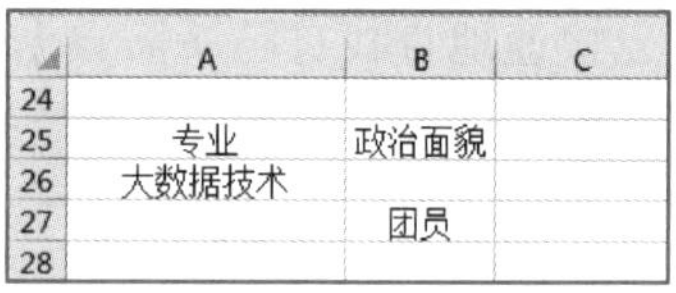

	A	B	C
24			
25	专业	政治面貌	
26	大数据技术		
27		团员	
28			

图 4-3-6 多列上的单个条件（不在同一行）

4.3.3 项目实施

1. 查询姓名为“王源”的学生信息

对于此类信息的查询，可通过 Excel 2016 中的查找命令来实现信息的检索。具体操作如下：

① 打开“‘红岩联线’参观报名信息统计表 .xlsx”工作簿。

② 单击“开始”功能区“编辑”功能组中的“查找和选择”按钮，在下拉列表

中选择"查找"命令,打开如图 4-3-7 所示的对话框。在"查找内容"文本框里输入要查找的内容,如"王源"。

图 4-3-7
"查找和替换"对话框

③ 单击"查找下一个"按钮,即可快速定位到指定单元格。

 温馨提示 ┄┄┄┄┄┄┄┄┄┄┄┄┄┄┄┄┄┄┄┄┄┄┄┄┄┄┄┄┄┄┄┄

单击"选项"按钮可进行查找数据格式、范围、搜索和查找范围等更详细的设置。

2. 查询学生入学成绩由高到低的情况

具体操作如下:

① 单击"'红岩联线'参观报名信息统计表"中"入学成绩"所在列的任意单元格。

查询操作 1

② 单击"开始"功能区"编辑"功能组中的"排序和筛选"按钮,在下拉列表中选择"降序"命令,即可实现学生入学成绩按总分从高到低排列。

3. 查询各专业女同学参加的情况

具体操作如下:

① 单击工作表中有效数据的任意单元格(如 C2 单元格),然后单击"开始"功能区"编辑"功能组中的"排序和筛选"按钮,在下拉列表中选择"筛选"命令,便进入自动筛选状态。在标题栏中每一个单元格旁都会有一个下拉三角符号,这就是自动筛选的标志。

② 单击"性别"单元格的下拉三角符号,在弹出的下拉列表框中选中"女"复选项,如图 4-3-8 所示

③ 设置完成后,单击"确定"按钮,操作结果如图 4-3-9 所示。

图 4-3-8 筛选条件-性别"女"

	A	B	C	D	E	F	G	H	I
1	"红岩联线"参观报名信息统计表								
2	专业	姓名	班级	性别	政治面貌	入学成绩	是否担任职务	宿舍楼	生源地
5	计算机网络技术	秦显东	网络203	女	团员	429.70	是	5栋	本地
7	计算机应用技术	李易喜	计应202	女	团员	446.50	是	5栋	本地
12	大数据技术	张蒙	大数据201	女	团员	420.50	否	5栋	外地
13	移动通信技术	刘丽娟	移通201	女	团员	435.50	是	5栋	外地
15	软件技术	蒋燕珍	软件201	女	团员	441.80	是	5栋	外地
16	计算机网络技术	王大伟	网络202	女	团员	419.20	是	5栋	外地
20	计算机网络技术	邓舒君	网络201	女	团员	436.80	是	5栋	本地
22	大数据技术	冉玲	大数据202	女	团员	446.70	否	5栋	外地
23									

图 4-3-9
筛选结果 -
性别"女"

图 4-3-10　自定义自动筛选条件设置

4. 查询入学成绩在 430 ～ 460 之间的学生信息

具体操作如下：

① 单击工作表中有效数据的任意单元格（如 C2 单元格），然后单击"开始"功能区"编辑"功能组中的"排序和筛选"按钮，在下拉列表中选择"筛选"命令，便进入自动筛选状态。

② 单击"入学成绩"单元格的下拉三角符号，在弹出的下拉列表框中选择"数字筛选"→"自定义筛选"命令，在打开的"自定义自动筛选方式"对话框中，进行如图 4-3-10 所示的设置。

③ 设置完成后，单击"确定"按钮，操作结果如图 4-3-11 所示。

查询操作 2

	A	B	C	D	E	F	G	H	I
1	"红岩联线"参观报名信息统计表								
2	专业	姓名	班级	性别	政治面貌	入学成绩	是否担任职务	宿舍楼	生源地
3	计算机网络技术	周劲	网络201	男	团员	431.30	否	2栋	外地
4	计算机网络技术	张玉芳	网络202	男	团员	445.00	否	2栋	外地
6	计算机应用技术	刘昂	计应201	男	团员	452.20	是	1栋	本地
7	计算机应用技术	李易喜	计应202	女	团员	446.50	是	5栋	本地
9	软件技术	陈路	软件201	男	团员	453.80	否	2栋	外地
13	移动通信技术	刘丽娟	移通201	女	团员	435.50	是	5栋	外地
15	软件技术	蒋燕珍	软件201	女	团员	441.80	是	5栋	外地
18	大数据技术	郭超	大数据201	男	群众	439.60	否	1栋	外地
19	软件技术	王明	软件202	男	团员	451.10	是	2栋	外地
20	计算机网络技术	邓舒君	网络201	女	团员	436.80	是	5栋	本地
21	移动通信技术	汪健	移通202	男	群众	433.20	否	1栋	本地
22	大数据技术	冉玲	大数据202	女	团员	446.70	否	5栋	外地
23									

图 4-3-11
自定义自动
筛选结果

温 馨 提 示

① 若要恢复筛选前的信息显示状态，可以再次单击"入学成绩"旁的下拉三角符号，在下拉列表框中选择"从'入学成绩'中清除筛选"命令；或者单击"开始"功能区"编辑"功能组中的"排序和筛选"按钮，在下拉列表中选择"清除"命令，即可显示全部数据。

② 若要取消自动筛选操作，可以再次单击"开始"功能区"编辑"功能组中的"排序和筛选"按钮，在下拉列表中选择"筛选"命令，则取消自动筛选。

5. 查询"计算机网络技术"专业入学成绩高于 440 分或生源地是外地的学生信息

具体操作如下。

① 创建条件区。在 K3 单元格输入文本"专业"，在 L3 单元格输入文本"入学成绩"，在 M3 单元格输入文本"生源地"，在对应单元格下方输入相应的条件信息，如图 4-3-12 所示。

创建条件区域

设置条件

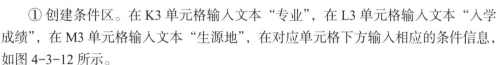

图 4-3-12
建立高级筛选
条件区域

② 单击"数据"功能区"排序和筛选"功能组中的"筛选"按钮，在下拉列表中选择"高级"命令，在打开"高级筛选"对话框中设置好相应的列表区域、条件区域和结果放置区域。这里在"方式"选项组中选中"将筛选结果复制到其他位置"单选按钮；在"列表区域"文本框中输入原始数据清单的单元格区域范围，这里输入"$A$2:$I$22；在"条件区域"文本框中输入存放条件的单元格区域范围，这里输入 $K$3:$M$5，并设置筛选结果复制到单元格 $K$9 开始的区域，参数如图 4-3-13 所示。

③ 单击"确定"按钮，结果如图 4-3-14 所示。

图 4-3-13　高级筛选条件设置

温馨提示

建立高级筛选的条件区域的注意事项。

① 条件区域和数据区域要用空行或者空列进行间隔。

② 条件区域中使用的列标题必须与数据区域中的列标题完全相同。

③ 条件区域不必包含数据区域中所有的列标题。

④ 当条件区域使用空白单元格作为条件时，表示任意数据内容均满足条件，即保留所有记录不做筛选。

D	E	F	G	H	I	J
"岩联线" 参观报名信息统计表						
性别	政治面貌	入学成绩	是否担任职务	宿舍楼栋	生源地	
男	团员	431.30	否	2栋	外地	
男	团员	445.00	否	2栋	外地	
女	团员	429.70	是	5栋	本地	
男	团员	452.20	是	1栋	本地	
女	团员	446.50	是	5栋	本地	
男	预备党员	424.00	是	5栋	本地	
男	团员	453.80	否	2栋	外地	
男	团员	429.60	是	2栋	本地	
男	群众	418.50	否	1栋	本地	
男	团员	420.50	否	2栋	本地	
女	团员	435.50	是	5栋	外地	
男	团员	426.30	是	1栋	外地	
女	团员	441.80	是	5栋	外地	
女	团员	419.20	是	5栋	本地	
男	群众	417.50	否	1栋	本地	
男	群众	439.60	否	5栋	本地	
男	团员	451.10	是	2栋	本地	
女	团员	436.30	否	5栋	本地	
男	群众	433.20	否	1栋	本地	
女	团员	446.70	否	5栋	外地	

图 4-3-14
高级筛选结果

4.4　数据综合管理——销售业绩数据管理

分类汇总、合并运算和数据透视表在数据管理中扮演着重要角色，本节以汇总公司的销售业绩为例讲述 Excel 中此部分知识的应用。

4.4.1　项目描述

刘星同学本学期在"红旗"连锁超市销售部实习，部门经理想了解今年双十一和双十二的产品销售情况，让刘星就如下几个方面做个产品销售情况汇报。

1. 各分店的销售总额情况。
2. 各产品的平均销售数量和平均销售额。
3. 各分店双十一、双十二销售业绩汇总。
4. 毛利润最高的商品和门店。
5. 按照销售日期对各类商品在各个门店的销售情况进行深入分析。

4.4.2　项目知识准备

1. 分类汇总

分类汇总是指对工作表中的某一项数据进行分类，再对需要汇总的数据进行汇总计算。在分类汇总前要先对分类字段进行排序。

Excel 分类汇总的汇总方式不仅有求和、还有求均值、计数、最大值 / 最小值、乘积、方差等方式，可以帮助人们更全面地分析数据。

温馨提示

①分类汇总前，一定先对汇总关键字进行排序，排序的方式没有特殊要求，可以是升序也可以是降序。

②单击"数据"功能区"分级显示"功能组中的"分类汇总"按钮，打开"分类汇总"对话框，"汇总项"列表框中的选择一定要合理。

③当进行分类汇总时，汇总项默认放在数据区域的下方，如果在"分类汇总"对话框中取消"汇总项显示在数据下方"复选框的选中状态，再进行分类汇总时，汇总数据项将显示在数据区域上方。

④当进行一次分类汇总后再进行分类汇总时，系统默认替代前一次分类汇总。如果在"分类汇总"对话框中取消选中"替代当前分类汇总"复选框，则在一个页面上将会出现多次分类汇总。多次分类汇总会使页面比较混乱，一般推荐使用分类汇总的默认值。

2. 数据透视表

数据透视表是一种交互式工作表，用于对现有工作表进行汇总和分析，是分析数据的"利器"。它所采取的透视和筛选方法具有极强的数据表达能力，并且可以转换成行或列以查看源数据的不同汇总结果，也可以显示不同页面的筛选数据，还可以根据需要显示区域中的明细数据。

"数据透视表字段列表"窗格中，各区域字段的作用：

- "报表筛选"区域：用于控制整个透视表的显示情况。
- "行标签"区域：显示为透视表侧面的行，位置较低的行嵌套在紧靠它上方的行中。
- "列标签"区域：显示为透视表顶部的列，位置较低的列嵌套在它上方的列中。
- "数据"区域：显示汇总数值数据。

3. 合并计算

合并计算实质是通过合并计算的方法来汇总一个或多个数据源区中的数据。例如，一个公司内可能有很多的销售地区或者分公司，各个分公司具有各自的销售报表，为了对整个公司的所有情况进行全面的了解，就要将这些分散的数据进行合并，从而得到一份完整的销售统计报表。这时，就可利用 Excel 提供的合并计算功能来完成这些汇总工作。

Excel 提供了两种合并计算数据的方法：按位置合并计算和按类合并计算。

（1）按位置合并计算数据

如果要合并的所有源区域中的数据具有相同的排列，即从每一个源区域中要合并计算的数据在源区域的相同相对位置上，则可以根据位置进行合并。

（2）按类合并计算数据

如果源区域是具有不同布局的数据区域，并且计划合并来自包含匹配标志的行或列中的数据，则可以根据分类进行合并。

	A	B	C
1	产品价格表		
2	产品名称	进价	售价
3	大米	37.3	56.5
4	牛奶	41.1	55.6
5	方便面	7.6	9.9
6	色拉油	63.2	89.9
7			

图 4-4-1　产品价格表

4.4.3　项目实施

1. 制作产品销售统计表

首先将产品价格录入到 Excel 工作表中，制作成作产品价格表，如图 4-4-1 所示；再把销售数据输入到另一张 Excel 工作表中，制作成产品销售统计表，如图 4-4-2 所示。同时该表格中只输入了一些原始数据，“进价”“售价”“金额”栏的数据是空白的。要对产品销售进行统计，就必须先把每种商品的“进价”“售价”导入到销售统计表中，然后计算出每种产品的销售金额。具体的操作步骤如下。

	A	B	C	D	E	F	G	H
1	“红旗”连锁超市产品销售统计表							
2	产品名称	销售门店	销售日期	销售数量	进价	售价	销售额	毛利润
3	大米	1分店	2020-11-11	1256				
4	色拉油	2分店	2020-12-12	2155				
5	牛奶	1分店	2020-11-11	987				
6	方便面	3分店	2020-11-11	3762				
7	色拉油	1分店	2020-11-11	1989				
8	方便面	2分店	2020-11-11	2961				
9	牛奶	3分店	2020-12-12	846				
10	大米	2分店	2020-11-11	1167				
11	方便面	1分店	2020-12-12	3158				
12	大米	3分店	2020-11-11	764				
13	色拉油	3分店	2020-11-11	2013				
14	牛奶	2分店	2020-11-11	953				
15	牛奶	2分店	2020-12-12	831				
16	色拉油	2分店	2020-11-11	1866				
17	牛奶	3分店	2020-11-11	1023				
18	方便面	3分店	2020-12-12	2752				
19	色拉油	1分店	2020-12-12	741				
20	方便面	2分店	2020-12-12	1258				
21	牛奶	1分店	2020-12-12	576				
22	大米	2分店	2020-12-12	627				
23	方便面	1分店	2020-11-11	3501				
24	大米	3分店	2020-12-12	386				
25	色拉油	3分店	2020-12-12	528				
26	大米	1分店	2020-12-12	792				

图 4-4-2
产品销售统计表

（1）用 VLOOKUP 函数填写“进价”“售价”

1）用 VLOOKUP 函数填写销售统计表中各种产品的“进价”

① 打开“‘红旗’连锁超市产品销售统计表”，选中 E3 单元格，单击“公式”功能区“函数库”功能组中的“插入函数”按钮，打开“插入函数”对话框，在“或选择类别”下拉列表框中选择“查找与引用”选项，在“选择函数”列表框中选择“VLOOKUP”函数打开弹出 VLOOKUP“函数参数”对话框。

② 由于要根据产品的名称查找“进价”，因此 VLOOKUP 函数的第 1 个参数应该选择产品名称所在的 A3 单元格。

③ 在 VLOOKUP 函数参数的第 2 个参数中，选择“产品价格”工作表中的区域 \$A\$2:\$C\$6。

④“函数参数”对话框中的第 3 个参数是决定 VLOOKUP 函数找到匹配产品名称所在的行以后，该行的哪列数据被返回，由于“进价”在第 2 列，所以在这里输入数字“2”。

⑤ 由于要求产品进价精确匹配，因此最后一个参数输入"TRUE"或缺省。"函数参数"对话框如图 4-4-3 所示。

⑥ 利用填充柄向下填充，填充完成后效果图如图 4-4-4 所示。

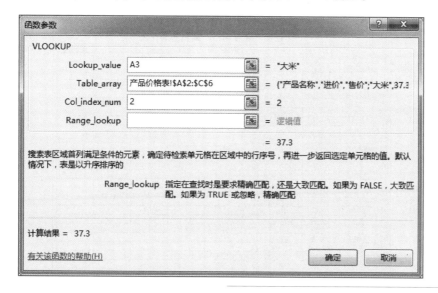

图 4-4-3
VLOOKUP"函数
参数"对话框

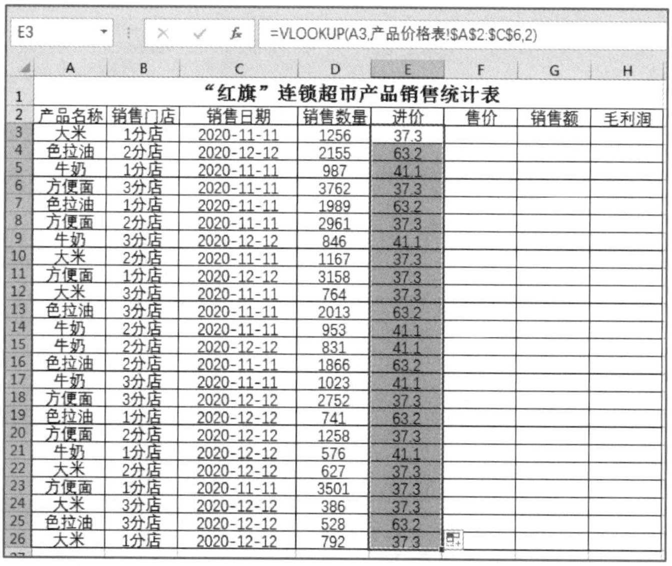

图 4-4-4
"进价"导入完成效果

2）用 VLOOKUP 函数填写销售统计表中各种产品的"售价"

用 VLOOKUP 函数填写销售统计表中各种产品的"售价"方式与"进价"方式相似，在此就不再累述。

（2）计算"销售额"

① 选取 G3 单元格，输入公式" = (D3*F3)"，如图 4-4-5 所示。然后按 Enter 键或单击编辑工具栏上的"输入"按钮，完成 G3 单元格的计算工作。

② 将光标移到 G3 单元格的右下角，当光标变成填充柄黑十字"+"符号时，按住鼠标左键不放将其拖至 G26 单元格，即可求出所有产品的金额。

	F3		✕ ✓ fx	=D3*F3			
▲	A	B	C	D	E	F	G	H
1			"红旗"连锁超市产品销售统计表					
2	产品名称	销售门店	销售日期	销售数量	进价	售价		毛利润
3	大米	1分店	2020-11-11	1256	37.3	56.5	=D3*F3	
4	色拉油	2分店	2020-12-12	2155	63.2	89.9		
5	牛奶	1分店	2020-11-11	987	41.1	55.6		
6	方便面	3分店	2020-11-11	3762	37.3	56.5		
7	色拉油	1分店	2020-11-11	1989	63.2	89.9		
8	方便面	2分店	2020-11-11	2961	37.3	56.5		
9	牛奶	3分店	2020-12-12	846	41.1	55.6		
10	大米	2分店	2020-11-11	1167	37.3	56.5		
11	方便面	1分店	2020-12-12	3158	37.3	56.5		
12	大米	3分店	2020-11-11	764	37.3	56.5		
13	色拉油	3分店	2020-11-11	2013	63.2	89.9		
14	牛奶	2分店	2020-11-11	953	41.1	55.6		
15	牛奶	2分店	2020-11-11	831	41.1	55.6		
16	色拉油	2分店	2020-11-11	1866	63.2	89.9		
17	牛奶	3分店	2020-11-11	1023	41.1	55.6		
18	方便面	3分店	2020-12-12	2752	37.3	56.5		
19	色拉油	1分店	2020-12-12	741	63.2	89.9		
20	方便面	2分店	2020-12-12	1258	37.3	56.5		
21	牛奶	1分店	2020-12-12	576	41.1	55.6		
22	大米	2分店	2020-12-12	627	37.3	56.5		
23	方便面	1分店	2020-11-11	3501	37.3	56.5		
24	大米	3分店	2020-12-12	386	37.3	56.5		
25	色拉油	3分店	2020-12-12	528	63.2	89.9		
26	大米	1分店	2020-12-12	792	37.3	56.5		

图 4-4-5
"销售额"计算

（3）计算"毛利润"

"毛利润"的计算方法与"销售额"方法相似，在此就不再累述。完成后效果如图 4-4-6 所示。

	H3		fx	=D3*(F3-E3)				
▲	A	B	C	D	E	F	G	H
1			"红旗"连锁超市产品销售统计表					
2	产品名称	销售门店	销售日期	销售数量	进价	售价	销售额	毛利润
3	大米	1分店	2020-11-11	1256	37.3	56.5	70964.00	24115.20
4	色拉油	2分店	2020-12-12	2155	63.2	89.9	193734.50	57538.50
5	牛奶	1分店	2020-11-11	987	41.1	55.6	54877.20	14311.50
6	方便面	3分店	2020-11-11	3762	37.3	56.5	212553.00	72230.40
7	色拉油	1分店	2020-11-11	1989	63.2	89.9	178811.10	53106.30
8	方便面	2分店	2020-11-11	2961	37.3	56.5	167296.50	56851.20
9	牛奶	3分店	2020-12-12	846	41.1	55.6	47037.60	12267.00
10	大米	2分店	2020-11-11	1167	37.3	56.5	65935.50	22406.40
11	方便面	1分店	2020-12-12	3158	37.3	56.5	178427.00	60633.60
12	大米	3分店	2020-11-11	764	37.3	56.5	43166.00	14668.80
13	色拉油	3分店	2020-11-11	2013	63.2	89.9	180968.70	53747.10
14	牛奶	2分店	2020-11-11	953	41.1	55.6	52986.80	13818.50
15	牛奶	2分店	2020-11-11	831	41.1	55.6	46203.60	12049.50
16	色拉油	2分店	2020-11-11	1866	63.2	89.9	167753.40	49822.20
17	牛奶	3分店	2020-11-11	1023	41.1	55.6	56878.80	14833.50
18	方便面	3分店	2020-12-12	2752	37.3	56.5	155488.00	52838.40
19	色拉油	1分店	2020-12-12	741	63.2	89.9	66615.90	19784.70
20	方便面	2分店	2020-12-12	1258	37.3	56.5	71077.00	24153.60
21	牛奶	1分店	2020-12-12	576	41.1	55.6	32025.60	8352.00
22	大米	2分店	2020-12-12	627	37.3	56.5	35425.50	12038.40
23	方便面	1分店	2020-11-11	3501	37.3	56.5	197806.50	67219.20
24	大米	3分店	2020-12-12	386	37.3	56.5	21809.00	7411.20
25	色拉油	3分店	2020-12-12	528	63.2	89.9	47467.20	14097.60
26	大米	1分店	2020-12-12	792	37.3	56.5	44748.00	15206.40

图 4-4-6
"毛利润"完成效果图

销售总额汇总

2. 计算各分店销售总额

具体操作如下：

① 将光标定位在"销售门店"数据列的某一个单元格，单击"开始"功能区

"编辑"功能组中的"排序和筛选"按钮，在下拉列表中选择"升序"或"降序"命令，即可实现"销售门店"数据的有序排列。

② 单击"数据"功能区"分级显示"功能组中的"分类汇总"按钮，打开"分类汇总"对话框。

③ 在"分类汇总"对话框中的"分类字段"下拉列表框中选择"销售门店"选项，在"汇总方式"下拉列表框选择"求和"选项，在"选定汇总项"列表框中选中"销售额"复选框，参数设置如图4-4-7所示。

④ 单击"确定"按钮，即可实现对"销售门店"的分类汇总，如图4-4-8所示。从汇总后的数据表中可以方便地查看每个门店产品的销售总额。

当数据记录较多时，为了方便查看汇总信息，可通过单击分级显示中的"+"或"－"按钮显示或隐藏销售地区的明细数据。单击窗口左侧分组显示工具中的"－"按钮，可以隐藏对应单元的明细数据；单击"+"按钮，可以显示对应单元的明细数据。

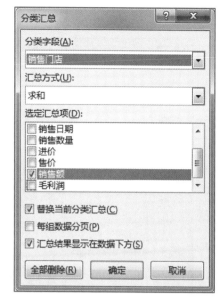

图 4-4-7　"分类汇总"参数设置

"红旗"连锁超市产品销售统计表

	产品名称	销售门店	销售日期	销售数量	进价	售价	销售额	毛利润
3	大米	1分店	2020-11-11	1256	37.3	56.5	70964.00	24115.20
4	牛奶	1分店	2020-11-11	987	41.1	55.6	54877.20	14311.50
5	色拉油	1分店	2020-11-11	1989	63.2	89.9	178811.10	53106.30
6	方便面	1分店	2020-12-12	3158	37.3	56.5	178427.00	60633.60
7	色拉油	1分店	2020-12-12	741	63.2	89.9	66615.90	19784.70
8	牛奶	1分店	2020-12-12	576	41.1	55.6	32025.60	8352.00
9	方便面	1分店	2020-11-11	3501	37.3	56.5	197806.50	67219.20
10	大米	1分店	2020-12-12	792	37.3	56.5	44748.00	15206.40
11		1分店 汇总					824275.30	
12	色拉油	2分店	2020-12-12	2155	63.2	89.9	193734.50	57538.50
13	方便面	2分店	2020-11-11	2961	37.3	56.5	167296.50	56851.20
14	大米	2分店	2020-11-11	1167	37.3	56.5	65935.50	22406.40
15	牛奶	2分店	2020-11-11	953	41.1	55.6	52986.80	13818.50
16	牛奶	2分店	2020-12-12	831	41.1	55.6	46203.60	12049.50
17	色拉油	2分店	2020-11-11	1866	63.2	89.9	167753.40	49822.20
18	方便面	2分店	2020-12-12	1258	37.3	56.5	71077.00	24153.60
19	大米	2分店	2020-12-12	627	37.3	56.5	35425.50	12038.40
20		2分店 汇总					800412.80	
21	方便面	3分店	2020-11-11	3762	37.3	56.5	212553.00	72230.40
22	牛奶	3分店	2020-11-11	846	41.1	55.6	47037.60	12267.00
23	大米	3分店	2020-11-11	764	37.3	56.5	43166.00	14668.80
24	色拉油	3分店	2020-11-11	2013	63.2	89.9	180968.70	53747.10
25	牛奶	3分店	2020-11-11	1023	41.1	55.6	56878.80	14833.50
26	方便面	3分店	2020-12-12	2752	37.3	56.5	155488.00	52838.40
27	大米	3分店	2020-12-12	386	37.3	56.5	21809.00	7411.20
28	色拉油	3分店	2020-12-12	528	63.2	89.9	47467.20	14097.60
29		3分店 汇总					765368.30	
30		总计					2390056.40	

图 4-4-8　按"销售门店"分类汇总

在窗口左上角有3个按钮 1 2 3，它们的功能与下方的分级显示按钮"+"和"－"相近。单击标号为1的按钮，只显示汇总结果的总计信息，其他信息全部隐藏；单击标号为2的按钮，只显示总计和各分项的汇总信息，隐藏明细数据信息；单击3按钮，则显示全部信息。

3. 计算产品的平均销售数量和平均销售额

具体操作如下：

平均销售数量、
销售额

① 选中数据，单击"数据"功能区"分级显示"功能组中的"分类汇总"按钮，打开"分类汇总"对话框，单击"全部删除"按钮，删除对销售门店的汇总。

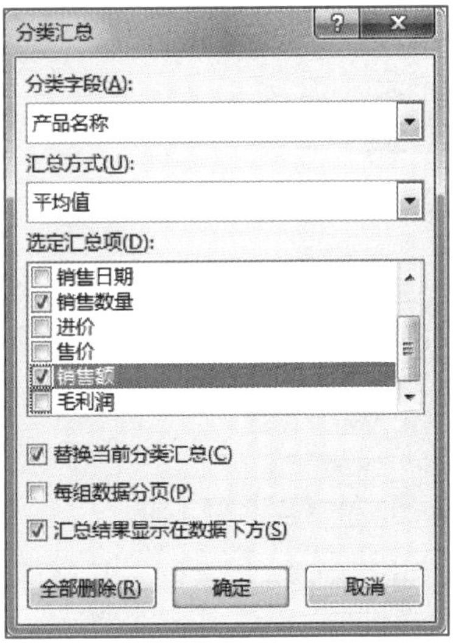

② 选中产品名称中的任一数据单元格，单击"开始"功能区"编辑"功能组中的"排序和筛选"按钮，在下拉列表中选择"升序"命令，对"产品名称"列的数据进行排序。

③ 单击"数据"功能区"分级显示"功能组中的"分类汇总"按钮，打开"分类汇总"对话框，在"分类字段"下拉列表框中选择"产品名称"选项，在"汇总方式"下拉列表框选择"平均值"选项，在"选定汇总项"列表框中选中"销售数量"和"销售额"复选框，参数设置如图 4-4-9 所示。

图 4-4-9 "分类汇总"参数设置 – 产品名称

④ 单击"确定"按钮，即可实现对"产品名称"项的分类汇总，如图 4-4-10 所示。

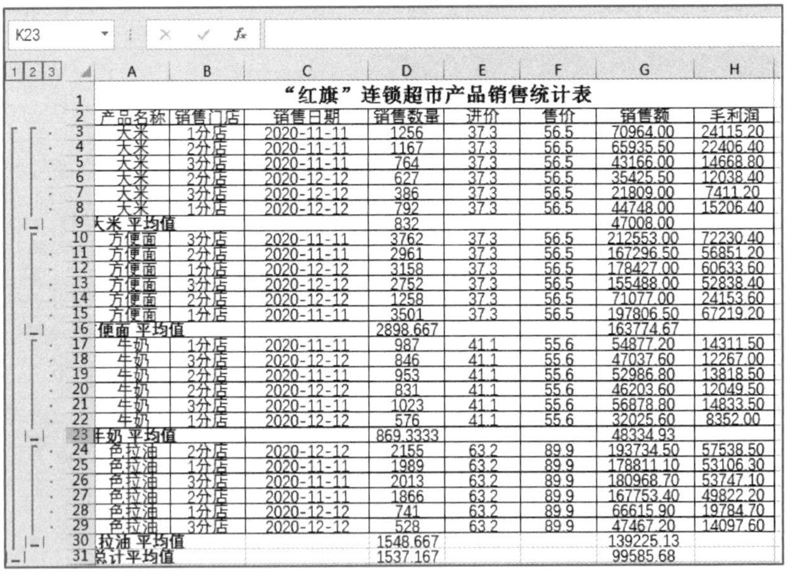

图 4-4-10
按"产品名称"分类
汇总结果

4. 各分店双十一、双十二销售业绩汇总

操作方法与前面类似，就不再累述，汇总结果如图 4-4-11 所示。由结果可知，销售额最高的是 1 分店在双十一的销售额。

5. 毛利润最高的商品和门店

操作方法与前面类似，就不再累述，汇总结果如图 4-4-12 所示。

"红旗"连锁超市产品销售统计表

产品名称	销售门店	销售日期	销售数量	进价	售价	销售额	毛利润
大米	1分店	2020-11-11	1256	37.3	56.5	70964.00	24115.20
牛奶	1分店	2020-11-11	987	41.1	55.6	54877.20	14311.50
色拉油	1分店	2020-11-11	1989	63.2	89.9	178811.10	53106.30
方便面	1分店	2020-11-11	3501	37.3	56.5	197806.50	67219.20
		2020-11-11 汇总				502458.80	
方便面	1分店	2020-12-12	3158	37.3	56.5	178427.00	60633.60
色拉油	1分店	2020-12-12	741	63.2	89.9	66615.90	19784.70
牛奶	1分店	2020-12-12	576	41.1	55.6	32025.60	8352.00
大米	1分店	2020-12-12	792	37.3	56.5	44748.00	15206.40
		2020-12-12 汇总				321816.50	
方便面	2分店	2020-11-11	2961	37.3	56.5	167296.50	56851.20
大米	2分店	2020-11-11	1167	37.3	56.5	65935.50	22406.40
牛奶	2分店	2020-11-11	953	41.1	55.6	52986.80	13818.50
色拉油	2分店	2020-11-11	1866	63.2	89.9	167753.40	49822.20
		2020-11-11 汇总				453972.20	
色拉油	2分店	2020-12-12	2155	63.2	89.9	193734.50	57538.50
牛奶	2分店	2020-12-12	831	41.1	55.6	46203.60	12049.50
方便面	2分店	2020-12-12	1258	37.3	56.5	71077.00	24153.60
大米	2分店	2020-12-12	627	37.3	56.5	35425.50	12038.40
		2020-12-12 汇总				346440.60	
方便面	3分店	2020-11-11	3762	37.3	56.5	212553.00	72230.40
大米	3分店	2020-11-11	764	37.3	56.5	43166.00	14668.80
色拉油	3分店	2020-11-11	2013	63.2	89.9	180968.70	53747.10
牛奶	3分店	2020-11-11	1023	41.1	55.6	56878.80	14833.50
		2020-11-11 汇总				493566.50	
牛奶	3分店	2020-12-12	846	41.1	55.6	47037.60	12267.00
方便面	3分店	2020-12-12	2752	37.3	56.5	155488.00	52838.40
方便面	3分店	2020-12-12	386	37.3	56.5	21809.00	7411.20
色拉油	3分店	2020-12-12	528	63.2	89.9	47467.20	14097.60
		2020-12-12 汇总				271801.80	

图 4-4-11 按"销售日期"各分店销售额汇总

"红旗"连锁超市产品销售统计表

产品名称	销售门店	销售日期	销售数量	进价	售价	销售额	毛利润
大米	1分店	2020-11-11	1256	37.3	56.5	70964.00	24115.20
牛奶	1分店	2020-11-11	987	41.1	55.6	54877.20	14311.50
色拉油	1分店	2020-11-11	1989	63.2	89.9	178811.10	53106.30
方便面	1分店	2020-11-11	3501	37.3	56.5	197806.50	67219.20
		2020-11-11 汇总					158752.20
方便面	1分店	2020-12-12	3158	37.3	56.5	178427.00	60633.60
色拉油	1分店	2020-12-12	741	63.2	89.9	66615.90	19784.70
牛奶	1分店	2020-12-12	576	41.1	55.6	32025.60	8352.00
大米	1分店	2020-12-12	792	37.3	56.5	44748.00	15206.40
		2020-12-12 汇总					103976.70
方便面	2分店	2020-11-11	2961	37.3	56.5	167296.50	56851.20
大米	2分店	2020-11-11	1167	37.3	56.5	65935.50	22406.40
牛奶	2分店	2020-11-11	953	41.1	55.6	52986.80	13818.50
色拉油	2分店	2020-11-11	1866	63.2	89.9	167753.40	49822.20
		2020-11-11 汇总					142898.30
色拉油	2分店	2020-12-12	2155	63.2	89.9	193734.50	57538.50
牛奶	2分店	2020-12-12	831	41.1	55.6	46203.60	12049.50
方便面	2分店	2020-12-12	1258	37.3	56.5	71077.00	24153.60
大米	2分店	2020-12-12	627	37.3	56.5	35425.50	12038.40
		2020-12-12 汇总					105780.00
方便面	3分店	2020-11-11	3762	37.3	56.5	212553.00	72230.40
大米	3分店	2020-11-11	764	37.3	56.5	43166.00	14668.80
色拉油	3分店	2020-11-11	2013	63.2	89.9	180968.70	53747.10
牛奶	3分店	2020-11-11	1023	41.1	55.6	56878.80	14833.50
		2020-11-11 汇总					155479.80
牛奶	3分店	2020-12-12	846	41.1	55.6	47037.60	12267.00
方便面	3分店	2020-12-12	2752	37.3	56.5	155488.00	52838.40
方便面	3分店	2020-12-12	386	37.3	56.5	21809.00	7411.20
色拉油	3分店	2020-12-12	528	63.2	89.9	47467.20	14097.60
		2020-12-12 汇总					86614.20
		总计					753501.20

图 4-4-12 "毛利润"汇总结果

6. 按照销售日期对各类商品在各个门店的销售情况进行深入分析

（1）创建数据透视表

具体操作如下。

① 打开如图 4-4-13 所示"'红旗'连锁超市产品销售统计表"，将光标定位在有效数据的任意单元格，单击"插入"功能区"表格"功能组中的"数据透视表"按钮，打开"创建数据透视表"对话框。

② 在"请选择要分析的数据"选项组中选中"选择一个表或区域"单选按钮，在"选择放置数据透视表的位置"选项组中选中"新工作表"单选按钮，参数如图 4-4-14 所示。

创建数据透视表

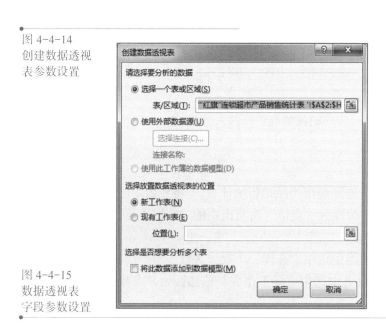

图 4-4-13
"红旗"连锁超市产品
销售统计表

	A	B	C	D	E	F	G	H
1				"红旗"连锁超市产品销售统计表				
2	产品名称	销售门店	销售日期	销售数量	进价	售价	销售额	毛利润
3	大米	1分店	2020-11-11	1256	37.3	56.5	70964.00	24115.20
4	色拉油	2分店	2020-12-12	2155	63.2	89.9	193734.50	57538.50
5	牛奶	1分店	2020-11-11	987	41.1	55.6	54877.20	14311.50
6	方便面	3分店	2020-11-11	3762	37.3	56.5	212553.00	72230.40
7	色拉油	1分店	2020-11-11	1989	63.2	89.9	178811.10	53106.30
8	方便面	1分店	2020-11-11	2961	37.3	56.5	167296.50	56851.20
9	牛奶	3分店	2020-12-12	846	41.1	55.6	47037.60	12267.00
10	大米	2分店	2020-11-11	1167	37.3	56.5	65935.50	22406.40
11	方便面	2分店	2020-12-12	3158	37.3	56.5	178427.00	60633.60
12	大米	3分店	2020-11-11	764	37.3	56.5	43166.00	14668.80
13	色拉油	3分店	2020-11-11	2013	63.2	89.9	180968.70	53747.10
14	牛奶	1分店	2020-12-12	953	41.1	55.6	52986.80	13818.50
15	牛奶	2分店	2020-11-11	831	41.1	55.6	46203.60	12049.50
16	色拉油	2分店	2020-11-11	1866	63.2	89.9	167753.40	49822.20
17	牛奶	1分店	2020-11-11	1023	41.1	55.6	56878.80	14833.50
18	方便面	3分店	2020-12-12	2752	37.3	56.5	155488.00	52838.40
19	色拉油	1分店	2020-12-12	741	63.2	89.9	66615.90	19784.70
20	方便面	1分店	2020-12-12	1258	37.3	56.5	71077.00	24153.60
21	牛奶	1分店	2020-12-12	576	41.1	55.6	32025.60	8352.00
22	大米	2分店	2020-12-12	627	37.3	56.5	35425.50	12038.40
23	方便面	1分店	2020-11-11	3501	37.3	56.5	197806.50	67219.20
24	大米	3分店	2020-12-12	386	37.3	56.5	21809.00	7411.20
25	色拉油	3分店	2020-12-12	528	63.2	89.9	47467.20	14097.60
26	大米	1分店	2020-12-12	792	37.3	56.5	44748.00	15206.40

③ 单击"确定"按钮，进入存放数据透视结果的工作表，在这里需要完成数据透视表中各数据的布局。在此工作表右方的"数据透视表字段"任务窗格"选择要添加到报表的字段"列表框中选中"销售门店""产品名称""销售日期"销售额""月"等复选项，添加数据透视表所需要的数据字段。在任务窗格下方的"在以下区域间拖动字段"列表框中将添加的数据字段拖动到合适的位置，参数设置如图 4-4-15 所示。

图 4-4-14
创建数据透视
表参数设置

图 4-4-15
数据透视表
字段参数设置

④ 对"值"的相关设置如图 4-4-16 和图 4-4-17 所示。

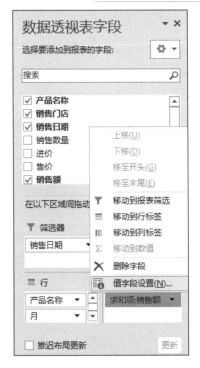

图 4-4-16
"值"字段设置

图 4-4-17
"值字段设置"
对话框

⑤ 双击数据透视表所在的工作表标签将其重命名为"销售透视表",完成数据透视表的制作,效果如图 4-4-18 所示。

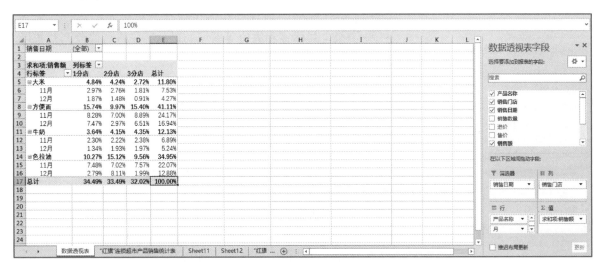

图 4-4-18 数据透视表完成效果图

（2）数据透视表中的数据编辑

1）筛选数据

对数据透视表的数据可以通过相应的筛选操作,将不需要的数据进行隐藏,以

筛选数据

修改汇总方式

透视字段的编辑

便快速查看需要的数据。如通过单击"销售日期"下三角形按钮，筛选需要查看的某月产品销售额百分比，如图 4-4-19 所示。

2）修改汇总方式

单击"求和项：销售额"单元格，在弹出的快捷菜单中选择"值字段设置"命令，将打开如图 4-4-20 所示的对话框，在此对话框中可以重新选择汇总方式，如"最大值""计数"或"平均值"等选项。

图 4-4-19
11 月销售额
数据透视表

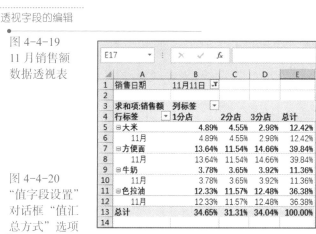

图 4-4-20
"值字段设置"
对话框"值汇总方式"选项

3）透视字段的编辑

通过数据透视工作表右边的"数据透视表字段"任务窗格，可以随时添加 / 删除参与透视操作的字段，或对报表筛选、行标签、列标签和数值等区域的显示字段进行修改调整布局，以便设置合适的透视方式。

4）数据自动更新

为了使数据透视表中的数据随数据源的变动而自动更新，保证数据保持一致。可以通过以下操作实现数据透视表中的数据的自动更新。

① 将光标定位到"销售透视表"的有效数据区域中，右击，在弹出的快捷菜单中选择"数据透视表选项"命令，在打开的"数据透视表选项"对话框"数据"选项卡中，选中其中的"打开文件时刷新数据"复选框，如图 4-4-21 所示。

② 单击"确定"按钮完成操作，以后重新打开数据透视表时，其中的数据即可随源数据自动更新。

5）设置数据透视表样式

设置数据透视表的样式。将光标定位在"销

图 4-4-21 "数据透视表选项"对话框

售透视表"有效数据区的任意单元格，在"数据透视表工具－设计"功能区"数据透视表样式"功能组中选择"数据透视表样式浅色 10"样式，效果如图 4-4-22 所示。

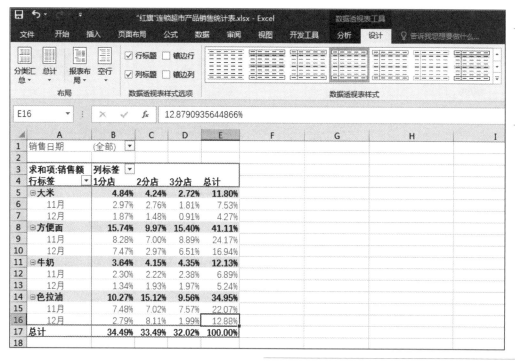

图 4-4-22 设置样式后的数据透视表

6）使用数据透视图分析数据

数据透视图既具有数据透视表的交互式汇总特点，又兼有图表的直观优点，因此可以借助"数据透视图"来分析数据，操作步骤如下：

① 将光标定位在"数据透视表"的有效数据区域，选择"选项"功能区→"工具"组→"数据透视图"选项。

② 在打开的"插入图表"对话框中选择"簇状柱形图"选项，效果如图 4-4-23 所示。

7）删除数据透视表

在使用完数据透视表之后，虽然数据可以随时更新或者调整，但是如果数据的格式或者内容已经有较大范围的改变时，可能编辑数据透视表还不如重新建立一张数据透视表方便，此时就需要删除过期无用的数据透视表。具体操作是将光标定位到数据透视表中，单击"分析"功能区"操作"功能组中的"选择"按钮，在下拉列表中选择"整个数据透视表"命令，选中数据透视表后，按 Delete 键删除即可。

7. 合并计算

王源同学在参观完"红岩联线"景区后，心灵受到了极大的震撼，看到景区络绎不绝的参观人群，王源同学想知道今年国庆长假期间，"红岩联线"景区的参观总人数，通过官网查询 10 月 1 日—7 日的参观数据后，制作了相应的工作表，并利用 Excel 软件中合并计算功能完成了数据统计。

创建参观人数
工作表

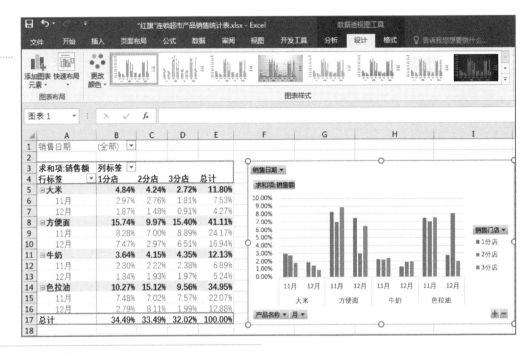

图 4-4-23
数据透视图
效果

具体操作如下：

① 打开 Excel 软件，新建工作簿，在工作簿中，分别创建 7 张工作表，录入 10.1-10.7 期间各景区的参观数据，如图 4-4-24 ～图 4-4-30 所示。

② 创建 "10.1-10.7 参观人数汇总" 工作表，如图 4-4-31 所示。

图 4-4-24
"2020.10.1 参观
人数" 工作表

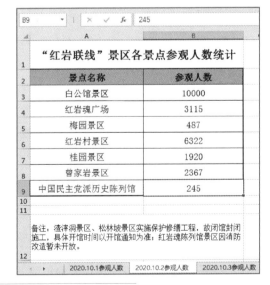

图 4-4-25
"2020.10.2 参观
人数" 工作表

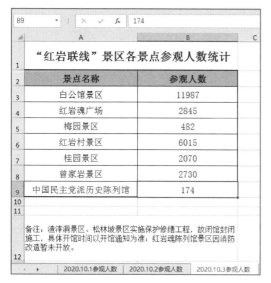

图 4-4-26　"2020.10.3 参观人数"工作表

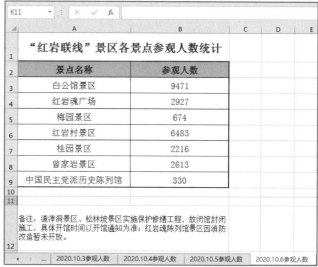

图 4-4-27　"2020.10.4 参观人数"工作表

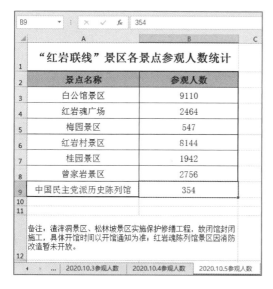

图 4-4-28　"2020.10.5 参观人数"工作表

图 4-4-29　"2020.10.6 参观人数"工作表

③ 单击"参观人数汇总"工作表 B3 单元格，单击"数据"功能区"数据工具"功能组中的"合并计算"按钮，打开"合并计算"对话框。

④ 在"函数"下拉列表框中选择"求和"函数。

⑤ 单击"引用位置"右侧的"折叠对话框"按钮，选取"2020.10.1 参观人数"工作表中的 B3:B9 单元格区域后，单击"折叠对话框"按钮返回"合并计算"对话框，如图 4-4-32 所示。

合并计算

图 4-4-30
"2020.10.7 参观人数"
工作表

图 4-4-31
"10.1—10.7 参观
人数汇总"工作表

图 4-4-32
"10.1—10.7 参观人数汇总"
工作表合并计算 – 选择函数并
设置 "2020.10.1 参观人数"
工作表的引用位置

⑥ 单击"添加"按钮，将"2020.10.1 参观人数 !$B$3:$B$9"单元格区域添加到计算区域中，"2020.10.1 参观人数 !$B$3:$B$9"即显示在"所有引用区域"列表框中。

⑦ 重复之前步骤的操作将 10.2-10.7 的数据加入计算区域中，如图 4-4-33 所示。

图 4-4-33
合并计算 - 添加数据

⑧ 7 天的数据全部加入后，单击"确定"按钮，即可完成合并计算。计算结果如图 4-4-34 所示。

图 4-4-34
合并计算
完成效果

本章小结

　　本章介绍了微软 Office 系列办公自动化软件中的一个重要组件——Excel 2016 电子表格处理软件。通过相关实例，主要介绍了以下内容。

1. 电子表格的基本概念。

2. Excel 的基本功能、运行环境、启动和退出。

3. 工作簿、工作表和单元格的基本概念。

4. 工作簿的创建、保存和打开。

5. 数据的输入、公式和函数的运用。

6. 工作表的编辑和格式化。

7. 图表的创建和编辑。

8. 数据筛选、数据排序和分类汇总。

9. 数据透视表的创建和编辑。

10. 多工作表数据的合并计算。

知 识拓展

文本：
知识拓展
答案

一、单选题

1. Excel 中在单元格输入 3/5，Excel 会认为是（   ）。

    A. 分数 3/5   B. 日期 3 月 5 日

    C. 小数 3.5   D. 错误数据

2. Excel 中分类汇总的默认汇总方式是（   ）。

    A. 求和   B. 求平均   C. 求最小值   D. 求最大值

3. 在 Excel 的计算中，可以将公式"= C1 + C2 + C3 + C4"转换为（   ）。

    A. SUM(C1,C4)   B. = SUM(C1:C4)

    C. = SUM(C1,C4)   D. SUM(C1:C4)

4. 要使 Excel 把所输入的数字当成文本处理，所输入的数字应当以（   ）开头。

    A. 等号   B. 双引号   C. 单引号   D. 一个字母

5. Excel 中，在降序排序中，在排序列中有空白单元格的行会被（   ）。

    A. 保持原始次序   B. 不被排序

    C. 放置在序列的最前   D. 放置在序列的最后

6. Excel 中让某些不及格学生的成绩变成蓝色字，可以使用（   ）功能。

    A. 筛选   B. 排序

    C. 条件格式   D. 数据有效性

7. 在 Excel 中，在对数据进行分类汇总前，要做的操作是（   ）。

    A. 数据排序   B. 数据分类

    C. 数据筛选   D. 数据透视

8. 当 Excel 工作表中的数据发生变化时，对应的图表会（   ）。

A. 改变类型　　　　　B. 自动更新　　　　　C. 改变数据源　　　　D. 保持不变

9. 在 Excel 中，如果将数据表中满足条件的记录显示出来，而将不满足条件的记录暂时隐藏起来，则可以使用（   ）功能。

A. 数据排序　　　　　B. 数据分类　　　　　C. 数据筛选　　　　　D. 数据透视

10. 在 Excel 2016 中，工作簿的扩展名是（   ）。

A. xlsx　　　　　　　B. exl　　　　　　　　C. exe　　　　　　　　D. slx

二、操作题

1. 打开 Excel 2016 软件，新建工作簿命名为"工资管理"，工作表命名为"鸿达公司员工工资表"，保存在 D 盘。按要求录入如下内容，效果如图 4-6-1 所示。

鸿达公司员工工资表

员工编号	姓名	部门	基本工资	绩效工资	津贴	应发工资	个人所得税	实发工资
0001	张海	设计部	¥3,500.00	¥3,700.00	¥1,800.00			
0002	王金	工程部	¥2,850.00	¥2,500.00	¥650.00			
0003	李琳	设计部	¥4,200.00	¥2,300.00	¥600.00			
0004	王华	后勤部	¥4,050.00	¥2,900.00	¥700.00			
0005	赵忠宝	工程部	¥4,750.00	¥3,100.00	¥2,350.00			
0006	彭敏	后勤部	¥3,000.00	¥2,200.00	¥450.00			
0007	周勇	设计部	¥3,700.00	¥1,500.00	¥600.00			
0008	伍建国	工程部	¥2,900.00	¥1,600.00	¥800.00			
0009	蒋晶	设计部	¥3,800.00	¥1,500.00	¥850.00			
0010	刘韬	后勤部	¥1,900.00	¥800.00	¥200.00			

图 4-6-1　表格效果图

① 录入表格数据后，对表格进行美化：表格标题为"合并后居中"，文字设置为"黑体、20 磅、加粗，蓝色"，行高设置为 30 磅。

② 表格中文字设置为"仿宋、14 磅、居中对齐"，将列标题背景填充为"黄色"；行高为 22 磅，列宽为 15 磅。

③ 给表格加边框：外框为"深蓝色、粗实线"，内框为"绿色、粗虚线"。

④ 利用公式计算：每位员工应交的"个人所得税"。扣税标准为：

- "应发工资"不超过 5 000 元，不交税。
- "应发工资"大于 5 000 元，不超过 8 000 元，扣除 5 000 元后剩余部分交 3% 个人所得税。
- "应发工资"大于 8 000 元，不超过 17 000 元，扣除 8 000 元后剩余部分交 10% 个人所得税，再加上（8 000 − 5 000）× 3% = 90，为其应缴的个人所得税。

⑤ 利用公式计算应发工资、实发工资；计算完成后，表格效果如图 4-6-2 所示。

- 应发工资 = 基本工资 + 绩效工资 + 津贴。
- 实发工资 = 应发工资 − 个人所得税。

鸿达公司员工工资表								
员工编号	姓名	部门	基本工资	绩效工资	津贴	应发工资	个人所得税	实发工资
0001	张海	设计部	¥3,500.00	¥3,700.00	¥1,800.00	¥9,000.00	¥400.00	¥8,600.00
0002	王金	工程部	¥2,850.00	¥2,500.00	¥650.00	¥6,000.00	¥30.00	¥5,970.00
0003	李琳	设计部	¥4,200.00	¥2,300.00	¥600.00	¥7,100.00	¥63.00	¥7,037.00
0004	王华	后勤部	¥4,050.00	¥2,900.00	¥700.00	¥7,650.00	¥79.50	¥7,570.50
0005	赵忠宝	工程部	¥4,750.00	¥3,100.00	¥2,350.00	¥10,200.00	¥520.00	¥9,680.00
0006	彭敏	后勤部	¥3,000.00	¥2,200.00	¥450.00	¥5,650.00	¥19.50	¥5,630.50
0007	周勇	设计部	¥3,700.00	¥1,800.00	¥600.00	¥6,100.00	¥33.00	¥6,067.00
0008	伍建国	工程部	¥2,900.00	¥1,600.00	¥800.00	¥5,300.00	¥9.00	¥5,291.00
0009	蒋晶	设计部	¥3,800.00	¥1,500.00	¥850.00	¥6,150.00	¥34.50	¥6,115.50
0010	刘韬	后勤部	¥1,900.00	¥800.00	¥200.00	¥2,900.00	¥0.00	¥2,900.00

图 4-6-2 个人所得税计算后效果图

2. 利用公式制作"九九乘法表",制作完成后,效果图如图 4-6-3 所示。

1×1=1								
1×2=2	2×2=4							
1×3=3	2×3=6	3×3=9						
1×4=4	2×4=8	3×4=12	4×4=16					
1×5=5	2×5=10	3×5=15	4×5=20	5×5=25				
1×6=6	2×6=12	3×6=18	4×6=24	5×6=30	6×6=36			
1×7=7	2×7=14	3×7=21	4×7=28	5×7=35	6×7=42	7×7=49		
1×8=8	2×8=16	3×8=24	4×8=32	5×8=40	6×8=48	7×8=56	8×8=64	
1×9=9	2×9=18	3×9=27	4×9=36	5×9=45	6×9=54	7×9=63	8×9=72	9×9=81

图 4-6-3 "九九乘法表"效果图

第 5 章

PowerPoint 2016 的应用

知识提要

本章将以重庆红岩联线景区的案例为基础,介绍电子演示文稿软件 PowerPoint 2016 的基本概念和基本功能。包括 PowerPoint 2016 软件的启动与退出、演示文稿的创建、幻灯片的编辑和美化、演示文稿的放映等内容。

教学目标

◆ 掌握 PowerPoint 2016 启动、退出和窗口组成等基本知识。

◆ 理解 PowerPoint 2016 演示文稿、幻灯片、模板、母版等基本概念。

◆ 掌握演示文稿的创建。

◆ 掌握幻灯片的编辑和美化。

◆ 掌握演示文稿的放映设置。

◆ 掌握动作按钮和超链接操作。

◆ 理解声音、动画和视频的插入操作。

5.1   演示文稿的创建——重庆红岩联线景区介绍

PowerPoint 2016 是一款演示文稿制作软件，是 Microsoft Office 2016 办公软件中的一个重要组件，能处理文字、图形、图像、声音、视频等多媒体信息，可以帮助用户创建一个图文并茂的演示文稿。PowerPoint 2016 被广泛用于学校、公司、公共机关等部门制作教学课件、互动演示、产品展示、竞标方案、广告宣传、主题演讲、技术讨论、总结报告、会议简报等演示文稿。

5.1.1   项目描述

王红是某旅游公司的职员，公司要求她于近日带着介绍重庆红岩联线景区的演示文稿前往某单位宣传，以便该单位组织员工前往参观。王红利用 PowerPoint 2016 很快制作了如图 5-1-1 所示的演示文稿。

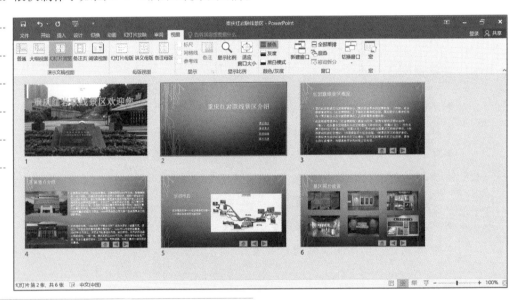

图 5-1-1
重庆红岩
联线景区
介绍效果图

5.1.2   项目知识准备

1. PowerPoint 2016 窗口组成

PowerPoint 2016 的窗口界面与 Office 其他软件类似，可分为标题栏、功能区、工具栏、状态栏、工作区等部分，如图 5-1-2 所示。

工作区即 PowerPoint 2016 文档区，显示演示文稿的内容。演示文稿的编辑就是通过对工作区中内容进行操作来完成的。利用工作区的滚动条可以查看不同区域的内容。在普通视图下，工作区被划分为幻灯片窗格、大纲窗格和备注窗格 3 个部分。

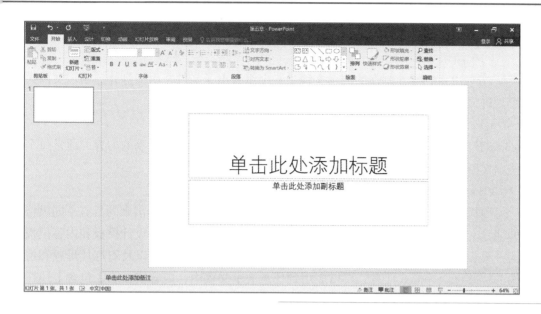

图 5-1-2
PowerPoint
窗口组成

2. 创建演示文稿

演示文稿的创建主要有：利用内容提示向导、利用设计模板和创建空演示文稿3 种方式，它们都列表在新建演示文稿任务窗格中。在打开 PowerPoint 2016 时，系统便会自动创建一个空白的演示文稿，用户可以直接在该文件上添加内容，创建演示文稿。

3. PowerPoint 2016 的视图方式

PowerPoint 2016 提供普通视图、幻灯片浏览视图、阅读视图、大纲视图、备注页视图等 5 种幻灯片视图，其中常用的有普通视图、幻灯片浏览视图和阅读视图，如图 5-1-3 所示。

图 5-1-3　视图切换按钮

普通视图：它是系统默认的视图模式。由三部分构成，分别是大纲栏（主要用于显示、编辑演示文稿的文本大纲，其中列出了演示文稿中每张幻灯片的页码、主题以及相应的要点）、幻灯片栏（主要用于显示、编辑演示文稿中幻灯片的详细内容）以及备注栏（主要用于为对应的幻灯片添加提示信息，对使用者起备忘、提示作用，在实际播放演示文稿时学生看不到备注栏中的信息）。

大纲视图：主要用于查看、编排演示文稿的大纲。和普通视图相比，其大纲栏和备注栏被扩展，而幻灯片栏被压缩。

幻灯片浏览视图：以最小化的形式显示演示文稿中的所有幻灯片，在这种视图下可以进行幻灯片顺序的调整、幻灯片动画设计、幻灯片放映设置和幻灯片切换设置等。

阅读视图：用于查看设计好的演示文稿的放映效果及放映演示文稿。

4. 基本概念

（1）演示文稿

PowerPoint 2016 制作的演示文稿是一个组合电子文件，由幻灯片、演示文稿大纲、讲义和备注四部分组成，其文件的默认扩展名 pptx。

（2）幻灯片

幻灯片是演示文稿的核心部分，它概括性地描述了演示文稿的内容，通常每个演示文稿由若干张幻灯片组成。

（3）设计模板

模板是 PowerPoint 2016 根据常用的演示文稿类型归纳总结出来的具有不同风格的演示文稿样式文件，扩展名为 potx。PowerPoint 2016 提供了设计模板和内容模板两种模板。设计模板包含预定义的格式、背景设计、配色方案以及幻灯片母版和可选的标题母版等样式信息，可以应用到任意演示文稿中；内容模板除了包含上述样式信息外，还加上针对特定主题提供的建议内容文本。

（4）幻灯片版式

版式是指插入到幻灯片中的文本、表格、图表、图片、媒体剪辑等对象在幻灯片上的布局方式。在"幻灯片版式"任务窗格中按文字版式、内容版式、文字和内容版式及其他版式 4 类列出各对象之间的排列关系。

（5）母版

母版是演示文稿中所有幻灯片或页面格式的底版，或者说是样式，它包含了所有幻灯片具有的公共属性和布局信息，当对母版进行改动时，会影响到相应视图中的每一张幻灯片、备注页或讲义部分。

演示文稿中的母版有幻灯片母版、讲义母版和备注母版 3 种类型，分别用于控制一般幻灯片、讲义和备注的格式。

5. 超级链接

在演示文稿中可以创建超级链接，通过超级链接可以快速地链接到自己的系统和网络、Internet 或 Web 上的其他演示文稿、对象、文档或页。对象链接后，只有更改源文件时，数据才会被更新。链接的数据存放在源文件中。目标文件内只存储源文件的位置，并显示一个链接数据的标记。如果不希望文件过大，可使用链接对象。

在 PowerPoint 2016 中可以通过动作按钮和超链接命令来创建超级链接。超链接命令的实现方法是通过"常用"工具栏中的"插入超级链接"按钮或单击"插入"功能区"链接"功能组中的"链接"按钮来实现。设置成超级链接的文本会添加下画线并具有特殊的颜色。

PowerPoint 2016 提供了一组动作按钮，包含了常见的形状（如箭头◁和▷）。可以将动作按钮添加到演示文稿中，这些按钮都是预先定义好的，如"开始""结束""上一张"等。可以通过单击"幻灯片放映"→"动作按钮"命令来创建动作按钮，设置超链接。在放映幻灯片时，单击动作按钮，便可激活与之相连的幻灯片、自定义放映的演示文稿或其他应用程序。

5.1.3　项目实施

1. 创建演示文稿

① 选择"文件"→"新建"命令，如图 5-1-4 所示。

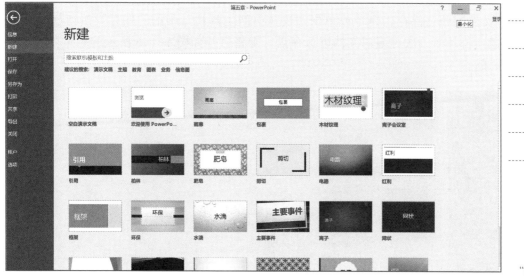

图 5-1-4
"新建"窗格

② 在出现的"可用的模板和主题"窗格，直接选取"电路"模板或者单击"主题"搜索，然后选取区域中名为"电路"的模板，则此模板将应用于幻灯片中，如图 5-1-5 所示。然后单击"创建"按钮。

图 5-1-5
"可用的模板
和主题"窗格

温馨提示

　　若没有合适的模板和主题，用户可通过在"搜索框"中输入关键字，单击右侧的"查找"按钮来查找更多演示文稿模板和主题。

2. 保存演示文稿

　　在演示文稿的编辑过程中，要养成随时存盘的好习惯，以防数据丢失。选择"文件"→"保存"命令或单击"快速访问工具栏"中的"保存"按钮 进行存盘。若是第一次对编辑文档进行存盘，则将打开如图 5-1-6 所示的"另存为"对话框。

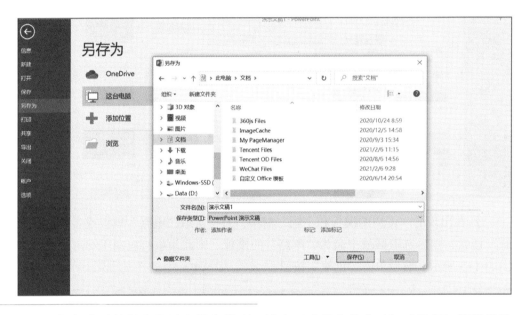

图 5-1-6
PowerPoint
"另存为"
对话框

　　选择好合适的保存位置和保存类型，输入正确的文件名（如"重庆红岩联线景区"），单击"保存"按钮，便可保存演示文稿。

3. 幻灯片设计

（1）第 1 张幻灯片

　　① 选择幻灯片版式。在第 1 张幻灯片上，单击"开始"功能区"幻灯片"功能组中的"版式"按钮，在弹出的"版式"下拉列表中选择"空白"版式，如图 5-1-7 所示。

　　② 背景设计。单击"设计"功能区"自定义"功能组中的"设置背景格式"按钮，在打开的"设置背景格式"任务窗格"填充"选项卡中选中"图片或纹理填充"单选按钮，如图 5-1-8 所示。

创建与保存

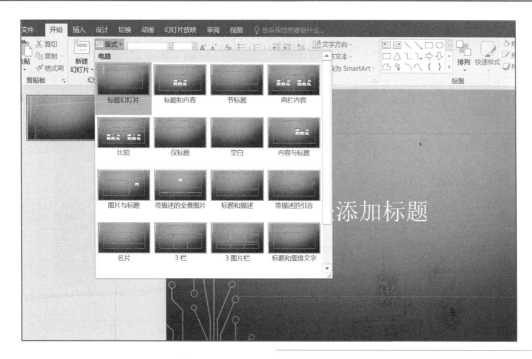

图 5-1-7
"版式"下拉
列表

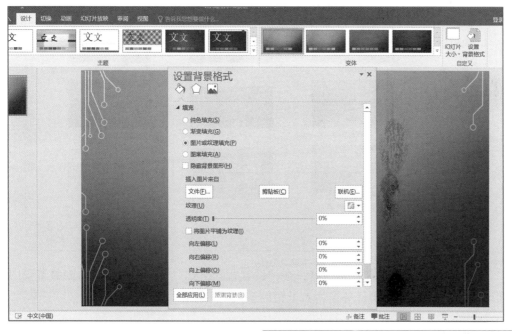

图 5-1-8
"设置背景
格式"任务
窗格

③ 单击"插入图片来自"选项区中的"文件"按钮，打开"插入图片"对话框，如图 5-1-9 所示。

④ 在打开的"插入图片"对话框中，找到所需的图片并选中，此时的"打开"按钮变成"插入"按钮，单击"插入"按钮，如图 5-1-10 所示。

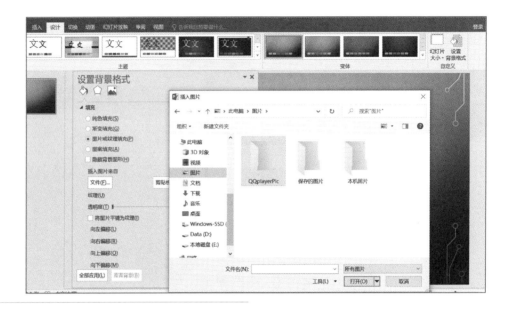

图 5-1-9
"插入图片"
对话框

设定版式和
背景图

图 5-1-10
选择图片

⑤ 返回如图 5-1-8 所示窗口,在"设置背景格式"任务窗中选中"隐藏背景图形"复选项,然后单击任务窗格右上角的"关闭"按钮。

温 馨 提 示

在"设置背景格式"任务窗格中若单击"全部应用"按钮,则每张幻灯片的背景都将改为刚才设置的图片背景。

若某张或某些幻灯片对设计模板所使用的默认背景不满意,用户可以通过上述操作自行设计幻灯片的背景。

⑥ 插入艺术字。单击"插入"功能区"文本"功能组中的"艺术字"按钮🅰，在弹出的"艺术字"样式列表中选择第 4 行第 3 列的艺术字样式，如图 5-1-11 所示。

图 5-1-11
"艺术字"
样式列表

⑦ 在出现的编辑"艺术字"框中输入如图 5-1-12 所示的文本，并设置合适的字体、字号、轮廓颜色等。

插入艺术字

图 5-1-12
编辑"艺术
字"文字框

⑧ 调整艺术字至合适的位置，如图 5-1-13 所示。

图 5-1-13
设置完成的
第 1 张幻灯片

（2）第 2 张幻灯片

① 插入新幻灯片。单击"开始"功能区"幻灯片"功能组中的"新建幻灯片"按钮或按快捷键 <Ctrl+M> 便可新建一张幻灯片，如图 5-1-14 所示。

新建第 2 张
幻灯片

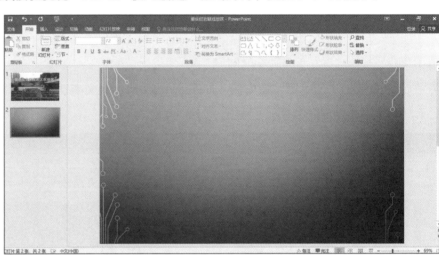

输入标题

图 5-1-14
插入的第 2 张
幻灯片

② 幻灯片版式选择。单击"开始"功能区"幻灯片"功能组中的"版式"按钮，在弹出的"版式"下拉列表中选择"标题幻灯片"选项。

③ 单击"单击此处添加标题"文本框，输入文本"重庆红岩联线景区介绍"，并设置好文字格式，然后单击下方的"单击此处添加副标题"文本框，输入相应文本，并将两个文本框调整至合适的位置，如图 5-1-15 所示。

新建第 3 张
幻灯片

（3）第 3 张幻灯片

采用前面的方法新建一张幻灯片，选择默认"标题和内容"版式，输入如图 5-1-16 所示的文本，设置好文本格式。

新建第 4 张
幻灯片

（4）第 4 张幻灯片

① 新建一张幻灯片，仍采用"标题和内容"版式，输入如图 5-1-17 所示的文

本，然后设置好文本格式及调整好文本位置。

图 5-1-15
设置完成的
第 2 张幻灯片

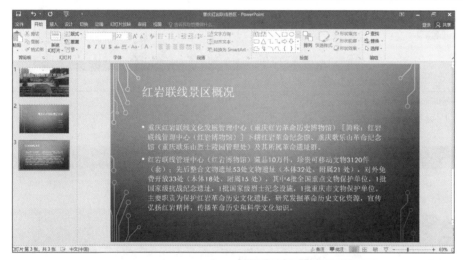

图 5-1-16
设置完成的
第 3 张幻灯片

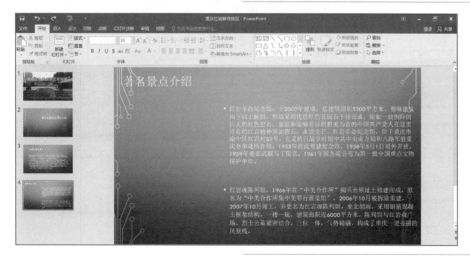

图 5-1-17
输入文本后的
第 4 张幻灯片

插入图片并
设置大小

②插入图片。单击"插入"功能区"图像"功能组中的"图片"按钮，在打开的"插入图片"对话框中，选择合适的图片，然后单击"插入"按钮，将图片插入到幻灯片中，如图 5-1-10 所示。

③在第 4 张幻灯片中，调整刚插入的图片的大小和位置，如图 5-1-18 所示。

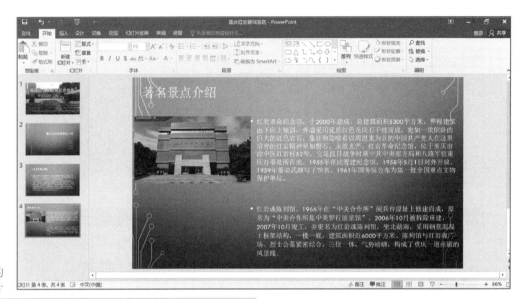

图 5-1-18
插入图片后的
第 4 张幻灯片

④采用相同的方法插入余下的图片，设置完成后如图 5-1-19 所示。

新建第 5 张
幻灯片

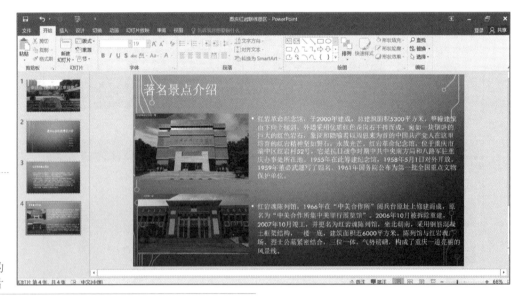

图 5-1-19
设置完成后的
第 4 张幻灯片

（5）第 5 张幻灯片

①新建一张幻灯片，在"版式"下拉列表中选择"内容与标题"版式，如图 5-1-20 所示。

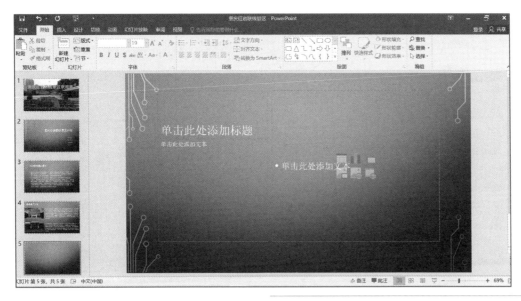

图 5-1-20 版式设置后的第 5 张幻灯片

② 单击第 5 张幻灯片的"单击此处添加文本"文本框中的"图片"按钮，在打开的"插入图片"对话框中选择合适的图片文件插入幻灯片中，然后在上方和右方的文本框中输入相应的内容，并设置好格式和位置，效果如图 5-1-21 所示。

图 5-1-21 设置完成后的第 5 张幻灯片

（6）第 6 张幻灯片

① 新建一张幻灯片，在"版式"下拉列表中选择"仅标题"版式。

② 单击"单击此处添加标题"，输入文本"景区图片欣赏"。

③ 单击"插入"功能区"图像"功能组中的"图片"按钮，在打开的"插入图片"对话框中插入如图 5-1-22 所示的 6 张图片。

新建第 6 张幻灯片

图 5-1-22
设置完成后的
第 6 张幻灯片

4. 母版操作

第 3 张～第 6 张幻灯片中都有一个相同的部分：一组按钮 。可以通过
对幻灯片母版的操作，来减少重复操作。具体操作步骤如下：

① 单击"视图"功能区"母版视图"功能组中的"幻灯片母版"按钮，将窗口
切换到"幻灯片母版"视图，此视图提供了幻灯片母版和标题母版，通过左下方的
状态栏可知当前母版，如图 5-1-23 所示。

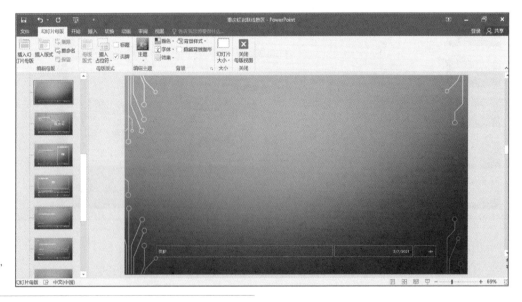

图 5-1-23
"幻灯片母版"
窗口

② 选择图 5-1-23 的幻灯片母版，单击"插入"功能区"图像"功能组中的
"形状"按钮，在下拉列表中选择"动作按钮"的"动作按钮：转到主页"选项 ，
如图 5-1-24 所示。

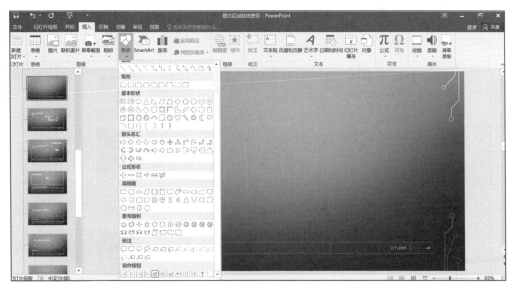

图 5-1-24
添加动作按钮

③ 当鼠标变成"＋"时，在幻灯片的右下角拖动鼠标，画一个大小适中的回按钮，在弹出的"操作设置"对话框的"超链接到"下拉列表选择"幻灯片"选项，如图 5-1-25 所示。

④ 在打开的"超链接到幻灯片"对话框的"幻灯片标题"列表框中选择"2.重庆红岩联线景区介绍"，然后单击"确定"按钮，如图 5-1-26 所示。

创建超链接

图 5-1-25 "操作设置"对话框

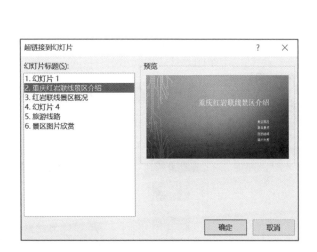

图 5-1-26 "超链接到幻灯片"对话框

⑤ 右击"动作按钮：转到主页"按钮回，在弹出的快捷菜单中选择"设置背景格式"命令，在打开的"设置背景格式"对话框"填充"选项卡中选中"图片或纹理填充"单选按钮，如图 5-1-8 所示。

⑥ 在"纹理"下拉列表中选择"花束"选项，如图 5-1-27 所示，完成图形格式设置。

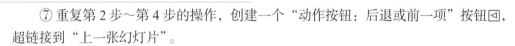

图 5-1-27
"纹理"下拉
列表

⑦ 重复第 2 步～第 4 步的操作，创建一个"动作按钮：后退或前一项"按钮◁，超链接到"上一张幻灯片"。

⑧ 重复第 2 步～第 4 步的操作，创建一个"动作按钮：前进或下一项"按钮▷，超链接到"下一张幻灯片"。将按钮位置调整至幻灯片母版的右下角，完成后效果如图 5-1-28 所示。

设置纹理背景

创建"上一张"
"下一张"超链接

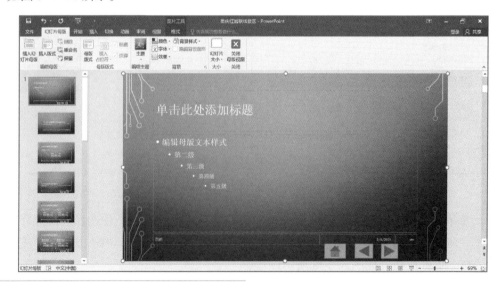

图 5-1-28
按钮设置完成
后的幻灯片母
版视图

⑨ 单击"视图"功能区"演示文稿视图"功能组中的"普通"按钮，返回普通视图。查看各张幻灯片可以发现除忽略母版作用的幻灯片和版式为"标题幻灯片"的幻灯片外，其余幻灯片的右下角都自动添加了一组刚才在幻灯片母版中创建的按钮组。

5. 超链接设置

① 将光标定位到第 2 张幻灯片，选中其中的"景区概况"文本，然后右击，在快捷菜单中选择"超链接"命令，或单击"插入"功能区"链接"组中的"链接"按钮，打开"插入超链接"对话框，如图 5-1-29 所示。

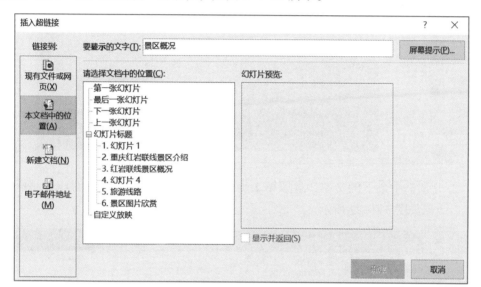

图 5-1-29
"插入超链接"
对话框 1

② 在左侧的"链接到："列表框中选择"本文档中的位置"选项，然后在中间"请选择文档中的位置："列表框中选择以"红岩联线景区概况"为标题的第 3 张幻灯片，如图 5-1-30 所示。

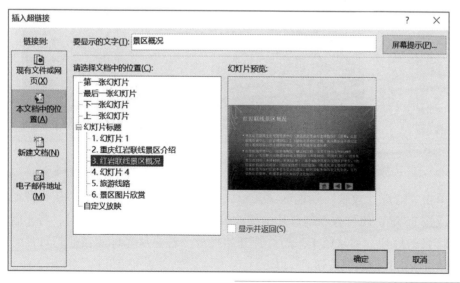

超链接效果验证

图 5-1-30
"插入超链接"
对话框 2

③ 单击"确定"按钮，完成"景区概况"文本的超链接设置，如图 5-1-31 所示。

制作"景区概况"
文本超链接

图 5-1-31
完成超链接设
置的"景区概
况"文本

④ 分别选中余下的文本，参照第 1 步～第 3 步的操作，设置好对应的超链接，完成后效果如图 5-1-32 所示。

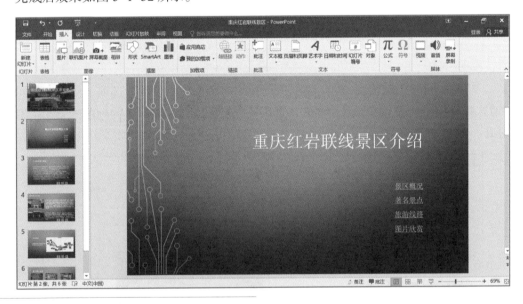

图 5-1-32
完成超链接
设置后的第
2 张幻灯片

6. 幻灯片放映

单击"幻灯片放映"功能区"开始放映幻灯片"功能组中的"从头开始"按钮，或按 F5 键，便可查看幻灯片的播放效果。此方法播放幻灯片时，将不管光标停在哪张幻灯片，都从第 1 张幻灯片开始播放。若要从光标所在的幻灯片开始播放，则可单击其他放映按钮。

在放映幻灯片时可单击鼠标右键，通过弹出的快捷菜单中的"上一张"或"下一张"命令实现幻灯片的切换。

播放完所有的幻灯片后，又回到 PowerPoint 2016 主界面。如果要中途结束放映，可以直接按键盘上的 Esc 键，或者在放映幻灯片上的任意位置右击，在弹出的快捷菜单中选择"结束放映"命令，如图 5-1-33 所示。

图 5-1-33 幻灯片放映时的快捷菜单

7. 打印演示文稿

完成演示文稿的编辑后，可以将幻灯片打印出来，一方面可发放给观众，另一方面也可以自己保存。在打印之前，需要对页面和打印参数进行设置。具体操作如下。

① 页面设置。选择"文件"→"打印"命令，在弹出的"打印"窗格中可以根据打印的需求设置幻灯片大小、纸张的宽度和高度、打印方向、幻灯片编号、打印的名称、打印范围、打印内容、份数和颜色/灰度等，如图 5-1-34 所示。

图 5-1-34 PowerPoint "打印"窗格

② 设置完成后，则可单击其中的"打印"按钮，完成打印工作。

5.2 PowerPoint 2016 高级应用——重庆红岩联线景区展览

图片、声音、视频和动画是丰富演示文稿内涵的重要组成元素。PowerPoint 2016 中的插入图片、影片和声音、自定义动画、幻灯片切换等功能将帮助人们创建图文并茂、声形兼备的演示文稿。

5.2.1　项目描述

王红利用 PowerPoint 2016 善于处理多媒体信息的功能很快制作好了演示文稿，并添加了动画效果、切换效果、声音效果等，顺利完成了宣传任务。幻灯片的效果图如图 5-2-1 所示。

图 5-2-1
展示效果图

5.2.2　项目知识准备

1. 动画效果

除了动画方案外，还可以通过自定义动画设置幻灯片中各元素更丰富的动画效果。通过单击"动画"功能区"高级动画"功能组中的"添加动画"按钮，弹出"动画"下拉列表，在其中可以设置各元素的进入、强调、退出或动作路径 4 组动画效果，如图 5-2-2 和图 5-2-3 所示。

图 5-2-2
"动画"功能区

"进入"动画效果组用于设置各元素进入幻灯片时的动画效果；"强调"动画效果组用于设置已经出现在幻灯片中的元素的强调或突出的动画效果；"退出"动画效果组用于设置各元素退出或离开幻灯片的动画效果；"动作路径"动画效果组则用于设置各元素在幻灯片中的活动路线，让元素的运动路径更加多样化，满足特殊的动画路径要求。

添加好的动画效果将出现在"动画窗格"任务窗格的动画列表中。用户可以单击"动画"功能区"计时"功能组中的"开始"右侧的下拉按钮，从弹出的下拉列表框中选择出现效果的时间。PowerPoint 2016 中为动画效果提供了 3 种基本类型的开始时间，分别为"单击时""与上一动画同时"和"上一动画之后"。"单击时"表示通过鼠标单击可触发动画事件，动画列表该项目前会有一个鼠标的图样，并标有表示触发先后顺序的 1、2、3……数字序列；"与上一动画同时"表示在上一个动画事件被触发的同时自动触发当前动画事件；"上一动画之后"表示在上一个动画事件播放完后自动触发当前动画事件，动画列表项目前会有一个时钟的图样。而且，在单击动画列表项目右侧的▼按钮，在弹出的下拉菜单中选择"计时"命令，在打开的对话框中还能设置上述 3 种开始时间的延时，精度可达到 0.5 秒。另外，单击"方向"下拉按钮，从弹出的列表框中选择对象出现的位置。单击"期间"下拉式按钮，从弹出的列表框中选择对象所具效果出现的速度。

用户可以通过单击动画列表中各动画效果右侧的▼按钮，从弹出的下拉菜单中选择"效果选项"命令，在打开的对话框中进一步对动画方向、播放时的声音、动画播放后的动作等进行设置。

在 PowerPoint 2016 中，一个元素可以添加多个动画效果，如何确定哪个动画先播，哪个动画后播，用户可以通过单击"动画窗格"任务窗格"对动画重新排序"区的向上箭头或向下箭头来进行调整。

图 5-2-3　设置动画效果

2. 幻灯片切换

设定幻灯片的切换方式，也就是控制幻灯片如何移入或移出屏幕的切换效果，通过在"切换"功能区"切换到此幻灯片"功能组中选择相应的切换方式来实现，其有几十种切换效果可供选用，可逐一设定（或同时设定多张）幻灯片的切换方式。具体操作如下：

① 选择要进行切换效果的幻灯片，选择多张幻灯片时按住 Ctrl 键再逐个单击所需幻灯片。

② 切换到"切换"功能区，如图 5-2-4 所示。

图 5-2-4　"切换"功能区

③ 单击"计时"功能组中"声音"右侧的下拉按钮，可以对幻灯片切换时的声音进行设置。

④ 在"换片方式"栏中，可以设置是单击鼠标时换片，还是每隔指定时间自动换片，系统默认是"单击鼠标时"换片。

⑤ 单击"应用到全部"按钮，则作用于演示文稿的全部幻灯片，否则仅作用于所选幻灯片。

3. 声音效果

为了使幻灯片更加活泼、生动，还可以在幻灯片中插入影片和声音。

单击"插入"功能区"媒体"功能组中的"音频"按钮 🔊，在下拉列表中选择"PC 上的音频"命令，在打开的对话框中找到声音文件保存的位置，然后选中它并单击"插入"按钮。这时系统提示"是否需要在幻灯片放映时自动播放声音"，单击"是"按钮确认。插入的声音在放映幻灯片时会自动播放，如果想在放映之前先听一下，可以双击一下小喇叭状🔊图标。

也可以把自己的声音加到文稿里。插入的声音可以是 Office 2016 剪辑库中提供的现成文件，也可以是用户自己创建的声音文件，只要是 PowerPoint 支持的音频格式就行，如 WAV 格式的声音、MID 格式的声音文件、CD 音乐和 AVI 格式的影片文件。

插入影片和插入声音操作是非常相似的。单击"插入"功能区"媒体"功能组中的"视频"按钮。在弹出下拉列表中选择"PC 上的视频"命令，在打开的对话框中找到一个电影文件，选定一个影片之后单击"插入"按钮。系统会增加显示"视频工具－格式"和"视频工具－播放"两个功能区，单击"视频工具－播放"功能区"预览"功能组中的"播放"按钮，则开始播放。

4. 设置放映方式

单击"幻灯片放映"功能区"设置"功能组中的"设置幻灯片放映"按钮，在打开的"设置放映方式"对话框中可设置放映类型、幻灯片范围和换片方式等，如图 5-2-5 所示。

图 5-2-5
"设置放映方式"
对话框

（1）放映类型

- 演讲者放映（全屏幕）：这是常规的全屏幻灯片放映方式。可以用人工控制换片和动画或使用"幻灯片放映"功能区"设置"功能组中的"排练计时"命令设置时间。
- 观众自行浏览（窗口）：在标准窗口中观看放映，包含自定义菜单和命令，便于观众自己浏览演示文稿。
- 在展台浏览（全屏幕）：自动全屏放映，而且5分钟没有用户指令后会重新开始。观众可以更换幻灯片，或单击超级链接和动作按钮，但不能更换演示文稿。如果选中此选项，PowerPoint 会自动选中"循环放映，按 Esc 键终止"复选框。

（2）放映选项

- 循环放映，按 Esc 键终止：循环放映幻灯片，直到按下 Esc 键终止幻灯片放映。如果选中"在展台浏览（全屏幕）"复选框，只能放映当前幻灯片。
- 放映时不加旁白：观看放映时，不播放任何声音旁白。
- 放映时不加动画：显示每张幻灯片，不带动画。

（3）放映幻灯片

- 全部：播放所有幻灯片。当选中此单选按钮时，将从当前幻灯片开始放映。
- 从……到……：在幻灯片放映时，只播放在"从"和"到"框中输入的幻灯片范围。而且是从低到高播放该范围内所有幻灯片。例如输入从2到7，则播放时从第2张幻灯片开始播放，一直到第7张，第1张和第7张以后的幻灯片不放映。
- 自定义放映：运行在列表中选定的自定义放映（演示文稿中的子演示文稿）。

（4）换片方式

- 手动：放映时换片的条件是单击鼠标；或每隔数秒自动播放；或右击，在快捷菜单中选择"前一张""下一张"或"定位"命令。此时 PowerPoint 会忽略默认的排练时间，但不会删除。
- 如果存在排练时间，则使用它：使用预设的排练时间自动放映。如果幻灯片没有预设的排练时间，则仍然必须手动换片。

（5）绘图笔颜色

为放映时添加标注选择颜色。在放映幻灯片时，可右击，在弹出的快捷菜单中选择"指针选项"命令，可选择绘图笔的笔型及绘图笔的颜色。选择完后，便可在幻灯片放映过程中添加注释。添加完注释后，可按 Esc 键退出注释操作，鼠标恢复正常形状。若要删除注释，可在弹出的快捷菜单中选择"指针选项"→"橡皮擦"命令或"擦除幻灯片上的所有墨迹"命令。

5.2.3　项目实施

1. 第 1 张幻灯片动画设置

添加旋转动画

① 选中"重庆红岩联线景区欢迎您"文本框，单击"动画"功能区"高级动画"功能组中的"添加动画"按钮。

② 在弹出的"添加动画"下拉列表中选择"更多进入效果"命令，如图 5-2-3 所示。在打开的"添加进入效果"对话框中移动垂直滚动条，选择"细微型"列表中的"旋转"选项，然后单击"确定"按钮，如图 5-2-6 所示。

③ 在"动画窗格"任务窗格选中 1 ★ 重庆红岩联线景区欢... ▾ 动画，右击或者单击其右侧的黑三角按钮，在弹出的下拉列表中选择"效果选项"命令，如图 5-2-7 所示。

图 5-2-6
"添加进入效果"
对话框

图 5-2-7
"标题 1"的
效果选项

设置动画空格
内容

④ 在打开的"旋转"对话框"效果"选项卡"声音"下拉列表框中选择"鼓掌"选项；在"计时"选项卡"开始"下拉列表框中选择"单击时"选项，"期间"下拉列表框中选择"中速（2 秒）"选项，然后单击"确定"按钮，如图 5-2-8 所示。

温馨提示

　　添加动画效果时，若选择"进入"选项后，效果选项已在常用列表中，如"浮入"效果，就可在图 5-2-3 中直接选择，而不必打开"更多进入效果"对话框去选择。

图 5-2-8
设置声音效果

2. 第 2 张到第 6 张动画设置

方法与第 1 张幻灯片相同。根据需要，可以把幻灯片里的文字、图片等对象，选择"进入""强调""退出""动作路径"等不同效果选项，再设置不同的动画效果。

3. 插入视频

① 新建幻灯片或者选择其中的一张幻灯片，然后单击"插入"功能区"媒体"功能组中的"视频"按钮，在下拉列表中选择"PC 上的视频"命令，在打开的"插入视频文件"对话框中选择要插入的视频文件，如图 5-2-9 所示。

动画设置

插入视频

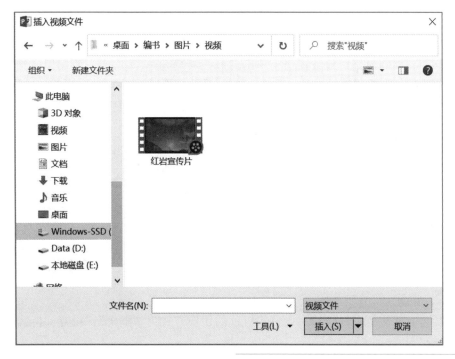

图 5-2-9
"插入视频文件"
对话框

② 播放设置为"从上一项之后开始"，完成设置，如图 5-2-10 所示。

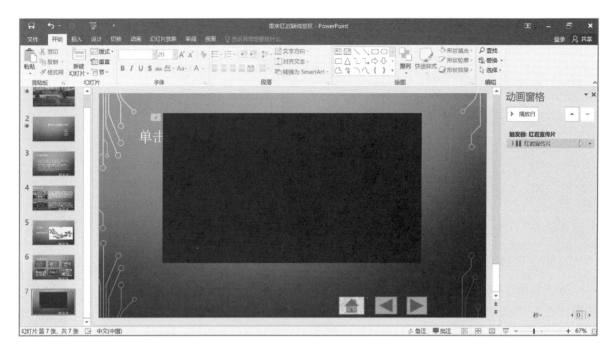

图 5-2-10　第 7 张幻灯片完成效果

4. 插入声音

插入音频

设置 PPT
切换效果

① 选中第 1 张幻灯片，然后单击"插入"功能区"媒体"功能组中的"音频"按钮，在下拉列表中选择" PC 上的音频"命令，在打开的"插入音频"对话框，选择"宣传背景音乐 .mp3"文件，单击"插入"按钮。

② 在"动画窗格"任务窗格中单击 `1▶ 宣传背景音乐 ▷ ·` 右侧的黑三角按钮，在下拉列表中选择"效果选项"命令，在打开的"播放音频"对话框的"效果"选项卡中，设置"停止播放"为"在（F）：6 张幻灯片后"，单击"确定"按钮完成设置，如图 5-2-11 所示。

③ 在动画列表中选中 `1▶ 宣传背景音乐 ▷ ·` 选项，设置动画的"开始"为"从上一项开始"，拖动 `1▶ 宣传背景音乐 ▷ ·`，将其播放顺序调整到第一的位置，如图 5-2-12 所示。

5. 幻灯片的切换

① 选中第 1 张幻灯片，然后在"切换"功能区"切换到此幻灯片"功能组中选择"华丽"型切换方式中的"时钟"样式，设置"持续时间"为"3 秒"，声音为"风铃"，如图 5-2-13 所示。

② 选中其他所有幻灯片，设置幻灯片的切换方式为"随机"，设置"持续时间"为"3 秒"。

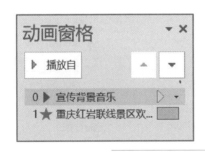

图 5-2-11
"播放音频"对话框

图 5-2-12
调整动画播放顺序

图 5-2-13 切换效果

6. 排练计时

排练计时可以控制幻灯片放映的节奏，并且在以后放映的过程中，可以免去手动切换的烦恼，实现幻灯片的自动播放。具体操作步骤如下：

设置排练计时
并播放

①单击"幻灯片放映"功能区"设置"功能组中的"排练计时"按钮，开始播放幻灯片，并且在屏幕左上角出现"录制"窗口，用来记录每张幻灯片的播放时间，如图 5-2-14 所示。

图 5-2-14
"录制"窗口

②幻灯片放映结束的时候，弹出如图 5-2-15 所示的对话框，单击"是"按钮，以后播放幻灯片时，会自动使用已经保存的计时标准来自动放映幻灯片。

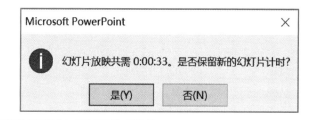

图 5-2-15
保存计时

③单击"幻灯片放映"功能区"设置"功能组中的"设置幻灯片放映"按钮，在打开的"设置放映方式"对话框右边"换片方式"下方选中"如果存在排练时间，则使用它"单选按钮，然后单击"确定"按钮，如图 5-2-16 所示。

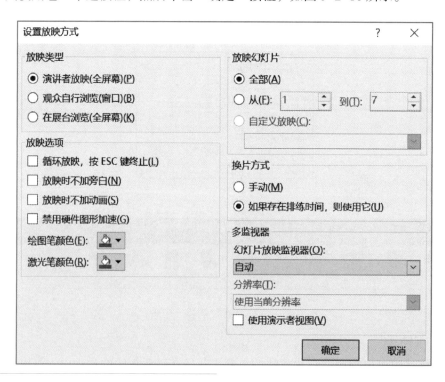

图 5-2-16
设置放映方式

④ 单击"视图"功能区"演示文稿视图"功能组中的"幻灯片浏览"按钮，在幻灯片浏览视图中，可以看到每张幻灯片的左下角都有一个时间标识，这表示排练计时操作设置成功。

本章小结

PowerPoint2016 是最为常用的多媒体演示软件，在学习和工作的各个领域都有着广泛的应用，它可以把文字、图表、动画、声音、影片等多媒体信息整合在一起，借助数字时代的多媒体放映工具，表达自己的想法或战略、促进交流、宣传文化和传授知识等。本章通过相关实例主要介绍了 PowerPoint 2016 软件的以下内容：

1. PowerPoint 2016 的入门介绍，包括基本功能、运行环境、启动、退出和窗口组成等知识。

2. 演示文稿的创建、保存和打开。

3. 设计模板、母版的基本概念和应用。

4. 幻灯片组成元素的添加和属性设置。

5. 幻灯片的插入、复制、删除和移动操作。

6. 幻灯片的背景设置。

7. 动作按钮和超链接设置。

8. 动画方案和自定义动画操作。

9. 幻灯片的切换方式设置。

10. 幻灯片的排练计时操作。

11. 幻灯片的放映设置和放映操作。

知识拓展

1. 请用 PowerPoint 制作主题为"我的家乡"的宣传稿（至少 4 张幻灯片），推介自己的家乡，让人们更多地了解家乡的巨大变化。将制作完成的示文稿以 WDJX.pptx 为文件名保存在桌面上。要求如下：

（1）标题用艺术字，其他文字内容、模板、背景等格式自定。

（2）绘图、插入图片（或剪贴画）等对象。

（3）各对象的动画效果自定，延时 3 秒自动出现。

（4）幻灯片切换时自动播放，样式自定。

2. 春节到了，请用 PowerPoint 制作一张贺卡送给自己的朋友，表达新年的祝福和慰问。将制作完成的演示文稿 CJHK.pptx 为文件名保存在桌面上。要求如下：

（1）标题："春节快乐"。

（2）文字内容：自拟。

（3）图片内容：绘制或插入你认为合适的图形（至少两幅）。

（4）基本要求如下：

① 标题任选艺术字。

② 模板、文稿中文字、背景、图片等格式自定。

③ 添加一个文本框，插入能发送到邮件的超链接。

④ 各对象有自定的动画效果，延时 3 秒自动出现。

⑤ 幻灯片切换时自动播放，样式自定。

第6章

计算机网络应用

知识提要

本章介绍计算机网络的基础知识和互联网的热门网络技术，并且通过 2 个具体实践来介绍如何完成无线拨号上网的设置以及常见网络故障的处理。最后将在扩展知识中介绍通信技术相关知识及如何采用 Visio 软件绘制网络拓扑图。

教学目标

◆ 掌握计算机网络的基本概念、起源及发展。

◆ 掌握 Internet 与计算机的关系。

◆ 掌握网络协议的基本概念。

◆ 理解 IP 地址与域名的工作原理。

◆ 了解计算机网络的热门技术。

◆ 掌握无线上网拨号设置。

◆ 掌握如何处理简单的网络故障。

◆ 掌握新一代信息技术基本概念和应用领域。

6.1   计算机网络与 Internet

6.1.1   计算机网络概念

目前，已公认的有关计算机网络的定义是：计算机网络是将地理位置不同，且有独立功能的多个计算机系统利用通信设备和线路互相连接起来，且以功能完善的网络软件（包括网络通信协议、网络操作系统等）为基础，实现网络资源共享的系统。从这个定义中，可见计算机网络具有以下 4 个显著的特点。

① 计算机网络是一个互联的计算机系统群体，在地理上是分散的。

② 计算机网络中的计算机系统是自治的，即每台主机都是独立工作的，它们向网络用户提供资源和服务（称为资源子网）。

③ 系统互联要通过通信设施来实现，通信设施一般是由通信线路及相关的传输、交换设备等组成（称为通信子网）。主机和子网之间通过一系列的协议实现通信。

④ 计算机网络的资源子网与通信子网的二级网结构如图 6-1-1 所示。

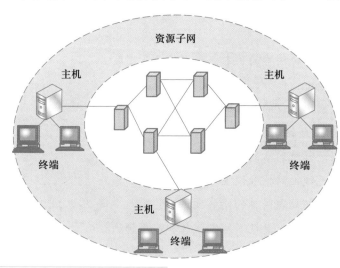

图 6-1-1
资源子网与通信子网

6.1.2   计算机网络的组成

由于网络是计算机技术和通信技术相互结合而成的，所以网络组成与通信技术和计算机技术都有联系。除此之外，网络的组成还必须匹配相应的网络软件系统。典型的计算机网络由计算机系统、数据通信系统、网络软件及协议三大部分组成。

1. 计算机系统

计算机系统是网络的基本模块，它作为网络中的一个节点，为网络内的其他计算机提供共享资源。在网络中，按照计算机系统的用途可分为服务器和客户机。

① 服务器。服务器（Server）是网络环境中的高性能计算机，它侦听网络上的其他计算机（客户机）提交的服务请求，并提供相应的服务。为此，服务器必须具有承担服务并且保障服务的能力。相对于普通 PC 来说，服务器在稳定性、安全性、性能等方面都有更高的要求，因此服务器的 CPU、芯片组、内存、磁盘系统、网络等硬件和普通 PC 有所不同。

② 客户机。简单来说，客户机（Client）就是用户使用的计算机，它在网络中数量大，分布广。

在网络中对服务器和客户机没有特别的区分，对于一台计算机来说，如果作为信息的提供者，那就是服务器；如果为信息的使用者，就是客户机。

2. 数据通信系统

计算机网络中，数据通信系统的任务是把数据源计算机所产生的数据迅速、可靠、准确地传输到目的计算机或专用外设。

从计算机网络技术的组成来看，一个完整的数据通信系统，一般有以下几个部分组成：数据终端设备、通信控制器、通信信道、网络互联设备。

① 数据终端设备：即数据的生成者和使用者，它根据协议控制通信的功能。最常用的数据终端设备就是网络中的计算机。当然随着网络的发展，数据终端设备还可以是网络中的手机、PDA 等。

② 通信控制器：它除能进行通信状态的连接、监控和拆除等操作外，还可接收来自多个数据终端设备的信息，并转换信息格式，如最常见的网卡就是通信控制器。

③ 通信信道：通信信道是信息在信号变换器之间传输的通道，如电话线路等模拟通信信道、专用数字通信信道、宽带电缆和光纤等。

④ 网络互联设备：网络互联设备就是在物理上把两种网络连接起来。实现一种网络与另一种网络互访与通信，解决它们之间协议方面的差别，处理速率与带宽的差别，处理数据信号的变换等功能。主要包括中继器、网桥、路由器、桥由器、网关、集线器、交换机和调制解调器。

3. 网络软件及协议

指在计算机网络环境中用于支持数据通信和各种网络活动的软件。通常根据系统本身的特点、能力和服务对象，为连入计算机网络的系统配置不同的网络应用系统。软件和协议的目的是为了本机用户共享网络中其他系统的资源，或是为了把本机系统的功能和资源提供给网络中其他用户使用。为此，每个计算机网络都制定了一套全网共同遵守的网络协议，并要求网络中每个主机系统配置相应的协议软件，以确保网络中不同系统之间能够可靠、有效地相互通信和合作。

6.1.3　计算机网络的分类

1. 按照网络覆盖的范围分类

可以将计算机网络分为局域网、城域网、广域网 3 种。

（1）局域网

局域网（Local Area Network，LAN）局域网是一种在小范围内实现的计算机网络，一般在一个建筑物内，或一个工厂、一个事业单位内部，为单位独有。局域网距离可在十几公里以内，信道传输速率可达 1 Mbit/s ～ 20 Mbit/s，结构简单，布线容易。

（2）城域网

城域网（Metropolitan Area Network，MAN）是在一个城市内部组建的计算机信息网络，提供全市的信息服务。目前，我国许多城市正在建设城域网。

（3）广域网

广域网（Wide Area Network，WAN）广域网范围很广，可以分布在一个省内、一个国家或几个国家。广域网信道传输速率较低，一般小于 0.1 Mbit/s，结构比较复杂。

（4）国际互联网

Internet 并不是一种具体的网络技术，而是将同类和不同类的物理网络（局域网、城域网、广域网）通过某种协议互联起来的一种高层技术。

2. 按照网络拓扑结构分类

大多数网络使用的拓扑结构有星形、环形、总线型、树形、网状型 5 种。

（1）星形拓扑结构

星形网络拓扑结构中，各节点通过到点的链路与中央节点连接如图 6-1-2 所示，中央节点可以转接中心，起到连通的作用，也可以是一台主机，此时具有数据处理和转接功能。

这种结构是由中央节点和通过点到点通信链路连接到中央节点的各个站点组成的，中央节点控制全网的通信，其中任何两个节点之间的通信都必须通过中央节点。星形结构的中央节点一般是交换机或集线器（Hub）。中央节点执行集中式通信控制策略，因此，中央节点相当复杂，而各个站点的通信负担都比较小。

星形结构的优点如下：

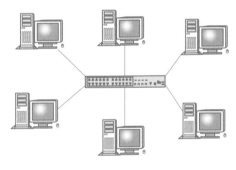

图 6-1-2　星形网络拓扑结构

- 控制简单。任何一个站点只和中央节点相连，因此介质访问控制很简单，访问协议也非常简单。
- 故障诊断和隔离容易。中央节点可以对线路进行逐一隔离来进行故障检测和定位，单个连接点故障不影响整个网络。

● 配置方便。中央节点可以方便为各个站点提供服务，或者重新配置网络。

星型结构的缺点如下：

● 电缆长度和安装费用高。因为每个站点直接连接到中央节点，所以这种拓扑结构需要大量电缆。电缆维护、安装等会产生高额费用。

● 扩展困难。如果要增加新的站点，就要增加到中央节点的连接。

● 过于依赖中央节点。若中央节点产生故障，则全网不能工作，所以对中央节点设备的可靠性和冗余度要求非常高。

（2）环形网络拓扑结构

环形结构在网络中使用较多，这种结构中的传输媒体从一个站点到另一个站点，直到将所有站点连成环形如图 6-1-3 所示。这种结构显然消除了站点通信时对中心系统的依赖性。

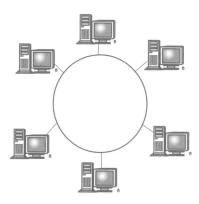

环形拓扑结构的优点如下：

● 电缆长度短，因为所有的站点都连接到一个公共数据通路，因此，只需要很短的电缆，减少了安装费用，易于布线和维护。

● 可用光纤，光纤的传输速度高，环形拓扑是单方向传输，光纤传输介质十分适用。

图 6-1-3　环形网络拓扑结构

（3）总线型网络拓扑结构

总线结构是使用同一媒体或电缆连接所有站点的一种方式，也就是说，连接站点的物理媒体由所有设备共享，如图 6-1-4 所示。使用这种结构必须解决的一个问题是确保站点使用媒体发送数据时不能出现冲突。在点到点链路配置时，这是相当简单的。如果这条链路是半双工操作，只需使用很简单的机制便可保证两个站点轮流工作。在一点到多点方式中，对线路的访问依靠控制端的探询来确定。然而，在网络环境下，由于所有数据站都是平等的，因此不能采取上述机制。对此，人们研究出一种在总线共享型网络中使用的媒体访问方法：带有碰撞检测的载波侦听多路访问，英文缩写为 CSMA/CD。

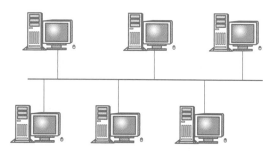

图 6-1-4　总线型网络拓扑结构

总线型拓扑结构的优点如下：

● 电缆长度短，容易布线。总线型拓扑结构和环形拓扑结构相似，所用电缆比星形拓扑结构要短得多。

● 可靠性高。总线的结构简单，又是无源元件，从硬件的观点看，十分可靠。

● 易于扩充。当需要增加新的站点时，只需要在总线的任何节点处接入，如需要增加长度，可通过中继器扩展。

总线型拓扑结构的缺点如下：

● 所有的数据都需经过总线传送，总线成为整个网络的瓶颈。

● 总线的传输距离有限，通信范围受影响。

● 在实际网络设置过程中，经常需要把几种拓扑结构综合在一起运用。

（4）树形网络拓扑结构

树形网络又称为分级的集中式网络。树形网络是星形网络的扩展，它采用分层结构，具有一个站点和多层分支站点如图6-1-5所示。

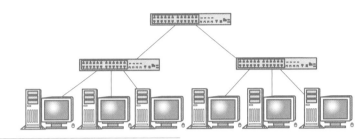

图 6-1-5
树形网络拓扑结构

树形网络的优点是网络结构简单、成本低、站点扩充方便灵活；在网络中任意两个站点间不产生回路，每个链路都支持双向传输。

树形网络的缺点是除了站点及其相连的链路外，任何一个工作站及其链路产生故障都可能影响网络系统的正常运行。

（5）网状型网络拓扑结构

网状型网络是网络上各个站点之间的连接时任意、无规则的连接，其中某个站点可能与其他几个站点相连，如图6-1-6所示。

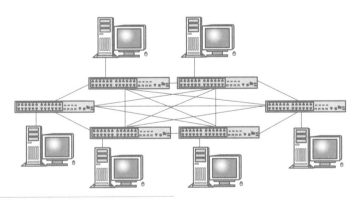

图 6-1-6
网状型网络结构

网状型网络的优点是可靠性高、兼容性好，由于每个传输链路都相互独立，故易于维护。

网状型网络的缺点是相对于其他网络来说，网状型网络安装困难，并难于增加新站点；由于网状型网络结构复杂，必须采用路由选择算法和流量控制方法。

6.1.4 TCP/IP 参考模型

TCP/IP 协议已经逐渐占据主导地位，因此 OSI 参考模型并没有流行开来，也从来没有存在一个完全遵守 OSI 参考模型的协议簇。

TCP/IP 起源于 20 世纪 60 年代末的一个分组交换网络项目，到 20 世纪 90 年代已发展成为计算机之间最常用的网络协议。它是一个真正的开放系统，因为协议簇的定义及其多种实现可以免费或花很少的钱获得。它已成为"全球互联网"或"因特网"（Internet）的基础协议簇。

与 OSI 参考模型一样，TCP/IP 也采用层次化结构，每一层负责不同的通信功能。但是 TCP/IP 协议简化了层次设计，只分为 4 层——应用层、传输层、网络层和网络接口层，如图 6-1-7 所示。

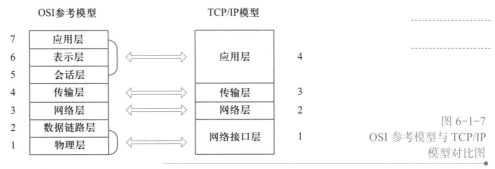

图 6-1-7
OSI 参考模型与 TCP/IP
模型对比图

通过对比，可以清楚地看出 TCP/IP 模型的应用层综合了 OSI 参考模型中的应用层、表示层、会话层。传输层和网络层还是分别对应 OSI 参考模型的传输层和会话层，而网络接口层就是 OSI 参考模型中的数据链路层和物理层的集合。

（1）网络接口层

TCP/IP 本身对网络层之下并没有严格的描述，但是 TCP/IP 主机必须使用某种下层协议连接到网络，以便进行通信。而且，TCP/IP 必须运行在多种下层协议上，以便实现端到端的网络通信。TCP/IP 的网络接口层正是负责处理与传输介质相关的细节，为上层提供一致的网络接口。因此，TCP/IP 模型的网络接口层大体对应于 OSI 模型的数据链路层和物理层，通常包括计算机和网络设备的接口驱动程序和网络接口卡等。

TCP/IP 可以基于大部分局域网和广域网技术运行，这些协议便可以划分到网络接口层。典型的网络接口层技术包括常见的以太网、FDDI（Fiber Distributed Data Interface，光纤分布式数据接口）和令牌环（Token Ring）等局域网技术，用于串行连接的 SLIP（Serial Line IP，串行线路 IP）、HDLC（Hing-level Data Link Control，高级数据链路控制）和 PPP（Point-to-Point Protocol，点到点协议）等技术，以及常见的 X.25、帧中继（Frame Relay）和 ATM（Asynchronous Transfer Mode，异步传输模式）等分组交换技术。

（2）网络层

网络层是 TCP/IP 体系的关键部分，其主要功能是使得主机能够将信息发往任何网络并传送到正确的目标。

基于这些要求，网络层定义了主要包格式及其协议——IP（Internet Protocol，互联网协议）。网络层使用 IP 地址（IP address）标识网络节点；使用路由协议（Routing Protocol）生成路由信息，并且根据这些路由信息实现包的转发，使包能够准确地发送到目的地；使用 ICMP、IGMP 这样的协议管理网络。TCP/IP 网络层在功能上与 OSI 网络层极其相似。

（3）传输层

传输层主要为两台主机上的应用程序提供端到端的连接，使源、目的端主机上的对等实体可以进行回话。

在 TCP/IP 协议族的传输层协议主要包括 TCP（Transmission Control Protocol）和 UDP（User Datagram Protocol）。其中 TCP 是面向连接的，可以保证通信两端的可靠传递，支持乱序恢复、差错重传和流量控制。而 UDP 是无连接的，它提供非可靠性数据传输，数据传输的可靠性由应用层保证。

（4）应用层

TCP/IP 模型没有单独的会话层和表示层，其功能融合在 TCP/IP 应用层中，应用层直接与用户和应用程序打交道，负责对软件提供接口以使程序能使用网络服务。这里的网络服务包括文件传输、文件管理、电子邮件的消息处理等。典型的应用层协议包括 HTTP、Telnet、FTP、SMTP、SNMP 等。

- HTTP 协议（HyperText Transfer Protocol，超文本传输协议）是用于从 WWW 服务器传输超文本到本地浏览器的传送协议。它可以使浏览器更加高效，使网络传输减少。它不仅保证计算机正确快速地传输超文本文档，还确定传输文档中的哪一部分，以及哪部分内容首先显示（如文本先于图形）等。

- Telnet 协议的名字具有双重含义，既指这种应用也指协议自身。Telnet 给用户提供了一种通过联网的终端登录远程服务器的方式。

- FTP（File Transfer Protocol，文件传输协议）是用于文件传输的 Internet 标准。FTP 支持文本文件（如 ASCII、二进制等）和面向字节流的文件结构。FTP 使用传输层协议 TCP 在支持 FTP 的终端系统间执行文件传输，因此，FTP 被认为提供了可靠的面向连接的文件传输能力，适合于远距离、可靠性较差的线路上的文件传输。

- SMTP（Simple Mail Transfer Protocol，简单邮件传输协议）支持文本邮件的 Internet 传输。所有的操作系统具有使用 SMTP 收发电子邮件的客户端程序，绝大多数 Internet 服务提供者使用 SMTP 作为其输出邮件服务的协议。SMTP 被设计成在各种网络环境下进行电子邮件信息的传输。实际上，SMTP 真正关心的不是邮件如何被传送，而是关心邮件能够顺利到达目的地。SMTP 具有健壮的邮件处理特性，这种特性允许邮件依据一定标准自动路由。SMTP 具有当邮件地址不存在时立即通知用户的能力，并且具有把在一定时间内不可传输的邮件返回发送方的特点。

- SNMP（Simple Network Mangement Protocol，简单网络管理协议）负责网络设备监控和维护，支持安全管理、性能管理等。

6.1.5 Internet 概述

Internet 又称因特网，它是一个世界范围内的巨大的计算机网络体系，它把全球数万个计算机网络，数亿台主机连接起来，包含了难以计数的信息资源，向全世界提供信息服务。它的出现，让世界从工业化变成数字化、信息化。

从网络通信的角度来看，Internet 是一个以 TCP/IP 网络协议连接各个国家、各个地区、各个机构的计算机网络的数据通信网。

从信息资源的角度来看，Internet 是一个集各个部门、各个领域的各种信息资源为一体，供网上用户共享的信息资源网。

从 Internet 逻辑结构角度看，它是一个使用路由器将分布在世界各地的、数以千万计的规模不一的计算机网络互联起来的大型网际网如图 6-1-8 所示。

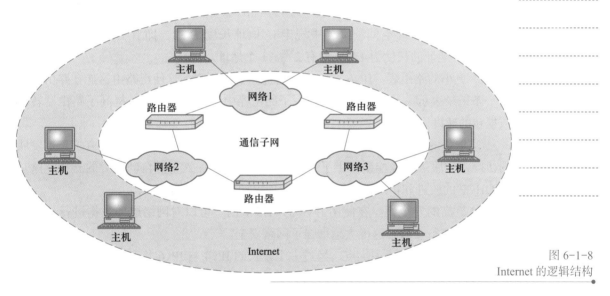

图 6-1-8
Internet 的逻辑结构

6.1.6 Internet 基本概念

1. TCP/IP

TCP 是传输层的传输协议，TCP 提供端到端的、可靠的、面向连接的服务。TCP/IP 即传输控制协议 / 网间协议，是一个工业标准的协议集，随着 TCP 在各行业中的成功应用，它已成为事实上的网络标准，广泛应用于网络主机间的通信。

2. IP 地址

平时说的 IP 地址，通常指的是 IPv4，IP 地址就像是人们的家庭住址一样，每个家庭地址的结构由省、自治区、直辖市或特别行政区和市、县、区、乡镇、街道、门牌号等组成，这样就有了这个唯一的家庭地址。如果要写信给一个人，就需要知道他（她）的地址，这样邮递员才能把信送到。计算机发送信息是就好比是邮递员送信，它必须知道唯一的"家庭地址"才能不至于把信送错人家。只不过人们的地址使用文字来表示的，而计算机的地址用十进制数字表示。

众所周知，在电话通信中，电话用户是靠电话号码来识别的。同样，在网络中为了区别不同的计算机，也需要给计算机指定一个联网专用号码，这个号码就是"IP 地址"。IP 地址的长度为 32 位，分为 4 段，每段 8 位，用十进制数字表示，每段数字范围为 0 ~ 255，段与段之间用句点隔开。

随着互联网的迅速发展，IPv4 定义的有限地址空间将被耗尽，地址空间的不足必将妨碍互联网的进一步发展。为了扩大地址空间，拟通过 IPv6 重新定义地址空间。IPv6 采用 128 位地址长度，几乎可以不受限制地提供地址。IPv6 不仅解决了地址短缺的问题，它还考虑了在 IPv4 中存在的端到端 IP 连接、服务质量、安全性、多播、移动性，即插即用等。相比 IPv4，IPv6 主要有以下几个方面的优点：

① 更大的地址空间。IPv4 中规定 IP 地址长度为 32，即有 $2^{32} - 1$ 个地址。而 IPv6 中 IP 地址的长度为 128，即有 $2^{128} - 1$ 个地址。

② 更小的路由表。IPv6 的地址分配遵循聚类原则，这使得路由器能在路由表中用一条记录表示一片子网，大大减少了路由器中路由表的长度，提高了路由器转发数据包的速度。

③ 增强的组播支持以及对流的支持。这使得网络上的多媒体应用有了长足发展的机会，为服务质量控制提供了良好的网络平台，加入了对自动配置的支持。这是对 DHCP 的改进和扩展，使得网络的管理更加方便和快捷。

④ 更高的安全性。在使用 IPv6 的网络中用户可以对网络层的数据进行加密并对 IP 报文进行校验，这极大地增强了网络安全。

鉴于此 IPv6 的诸多优点，经过一个较长的 IPv4 与 IPv6 共存的时期，IPv6 最终会完全取代 IPv4 在互联网上占据统治地位。

3. IP 组成与分类

（1）IP 地址组成

最初设计互联网络时，为了便于寻址以及层次化构造网络，每个 IP 地址包括网络号和主机号组成。同一个物理网络上的所有主机都使用同一个网络号，网络上的一个主机（包括网络上的工作站、服务器和路由器等）有一个主机号与其对应。

（2）IP 地址分类

为了适应不同大小的网络，Internet 委员会定义了 5 种 IP 地址类型以适应不同容量的网络，即 A 类~ E 类。其中表 6-1-1 列出的 A、B、C 这 3 类由 InternetNIC 在全球范围内统一分配，D 和 E 类为特殊地址。

表 6-1-1　A、B、C 3 类 IP 地址分配表

IP 类型	最高 4 位值	IP 地址范围	网络地址长度	主机地址长度	使用网络规模
A	0xxx	1 ~ 126	7	24	大型网络
B	10xx	128 ~ 191	14	16	中型网络
C	110x	192 ~ 223	21	8	小型网络

① 一个 A 类 IP 地址是指，在 IP 地址的 4 段号码中，第 1 段号码为网络号码，剩下的 3 段号码为本地计算机的号码。如果用二进制表示 IP 地址，那么 A 类 IP 地址就由 1 字节的网络地址和 3 字节主机地址组成，网络地址的最高位必须是 0。A 类 IP 地址中网络的标识长度为 8 位，主机标识的长度为 24 位，A 类网络地址数量较少，可以用于主机数达 1 600 多万台的大型网络。

A 类 IP 地址的地址范围为 1.0.0.1 ~ 126.255.255.255（二进制表示为：00000001 00000000 00000000 00000001 ~ 01111110 11111111 11111111 11111111）。

A 类 IP 地址的子网掩码为 255.0.0.0，每个网络支持的最大主机数为 $256^3 - 2 =$ 16 777 214 台。

② 一个 B 类 IP 地址是指，在 IP 地址的 4 段号码中，前两段号码为网络号码。如果用二进制表示 IP 地址，B 类 IP 地址就由 2 字节的网络地址和 2 字节主机地址组成，网络地址的最高位必须是 10。B 类 IP 地址中网络的标识长度为 16 位，主机标识的长度为 16 位，B 类网络地址适用于中等规模的网络，每个网络所能容纳的计算机数为 6 万多台。

B 类 IP 地址的地址范围为 128.1.0.0 ~ 191.255.255.255（二进制表示为：10000000 00000001 00000000 00000001 ~ 10111111 11111111 11111111 11111111）。

B 类 IP 地址的子网掩码为 255.255.0.0，每个网络支持的最大主机数为 $256 \times 256 - 2 = 65\ 534$ 台。

③ 一个 C 类 IP 地址是指，在 IP 地址的 4 段号码中，前 3 段号码为网络号码，剩下的一段号码为本地计算机的号码。如果用二进制表示 IP 地址，C 类 IP 地址就由 3 字节的网络地址和 1 字节主机地址组成，网络地址的最高位必须是 110。C 类 IP 地址中网络的标识长度为 24 位，主机标识的长度为 8 位，C 类网络地址数量较多，适用于小规模的局域网络，每个网络最多只能包含 254 台计算机。

C 类 IP 地址的地址范围为 192.0.1.1 ~ 223.255.255.255（二进制表示为：11000000 00000000 00000001 00000001 ~ 11011111 11111111 11111111 11111111）。

C 类 IP 地址的子网掩码为 255.255.255.0，每个网络支持的最大主机数为 $256 - 2 =$ 254 台。

4. 子网与子网掩码

（1）子网

网络标识相同的计算机必须属于同一个网络，一个 B 类的 IP 网络，在理论上

是允许六万多台计算机连接的，但在实际网络结构中这种一般是不存在的，这样就浪费了资源，为解决日益增长的网络设备 IP 需求与日益减少的网络 IP 的矛盾和日益增加的网络号与有限空间存储路由的矛盾，因此子网划分应运而生。

在一个有许多物理网络的单位，可以将所属的物理网络划分为 N 个子网，如图 6-1-9 所示，至于划分几个，这要看单位自己内部需求了，除了本单位外，在外部网络看来，还是只有一个网络，也就是说这个子网对网络来说是不可见的。而它的划分方法是从网络的主机号借用几位作为子网号，所以主机号也要相应减小同样的位数。在 IP 和网络分层提过，分类的 IP 是两级的地址（网络号，主机号），但如今对本单位来说，这个 IP 地址已经变成三级 IP 地址了（网络号，子网号，主机号）。现在，有个数据包从外部网络要发给本单位 C 号子网的某个主机，它会先根据数据报文中目的 IP 的网络号（划分子网，只是把 IP 的地址的主机号在划分）找到连接在单位网络上的路由器，然后这个路由器在收到数据包后，按目的网络号和子网号找到这个 C 号子网，在找到目标主机，然后把数据包交给目的主机。

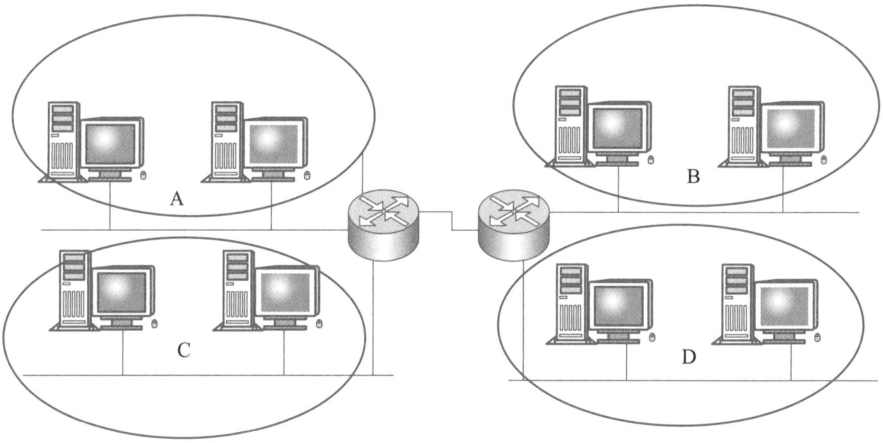

图 6-1-9
子网

（2）子网掩码

子网掩码（Subnet Mask）又叫网络掩码、地址掩码，用来指明一个 IP 地址的哪些位标识主机所在的子网，哪些位标识主机。子网掩码不能单独存在，必须和 IP 地址一起使用。子网掩码只有一个作用，就是将一个 IP 地址划分成网络地址和主机地址两部分。在网络层协议网络中，不同主机之间通信的情况可以分为如下两种。

● 同一个网段中两台主机之间相互通信。

● 不同网段中两台主机之间相互通信。

如果是同一网段内的两台主机通信，则一台主机将数据直接发送给另台主机；如果是不同网段的两台主机通信，则主机将数据送给网关，由网关进行转发。为了区分这两种情况，通信的计算机需要获取远程主机 IP 地址的网络地址部分以做出判断。

- 如果源主机的网络地址＝目标主机的网络地址，则为相同网段主机之间的通信。
- 如果源主机的网络地址≠目标主机的网络地址，则为不同网段主机之间的通信。因此对一台计算机来说，关键问题就是如何获取远程主机 IP 地址的网络地址，这就需要借助子网掩码（Netmask）。

子网掩码的组成。与 IP 地址一样，子网掩码也是由 32 个二进制位组成。对应 IP 地址的网络部分用 1 表示，对应 IP 地址的主机部分用 0 表示，通常也是由 4 个点号分开的十进制数表示。当为网络中的节点分配 IP 地址时，也要一并给出每个节点使用的子网掩码。对 A、B、C 三类地址来说，通常情况下都是使用默认子网掩码。

- A 类地址的默认子网掩码是 255.0.0.0。
- B 类地址的默认子网掩码是 255.255.0.0。
- C 类地址的默认子网掩码是 255.255.255.0。

用子网掩码判断，IP 地址在网络号和主机号在方法是用 IP 地址与相应的子网掩码进行 AND 运算，这样可以区分出网络号部分和主机号部分，二进制 AND 运算规则见表 6-1-2。

表 6-1-2　二进制 AND 的运算规则

组合类型	结果	组合类型	结果
0 AND 0	0	1 AND 0	0
0 AND 1	1	1 AND 1	1

例如：IP 地址 11000000.00001010.00001010.00000110 192.10.10.6

　　　　子网掩码 1111111.11111111.1111111.0000000；255.255.225.0

AND　——————————————————————————————————

　　　　　　1100000.00001010. 00001010.00000000 192.168.10.0

这是一个 C 类 IP 地址和子网掩码，该 IP 地址的网络号为 192.168.10.0，主机号为"6"上述的子网掩码的使用实际上是一个 C 类地址作为一个独立的网络，前 24 位为网络号，后 8 位为主机号，一个 C 类地址可以容纳主机数为 $2^8 - 2 = 254$（全 0 和全 1 除外）。

5. 域名系统

域名系统 DNS（Domain Name System）是 Internet 使用的命名系统，用来把便于人们使用的机器名字转换为 IP 地址，域名系统很明确地指明这种系统是用在 Internet 中。

域名的结构由若干个分量组成，各分量分别代表不同级别的域名，分量之间用点隔开，格式如下：

主机名 . 三级域名 . 二级域名 . 顶级域名

顶级域名分配，顶级域名有三大类：

国家顶级域名。如 cn 表示中国，ru 表示俄罗斯，fr 表示法国等，现在使用的国家顶级域名有 200 多个。通用顶级域名见表 6-1-3。

表 6-1-3　通用顶级域名

域名	组织类型	域名	组织类型
com	商业机构	firm	公司企业
edu	教育部门	shop	销售公司与企业
gov	政府部门	web	突出万维网服务单位
org	非商业组织	arts	突出文化艺术活动的单位
net	网络服务机构	rec	突出消遣娱乐活动的单位
nam	个人	info	提供信息服务

而在中国，中国互联网信息中心（CNNIC）负责管理我国的顶级域，它将 cn 域划分为多个二级域。

Internet 主机域名的格式为：主机名 . 三级域名 . 二级域名 . 顶级域名，如图 6-1-10 所示。

图 6-1-10
域名格式

6. Internet 应用

Internet 是一个涵盖极广的信息库，它存储的信息上至天文，下至地理，三教九流，无所不包，以商业、科技和娱乐信息为主。除此之外，Internet 还是一个覆盖全球的枢纽中心，通过它，用户可以了解来自世界各地的信息，收发电子邮件，和朋友聊天，网上购物，观看影片，阅读网上杂志，还可以聆听音乐会。

（1）Web 服务

Internet 上最热门的服务之一就是 Web（World Wide Web，简称 Web）服务，Web 已经成为很多人在网上查找、浏览信息的主要手段。Web 是一种交互式图形界面的 Internet 服务，具有强大的信息连接功能。它使得成千上万的用户通过简单的图形界面就可以访问各个大学、组织、公司等的最新信息和各种服务。

（2）Web 浏览器

Web 的客户端程序被称为 Web 浏览器，它是一种浏览 Internet 上的主页（Web 文档）的软件，可以说是 Web 的窗口。Web 浏览器为用户提供了用户寻找 Internet 上内容丰富，形式多样的信息资源的便捷途径。

现在的浏览器功能强大，利用它可以访问 Internet 上的各类信息，目前浏览器基本上都支持多媒体，可以通过浏览器来播放声音、动画和视频，介绍 Internet Explorer 浏览器的使用。

用鼠标双击桌面上图标 Internet Explorer，打开浏览器，在地址栏中输入或复制粘贴所要访问的网址，如图 6-1-11 所示。

图 6-1-11
浏览器使用

（3）统一资源定位符 URL

HTML 的超链接使用统一资源定位器 URL（Uniform Resource Locators）来定位信息资源所在位置。URL 描述了浏览器检索资源所用的协议、资源所在计算机的主机名，以及资源的路径与文件名。Web 中的每一页，以及每页中的每个元素（图形、热字或是帧）也都有自己唯一的地址。标准的 URL 如图 6-1-12 所示。

$$\text{http://www.cqvie.edu.cn/index.html}$$

访问类型   访问主机   访问的文件

图 6-1-12
标准的 URL

图 6-1-12 表示的是：用户要连接到名为 www.cqvie.edu.cn 的主机上，采用 http 方式读取名为 index.html 的超文本文件。

URL 是在一个计算机网络中用来标识、定位某个主页地址的文本。简单地说，URL 提供主页的定位信息，用户可以看到浏览器在定位区内显示 URL。用户一般不需要了解某一主页的 URL，因为有关的定位信息已经被包括在加亮条的链接信息之中，当用户选择某一加亮条时，浏览器就已经知道了它的 URL。同时，浏览器提供让用户直接输入 URL，以便对 WWW 进行访问的功能。

（4）电子邮件

电子邮件（Electronic mail）简称为 E-mail，它是一种通过 Internet 与其他用户进行联系的快速、简便、价廉的现代化通信手段。它建立在 TCP/IP 的基础上，将数据在 Internet 上从一台计算机传送到另一台计算机。电子邮件可以将文字、图像、语音等多种类型的信息集成在一个邮件中传送，因此它已经成为多媒体信息传送的重要手段。

一个电子邮件系统主要由三部分组成：用户代理，邮件服务器和电子邮件使用的协议，如图 6-1-13 所示。

图 6-1-13
SMTP 客户机／服务器模型

用户代理是用户和电子邮件系统的接口，也叫邮件客户端软件，它让用户通过一个友好的接口来发送和接收邮件。Windows 平台上的 Outlook Express、foxmail 等。用户代理应具有编辑、发送、接收、阅读、打印、删除邮件的功能，下面介绍 Outlook Express 电子邮件的使用。

① 在"开始"菜单选择"Microsoft Office 2016"→"Outlook 2016"命令，打开 Outlook 2016 启动界面，如图 6-1-14 所示。

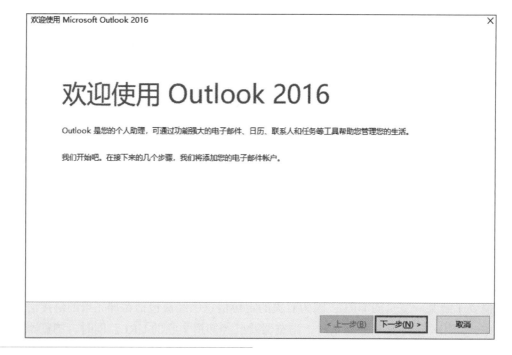

图 6-1-14
Outlook 2016
启动界面

② 单击"下一步"按钮，选中"是"单选按钮，单击"下一步"按钮，如图 6-1-15 所示。

③ 选中"手动设置或其他服务器类型"单选按钮，单击"下一步"按钮，如图 6-1-16 所示。

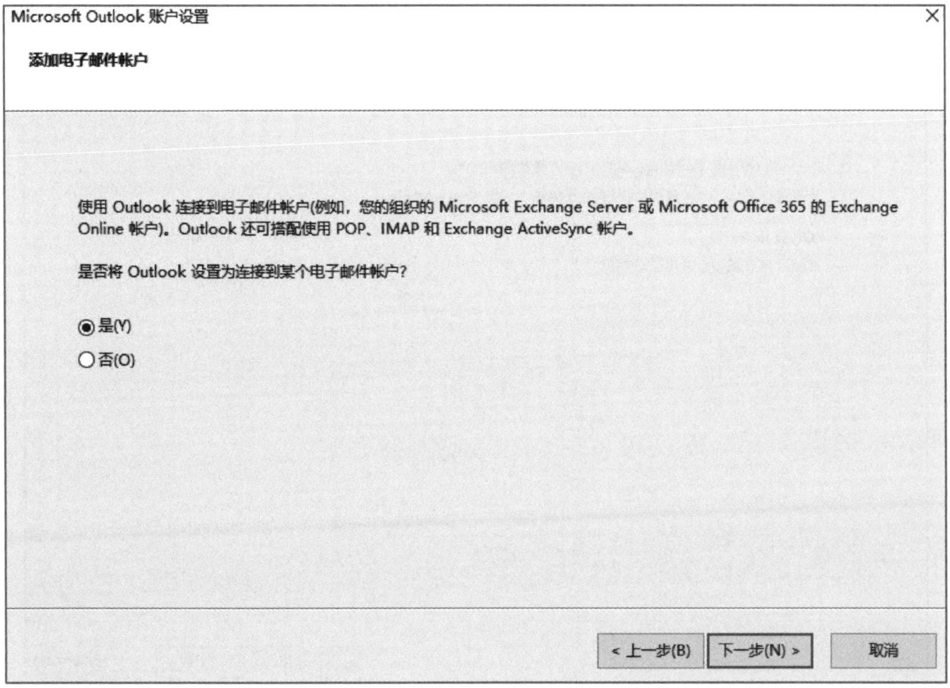

Microsoft Outlook 账户设置 ✕

添加电子邮件帐户

使用 Outlook 连接到电子邮件帐户(例如,您的组织的 Microsoft Exchange Server 或 Microsoft Office 365 的 Exchange Online 帐户)。Outlook 还可搭配使用 POP、IMAP 和 Exchange ActiveSync 帐户。

是否将 Outlook 设置为连接到某个电子邮件帐户?

⦿ 是(Y)

◯ 否(O)

< 上一步(B)　　下一步(N) >　　取消

图 6-1-15
选择添加邮件
账户

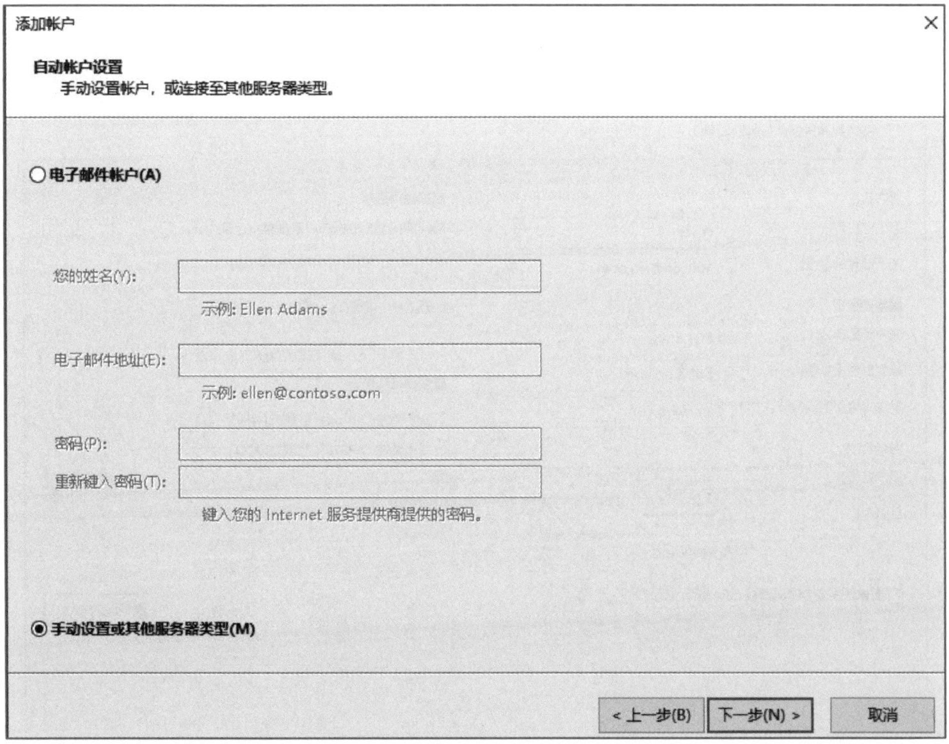

添加帐户 ✕

自动帐户设置
手动设置帐户,或连接至其他服务器类型。

◯ **电子邮件帐户(A)**

您的姓名(Y): _____
示例: Ellen Adams

电子邮件地址(E): _____
示例: ellen@contoso.com

密码(P): _____

重新键入密码(T): _____
键入您的 Internet 服务提供商提供的密码。

⦿ **手动设置或其他服务器类型(M)**

< 上一步(B)　　下一步(N) >　　取消

图 6-1-16
模式设置选项

④ 选中"POP 或 IMAP"单选按钮,单击"下一步"按钮,如图 6-1-17 所示。

图 6-1-17
选择电子
邮件服务

⑤设置电子邮件地址，接收和发送服务器信息等，如图 6-1-18 所示。

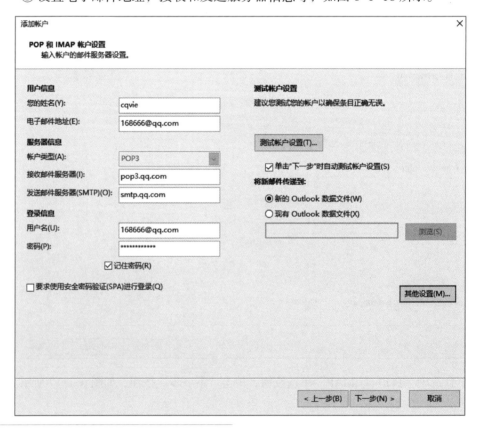

图 6-1-18
设置信息

⑥ 完成设置电子邮件地址，接受和发送服务器信息完成后，单击"其他设置"按钮，在打开的对话框"发送服务器"选项卡中，选中"我的发送服务器（SMTP）要求验证"复选项，如图 6-1-19 所示。

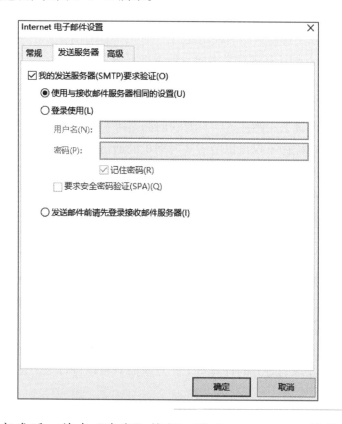

图 6-1-19
发送服务器的验证设置

⑦ 设置完成后，单击"确定"按钮，进入 Outlook 2016 的操作界面，如图 6-1-20 所示，可以进行电子邮件的收发。

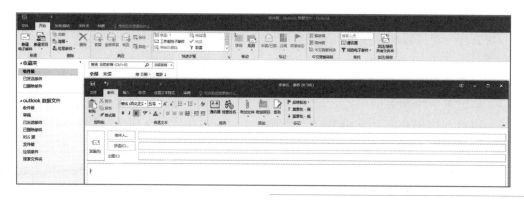
图 6-1-20
Outlook 操作
界面

（5）文件传输

文件传输是指网络将文件从一个计算机复制到另一个计算机系统过程，在Internet 中用户通过 FTP 服务可以在两台远程计算机之间传输文件，网络上存在着大量的共享文件，获得这些文件的主要方式是 FTP，FTP 服务是基于 TCP 的连接，端口号为 21。若想获取 FTP 服务器的资源，需要拥有该主机的 IP 地址（主机域名）、账号、密码。但许多 FTP 服务器允许用户用匿名用户名登录，口令任意，一般为电子邮件地址。

FTP 可以实现文件传输的两种功能：

- 下载 download：从远程主机向本地主机复制文件。
- 上传 upload：从本地主机向远程主机复制文件。

Internet 由于采用了 TCP/IP 协议作为它的基本协议，所以在 Internet 中无论两台计算机在地理位置上相距多远，只要它们都支持 FTP 协议，它们之间就可以随时相互传送文件。这样做不仅可以节省实时联机的通信费用，而且可以方便地阅读与处理传输来的文件。更加重要的是，Internet 上许多公司、大学的主机中含有数量众多的公开发行的各种程序与文件，这是 Internet 上的巨大和宝贵的信息资源。利用 FTP 服务，用户就可以方便地访问这些信息资源。

同时，采用 FTP 传输文件时，不需要对文件进行复杂的转换，因此具有较高的效率。Internet 与 FTP 的结合，等于使每个联网的计算机都拥有了一个容量巨大的备份文件库，这是单个计算机无法实现的。但是，这也造成了 FTP 的一个缺点，那就是用户在文件下载到本地之前，无法了解文件的内容。所谓下载就是把远程主机上软件、文字、图片、图像与声音信息转到本地硬盘上。

① FTP 文件传输方式。文件传送服务是一种实时的联机服务。在进行文件传送服务时，首先要登录到对方的计算机上，登录后只可以进行与文件查询、文件传输相关的操作。

使用 FTP 可以传输多种类型的文件，如文本文件、二进制可执行程序、声音文件、图像文件与数据压缩文件等。

② 如何使用 FTP。使用 FTP 的条件是用户计算机和向用户提供 Internet 服务的计算机能够支持 FTP 命令，FTP 提供的命令十分丰富，涉及文件传输、文件管理、目录管理与连接管理等方面。根据所使用的用户账户不同，可将 FTP 服务分为以下两类：

- 普通 FTP 服务。
- 匿名 FTP 服务。

用户在使用普通 FTP 服务时，必须建立与远程计算机之间的链接。为了实现 FTP 连接，首先要给出目的计算机的名称或地址，当连接到宿主机后，一般要进行登录，在检验用户 ID 号和口令后，连接才得以建立。因此用户要在远程主机上建立一个账户。对于同一目录或文件，不同的用户拥有不同的权限，所以在使用 FTP 过程中，如果发现不能下载或上传某些文件时，一般是因为用户权限不够。但许多 FTP 服务器允许用户用 anonymous 用户名匿名登录。口令任意，一般为电子邮件地址。用自己的 E-mail 地址作为用户密码，匿名 FTP 服务器便可以允许这些用户登录到这台匿名 FTP 服务器中，提供文件传输服务。如果是通过浏览器访问 FTP 服务器，则不用登录，就可访问到提供给匿名用户的目录和文件。

7. Internet 的接入方式

用户的计算机要接入 Internet 的方法有多种，一般都是通过联系 Internet 服务提供商（ISP）派人根据当前的情况实际查看，连接并进行 IP 地址的分配，网关及 DNS 设置等，从而实现上网。

目前，总体接入 Internet 的方法主要有 ADSL 拨号上网和光纤宽带上网两种。以下主要介绍 ADSL 拨号上网所需的基本硬件和软件设置。

（1）连接 Internet 的硬件设备

① 光 Modem：也称为单端口光端机，如图 6-1-21 所示。是针对特殊用户环境而研发的一种三件一套的光纤传输设备。该设备采用大规模集成芯片，电路简单，功耗低，可靠性高，具有完整的告警状态指示和完善的网管功能。可进行基于 IP 的管理。适用于服务商提供光纤到户，通过光 Modem 把光信号转换成电信号（以太网信号），然后通过路由器连接用户端（手机、计算机）或者路由器。

② 路由器（Router）：是连接两个或多个网络的硬件设备，在网络间起网关的作用，是读取每一个数据包中的地址，然后决定如何传送的专用智能性的网络设备，如图 6-1-22 所示。

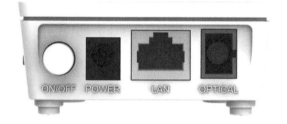

图 6-1-21　光纤 Modem

图 6-1-22　路由器

路由器的一个作用是连通不同的网络，另一个作用是选择通畅快捷的近路，能大大提高通信速度，减轻网络系统通信负荷，节约网络系统资源，提高网络系统畅通率。

③ 光纤：是一种由玻璃或塑料制成的纤维，可作为光传导工具，如图 6-1-23 所示。利用交换机或其他终端转换为普通 RJ-45 网线接到计算机上。由交换机或其他终端自动分配 IP，内网 IP 需要在终端后台设置。按光在光纤中的传输模式可分为单模光纤和多模光纤两类。

④ 双绞线：是连接局域网必不可少的，如图 6-1-24 所示。在局域网中常见的网线主要有双绞线、同轴电缆、光缆 3 种。双绞线是由一对相互绝缘的金属导线绞合而成。

图 6-1-23
光纤

图 6-1-24
网线

双绞线端接有两种标准：T568A 和 T568B，双绞线的连接方法也主要有直通线缆和交叉线缆两种。直通线缆的水晶头两端都遵循 T568B 标准，它主要用在交换机（或集线器）Uplink 口连接交换机（或集线器）普通端口或交换机普通端口连接计算机网卡。而交叉线缆的水晶头一端遵循 568A，而另一端则采用 568B 标准，即 A 水晶头的 1、2 对应 B 水晶头的 3、6，而 A 水晶头的 3、6 对应 B 水晶头的 1、2，它主要用在交换机（或集线器）普通端口连接到交换机（或集线器）普通端口或网卡和网卡相连。

制作双绞线需要准备网线、水晶头、网线钳、测试仪等材料和工具。

① 用压线钳将网线两端的外皮剥去约 5cm 长，以 T568B 标准顺序将线芯撸直排序，如图 6-1-25 所示。

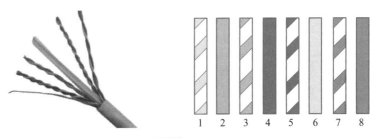

图 6-1-25
网线排序

② 将排序好的 8 种颜色芯线并排放到压线钳切刀处，8 根线保持在同一平面上并拢且尽量撸直，留下一定的线芯长度，大概 1.5cm 处用压线钳剪齐，如图 6-1-26 所示。

③ 将双绞线插入 RJ-45 水晶头中，插入过程均衡力度直到插到尽头。并且检查 8 根线芯是否已经全部充分、整齐地排列在水晶头里面，如图 6-1-27 所示。

图 6-1-26
剪齐网线

图 6-1-27
网线插入水晶头中

④ 将水晶头放入压线钳，并用力压紧水晶头，抽出即可如图 6-1-28 所示。

⑤ 按以上步骤做好网线另一端的水晶头接口。两头都做好后，把网线的两端分别插到测试仪上进行网线连通性测试，如图 6-1-29 所示。如果网线制作成功，两排的指示灯按照 1、2、3、4、5、7、8 的顺序从上到下同步亮起，如果两端的灯未同步亮，说明网线制作存在问题，应重新制作。

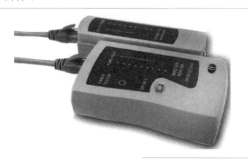

图 6-1-28
压水晶头

图 6-1-29
测试网线

（2）硬件设备连接

首先确定光 Modem、路由器的安装位置，一般光纤的接入主要由运营商从楼道弱电井将光纤接入家中的光 Modem 上。光纤接入 Modem 后，用网线分别从 Modem 的 LAN 接口连接到路由器 WAN 口，再用另一根网线从路由器的 LAN 口接入计算机网卡接口中如图 6-1-30 所示。

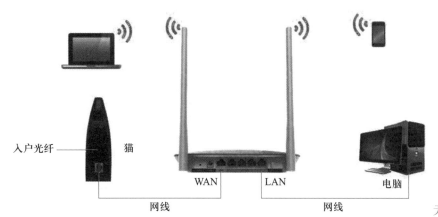

入户光纤 —— 猫   WAN   LAN   电脑
网线   网线

图 6-1-30
无线上网硬件设备连接

（3）Internet 上网设置

家庭宽带局域网的正确组建是保证计算机、手机等终端能正常上网的前提。本任务介绍路由器的账号和密码、上网账号和密码、有线局域网 IP 地址、无线局域网等的设置，为用户正常上网搭建环境。

家庭宽带连接设置主要是对路由器进行配置，首先要有已经安装好 Windows 操作系统的计算机；然后通过计算机的浏览器登录到路由器；最后是根据需要开展各项配置。具体配置操作如下：

① 右击桌面右下角的网络连接图标，在弹出的菜单中选择"打开'网络和 Internet'设置"命令，如图 6-1-31 所示，打开"网络"窗口。

图 6-1-31
网络设置

② 右击"本地连接"图标，然后在快捷菜单中选择"属性"命令，如图 6-1-32 所示，打开"属性"对话框。

③ 选择"Internet 协议版本 4（TCP/IPv4）"选项，然后单击"属性"按钮，如图 6-1-33 所示。

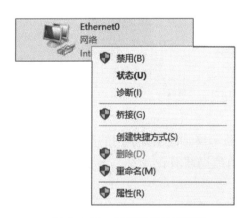

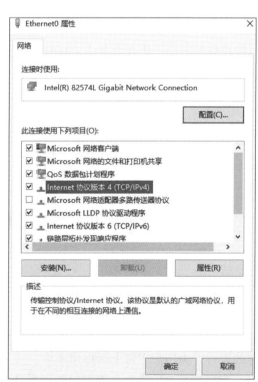

图 6-1-32   网络设置快捷菜单   图 6-1-33   IP 设置

④ 在"Internet 协议版本 4（TCP/IPv4）属性"对话框中选中"自动获得 IP 地址"和"自动获得 DNS 服务器地址"单选按钮，单击"确定"按钮，如图 6-1-34 所示。

⑤ 打开 IE 浏览器，在地址栏中输入路由器的 IP 地址，路由器的 IP 地址一般标识在其背面或者说明书里，通常为 192.168.1.1 或 192.168.0.1，如图 6-1-35 所示。在对话框中输入用户名和密码，默认用户名和密码均为 "admin"。

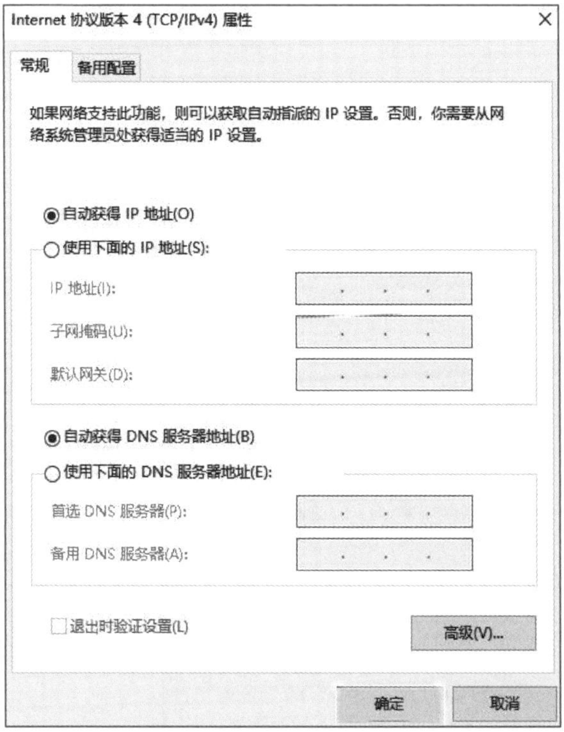

图 6-1-34　IP 设置自动获得 　　　　　　　　　　　　图 6-1-35　路由器配置

⑥ 单击 "设置向导"，进入路由器配置界面，选中 "PPPoE（ADSL 虚拟拨号）" 单选按钮，然后单击 "下一步" 按钮，如图 6-1-36 所示。

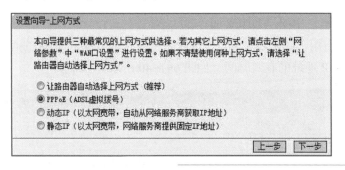

图 6-1-36
选择上网方式

⑦ 在对话框中输入服务商提供的上网账号和密码（在运营商开通网络时，由运营商提供），如图 6-1-37 所示。

⑧ 输入完毕后，单击 "下一步" 按钮进行无线网络设置，无线网络的 SSID 可以默认或自定义，PSK 密码自行进行设置，如图 6-1-38 所示。

⑨ 单击 "下一步" 按钮完成无线设置，单击 "重启" 按钮使设置生效，如

图 6-1-39 所示。

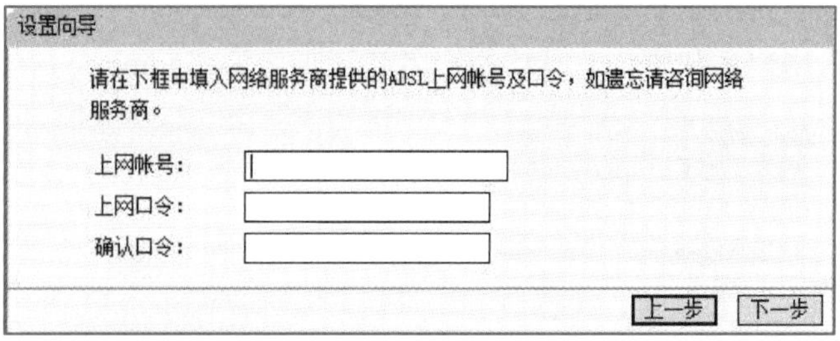

图 6-1-37
输入账号和密码

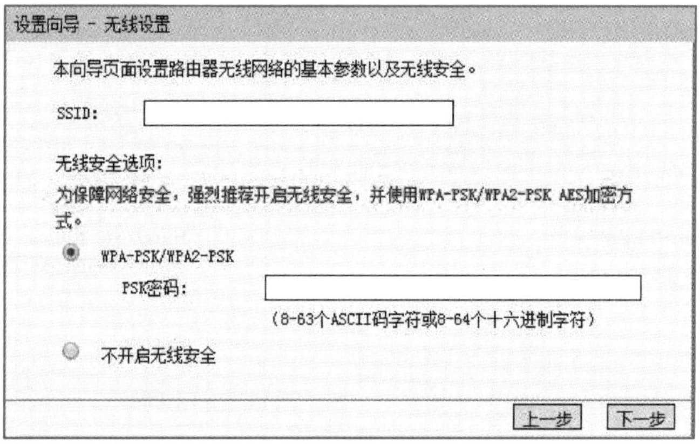

图 6-1-38
设置无线网络

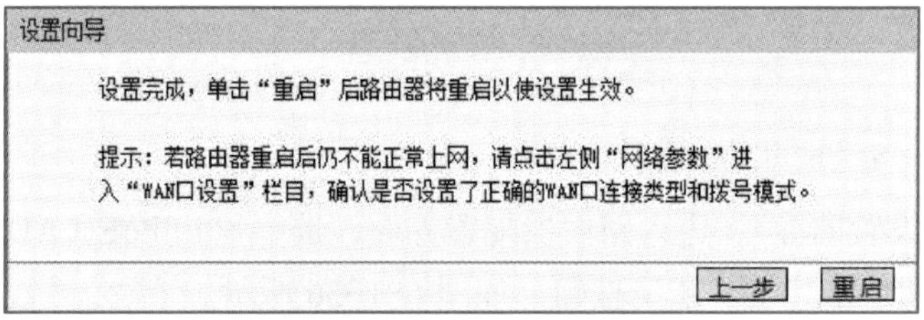

图 6-1-39
重启路由器

⑩ 选择菜单栏中的"DHCP 服务器",设置台式计算机以自动获取 IP 地址方式
上网,选择"启用"DHCP 服务器,设置路由器自动分配 IP 地址的起始范围,以及
分配给计算机 IP 地址的有效时间,如图 6-1-40 所示。

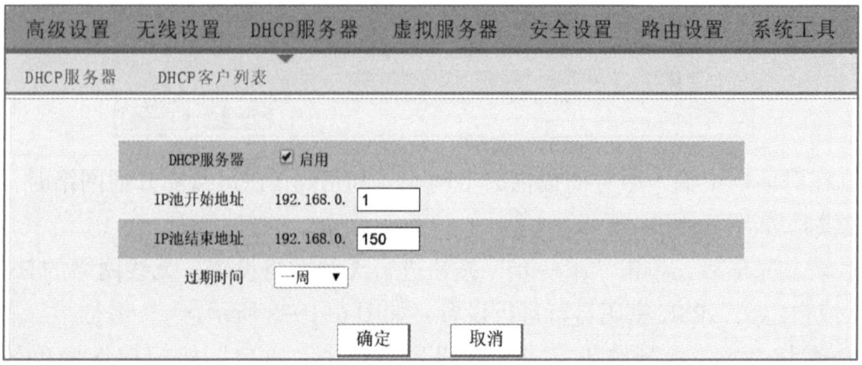

图 6-1-40
DHCP 服务设置

6.2 网络的常见应用

随着网络的快速发展，互联网已成为人们在家学习、生活、工作、娱乐中不可缺少的信息获取渠道和主要社交平台。本项目学习家庭宽带网络的选择、安装与设置。通过本项目的学习，能根据需要选择相应的宽带网络，能安装和设置家庭宽带网络，以及常见宽带网络故障的处理。

6.2.1 网络故障现象

网络故障是指网络因为某些原因而不能正常、有效地工作，或者网络连接出现中断。网络很复杂，牵涉很多方面，硬件的问题、软件的漏洞、病毒的侵入等都可以引起网络的故障。硬件故障一般都是由架构网络的设备引起的，如网卡、网线、路由器、交换机、调制解调器等。软件故障则可能有很多原因，如因系统不稳定造成的故障、因病毒造成的故障、因软件存在漏洞造成的故障等。由此可得出：

根据网络故障的分类，检测故障的工具也可分为硬件工具和软件工具。硬件工具可分为传输介质测试工具和网络协议、数据流量分析工具两大类；软件工具则可分为系统自带的工具和测试软件。

1. 网络故障现象与故障处理

网络中出现的一些常见故障通常可通过系统命令来检测与排除，常用的有ping、ipconfig、tracert等命令。

（1）ping命令的使用

ping命令主要用于检查路由能否到达。使用ping命令可以向计算机发送ICMP（Internet控制消息协议）数据包并监听回应数据包，以校验与远程或本地计算机的连接。使用ping命令还可以测试计算机名/域名和IP地址，若能够成功校验IP地址却不能成功校验计算机名或域名，则说明名称解析存在问题。

① 获取ping命令的参数信息。进入命令提示符状态下，在提示符下输入"ping/?"（或者输入"ping/help"）并按下Enter键，即可显示出ping命令的参数说明信息，如图6-2-1所示。

② 使用ping命令时的常见错误信息。

Unknown host（不知名主机）：表示该远程主机的名称不能被域名服务器转换成IP地址。故障原因可能是域名服务器有故障，或者其名称不正确，或者网络管理员的系统与远程主机之间的通信线路有故障。在这种情况下使用ping命令时将会显示下面的提示信息：

如输入：C:\ windows >ping www.163.com

将会显示：Unknown host www.163.com

```
C:\Users\Administrator>ping/?

用法: ping [-t] [-a] [-n count] [-l size] [-f] [-i TTL] [-v TOS]
            [-r count] [-s count] [[-j host-list] | [-k host-list]]
            [-w timeout] [-R] [-S srcaddr] [-c compartment] [-p]
            [-4] [-6] target_name

选项:
    -t             Ping 指定的主机，直到停止。
                   若要查看统计信息并继续操作，请键入 Ctrl+Break;
                   若要停止，请键入 Ctrl+C。
    -a             将地址解析为主机名。
    -n count       要发送的回显请求数。
    -l size        发送缓冲区大小。
    -f             在数据包中设置“不分段”标记(仅适用于 IPv4)。
    -i TTL         生存时间。
    -v TOS         服务类型(仅适用于 IPv4。该设置已被弃用，
                   对 IP 标头中的服务类型字段没有任何
                   影响)。
    -r count       记录计数跃点的路由(仅适用于 IPv4)。
    -s count       计数跃点的时间戳(仅适用于 IPv4)。
    -j host-list   与主机列表一起使用的松散源路由(仅适用于 IPv4)。
    -k host-list    与主机列表一起使用的严格源路由(仅适用于 IPv4)。
    -w timeout     等待每次回复的超时时间(毫秒)。
    -R             同样使用路由标头测试反向路由(仅适用于 IPv6)。
                   根据 RFC 5095，已弃用此路由标头。
                   如果使用此标头，某些系统可能丢弃
                   回显请求。
```

图 6-2-1
获取 ping 命令的参数信息

- Network unreachable（网络不能到达）：这是本地系统没有到达远程系统的路由，可检查路由器的配置。
- No answer（无响应）：即远程系统没有响应。这种故障说明本地系统有一条中心主机的路由，但却接收不到它给该中心主机的任何分组报文。故障原因可能中心主机没有工作。
- Request Time out（响应超时）：数据包全部丢失。故障原因可能是到路由器的连接有问题或路由器不能通过，也可能是中心主机或对方主机已经关机或死机。
- Destination host unreachable（目标主机不可达）：表示数据包无法到达目标主机。

③ 使用 ping 命令快速检测网络状况。

计算机不能上网大致可有以下几个原因：系统的 IP 设置、网卡驱动或物理问题、线路故障等。这时可利用 ping 命令来快速检测网络状况。

输入 ping 127.0.0.1 命令或 ping localhost 命令检查 TCP/IP 是否安装正确，运行效果如图 6-2-2 所示。

如能接收到正确的应答响应且没有数据包丢失，则表示本机 TCP/IP 工作正常。如 ping 不通，则表示 TCP/IP 的安装或运行存在最基本的问题，需要查看网络配置，确认是否安装了

```
Microsoft Windows [版本 10.0.19042.508]
(c) 2020 Microsoft Corporation. 保留所有权利。

C:\Users\Administrator>ping 192.168.31.1

正在 Ping 192.168.31.1 具有 32 字节的数据:
来自 192.168.31.1 的回复: 字节=32 时间<1ms TTL=64
来自 192.168.31.1 的回复: 字节=32 时间<1ms TTL=64
来自 192.168.31.1 的回复: 字节=32 时间<1ms TTL=64
来自 192.168.31.1 的回复: 字节=32 时间<1ms TTL=64

192.168.31.1 的 Ping 统计信息:
    数据包: 已发送 = 4，已接收 = 4，丢失 = 0 (0% 丢失)，
往返行程的估计时间(以毫秒为单位):
    最短 = 0ms，最长 = 0ms，平均 = 0ms

C:\Users\Administrator>ping localhost

正在 Ping G3H10E3MD6PJJY7 [::1] 具有 32 字节的数据:
来自 ::1 的回复: 时间<1ms
来自 ::1 的回复: 时间<1ms
来自 ::1 的回复: 时间<1ms
来自 ::1 的回复: 时间<1ms

::1 的 Ping 统计信息:
    数据包: 已发送 = 4，已接收 = 4，丢失 = 0 (0% 丢失)，
往返行程的估计时间(以毫秒为单位):
```

图 6-2-2　“ping 127.0.0.1”与“ping localhost”的区别

TCP/IP 或是否正确安装了 TCP/IP，“ping 127.0.0.1”还可以用于判断网卡是否有物理损坏。

（2）ipconfig 命令的使用

ipconfig 命令用于显示当前的 TCP/IP 配置的信息。这些信息一般用于检验人工配置的 TCP/IP 设置是否正确。ipconfig 可以让用户了解自己的计算机当前的 IP 地址、子网掩码和默认网关的配置情况。

ipconfig 命令的格式如下：

```
ipconfig[ /? | /all | /renew ]
```

其参数含义如下：

- /?：显示帮助信息。
- /all：显示所有配置信息。
- /release：释放指定网络适配器的 IP 地址。
- /renew：刷新指定网络适配器的 IP 地址。
- /flushdns：清空 DNS 解析缓存。
- /registerdns：刷新所有 DHCP 地址信息并重新注册 DNS 名称。
- /displaydns：显示 DNS 解析缓存。
- /showclassid：显示指定适配器的 DHCP ClassID。
- /setclassid：设置指定适配器的 DHCP ClassID。
- /adapter：网络适配器名称，即在系统网络连接中所看到的连接名称，支持 ?/* 通配符。

打开命令提示符窗口，在其中输入 ipconfig/all 命令，运行效果如图 6-2-3 所示。

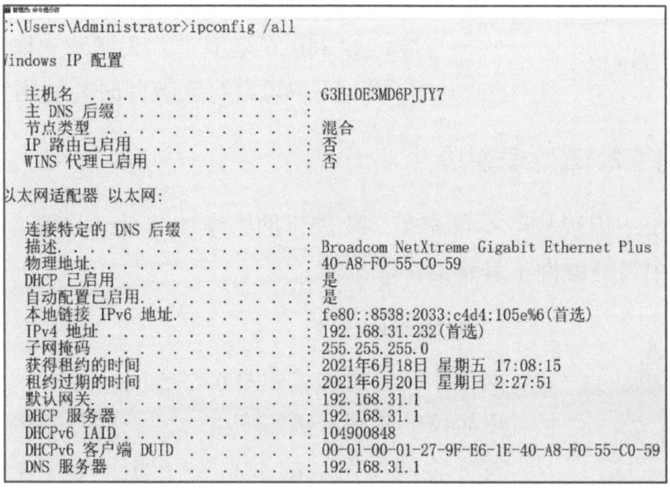
```
C:\Users\Administrator>ipconfig /all

Windows IP 配置

   主机名 . . . . . . . . . . . . . : G3H10E3MD6PJJY7
   主 DNS 后缀 . . . . . . . . . . . :
   节点类型 . . . . . . . . . . . . : 混合
   IP 路由已启用 . . . . . . . . . . : 否
   WINS 代理已启用 . . . . . . . . . : 否

以太网适配器 以太网:

   连接特定的 DNS 后缀 . . . . . . . :
   描述. . . . . . . . . . . . . . . : Broadcom NetXtreme Gigabit Ethernet Plus
   物理地址. . . . . . . . . . . . . : 40-A8-F0-55-C0-59
   DHCP 已启用 . . . . . . . . . . . : 是
   自动配置已启用. . . . . . . . . . : 是
   本地链接 IPv6 地址. . . . . . . . : fe80::8538:2033:c4d4:105e%6(首选)
   IPv4 地址 . . . . . . . . . . . . : 192.168.31.232(首选)
   子网掩码 . . . . . . . . . . . . : 255.255.255.0
   获得租约的时间 . . . . . . . . . : 2021年6月18日 星期五 17:08:15
   租约过期的时间 . . . . . . . . . : 2021年6月20日 星期日 2:27:51
   默认网关. . . . . . . . . . . . . : 192.168.31.1
   DHCP 服务器 . . . . . . . . . . . : 192.168.31.1
   DHCPv6 IAID . . . . . . . . . . . : 104900848
   DHCPv6 客户端 DUID . . . . . . . : 00-01-00-01-27-9F-E6-1E-40-A8-F0-55-C0-59
   DNS 服务器 . . . . . . . . . . . : 192.168.31.1
```

图 6-2-3
ipconfig/all 命令运行效果

图 6-2-3 中显示了与 TCP/IP 相关的所有细节信息，包括测试的主机名（Host Name）、IP 地址（IP Address）、子网掩码（Subent Mask）、默认网关（Default Gateway）、节点类型（Node Type）、IP 路由（IP Routing Enabled）、网卡物理地址（Physical Address）、

DNS 服务器地址（DNS Servers）等。

（3）tracert 命令的使用

tracert 命令可以用来跟踪数据报使用的路由（路径）。该命令跟踪的路径是源计算机到目的地的一条路径，不能保证或认为数据报总遵循这个路径。tracert 是一个运行得比较慢的命令（如果所指定的目标地址比较远），每个路由器大约需要 15 s。

tracert 命令的使用很简单，只需要在 tracert 后面跟一个 IP 地址或 URL，tracert 会进行相应的域名转换。tracert 命令一般用于检测故障的位置。

该命令将包含不同生存时间（TTL）值的 Internet 控制消息协议（ICMP）回显数据包发送到目的地，以决定到达目的地采用的路由。

tracert 命令的语法格式如下：

tracert [-d] [-h maximum_hops] [-j computer-list] [-w timeout]

其中，target_name 可以是域名或 IP 地址。

打开命令提示符窗口，在其中输入 tracert 命令并按下 Enter 键，结果如图 6-2-4 所示。

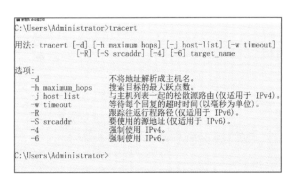

图 6-2-4   tracert 命令使用情况

tracert 是跟踪数据包到达目的主机的路径的命令。如果在使用 ping 命令时发现网络不通，就可以通过 tracert 命令来跟踪数据包到达哪一级发生故障。

除了系统自带的用于网络故障检测的命令外，还有许多第三方厂商开发出了相应的用于检测网络故障的软件。通常情况下，防火墙类软件、防病毒类软件、安全保护类软件均有此功能，如 360 安全卫士、天网防火墙等。这里不再介绍，用户可自行安装并研究使用方法。

6.2.2   网络故障处理手段

在网络系统中出现故障不可避免，要进行网络维护和网络故障诊断需要借助测线仪、数字万用表等硬件工具帮助排除故障。

1. 网络测线仪

网络测线仪的样式如图 6-2-5 所示。

测线仪的使用方法如下：

首先将网线两端的水晶头分别插入主测试仪和远程测试端的 RJ45 端口，将开关拨到 ON 上（S 为慢速挡），这时，若连接无问题，则主测试仪和远程测试端的指示头就应该逐个闪亮。

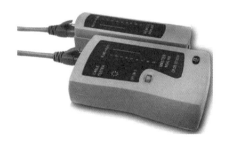

图 6-2-5   网络测线仪

（1）直通连线的测试。测试直通连线时，主测试仪的指示灯应该从 1 到 8 逐个顺序闪亮，而远程测试端的指示灯也应该从 1 到 8 逐个顺序闪亮。如果是这种现象，说明直通线的连通性没问题，否则就得重新制作。

（2）交错线连线的测试。测试交错连线时，主测试仪的指示灯也应该从 1 到 8 逐个顺序闪亮，而远程测试端的指示灯应该是按 3、6、1、4、5、2、7、8 的顺序逐个闪亮。

（3）若网线两端的线序不正确时，主测试仪的指示灯仍然从 1 到 8 逐个闪亮，只是远程测试端的指示灯将按着与主测试连通的线号的顺序逐个闪亮。

2. 超五类线缆分析仪

如图 6-2-6 所示为超五类线缆分析的样式。

① 数字万用表的主要功能是测试线缆的电压、电流、电阻，测试线缆是否符合电气标准。

② 超五类线缆分析仪既可以测试超五类双绞线线缆，又可以测试单 / 多模光纤。

图 6-2-6　超五类线缆分析仪

6.3　计算机网络之物联网技术

6.3.1　物联网的概述

物联网主要解决物品与物品、人与物品、人与人之间的互联，如图 6-3-1 所示。从功能角度：ITU 认为"世界上所有物体都可以通过 Internet 主动进行信息交换，实现任何时刻、任何地点、任何物体之间的互联、无所不在的网络和无所不在的计算"。从技术角度：ITU 认为"物联网涉及射频识别技术（RFID）、传感器技术、纳米技术和智能技术等"。可见，物联网集成了多种感知、通信与计算技术，不仅使人与人之间的交流变得更加便捷，而且使人与物、物与物之间的交流变成可能，最终将使人类社会、信息空间和物理世界（人 - 机 - 物）融为一体。目前，世界科技大国都将物联网技术作为重点发展方向。

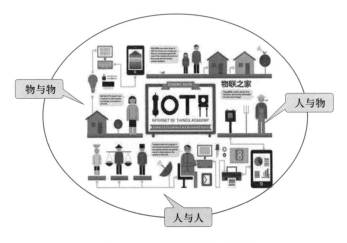

图 6-3-1　物联网互联示意图

6.3.2   物联网的核心技术

物联网的关键技术包括 RFID 射频技术、无线传感器网络（WSN）、嵌入式系统技术等，这些技术可以与云计算、边缘计算、雾计算等结合，不同的结合方式会有不同的计算架构。物联网技术中发展最为迅猛的、研究最为广泛的是无线传感器网络。但是物联网技术发展也面临巨大的挑战，如成本问题、芯片计算能力问题、能量问题都是需要解决的问题。

在某个区域布置若干智能节点，智能节点之间可以互联连接，也可以直接连接路由节点或网关节点，网关节点通过连接 Internet 服务器，从而实现与 Internet 的互联。从系统架构上来讲，按照 ISO 分层原则，可以将其划分为物理层、数据链路层、网络层、传输层和应用层。其中数据链路层中介质访问控制子层（MAC）是研究的重点。另外网络层中的路由协议，MAC 层和网络层之间的跨层合作协议也是极具挑战的方向。物理层主要依靠芯片工艺的提升，如计算能力和能耗问题等。另外还需要考虑物联网技术的安全性问题，针对不同技术特点，采取不同的加密方式。例如 WSN 中，不能采用烦琐的公钥加密机制，因此安全性问题一直是 WSN 中难以克服的问题。

6.3.3   国内物联网的发展现状

我国政府对物联网发展给予了高度重视，早在 1999 年，中国科学院就开始研究传感网；2006 年，我国制定了信息化发展战略，《国家中长期科学和技术发展规划纲要（2006-2020 年)》和"新一代宽带移动无线通信网"重大专项中均将传感网列入重点研究领域。"射频识别（RFID）技术与应用"也被作为先进制造技术领域的重大项目列入国家高技术研究发展计划（863 计划）。2007 年党的十七大提出工业化和信息化融合发展的构想。2009 年，"感知中国"又迅速地进入了国家政策的议事日程。2013 年 9 月，国家发展和改革委员会、工业和信息化部等部委联合发布《物联网发展专项行动计划（2013—2015 年)》，从物联网顶层设计、标准制定、技术研发、应用推广、产业支持、商业模式、安全保障、政府扶持、法律法规、人才培养等方面进行了整体规划布局。2015 年政府工作报告中首次提出"互联网＋"行动计划，再次将物联网提高到一个更高的关注层面。短短几年，物联网已由一个单纯的科学术语变成了活生生的产业现实。其中，比较有代表性的是"感知太湖"和"浦东机场防入侵系统"物联网系统。

2010 年，国家启动了重大专项课题"面向太湖蓝藻暴发监测的传感器网络研发与应用验证"，利用物联网技术对蓝藻湖泛的发生进行感知和智能车船调度，并实现相关业务数据的集中管理，建设一个具有智能感知、智能调度和智能管理能力的一体化综合管理及服务系统。

智能感知：构建基于物联网的先进感知系统，对太湖内的水质、水量等水文指标实时监测；重点实时感知近岸打捞点的蓝藻规模和程度；进行全程定位、跟踪和监控。

智能调度：构建双向可控的车船资源与人力的网络化信息交互与调度系统，包括蓝藻打捞船的智能调度、蓝藻运输车的智能调度以及水利管理人员与智慧水利信息中心之间的实时双向信息交互。

智能管理：将物联网技术与现有信息中心资源进行整合，扩充其智能化管理功能。对蓝藻打捞、运输、处理、再利用过程的数据集中管理；结合地理信息系统动态定位蓝藻发生位置；通过智能化的应急方案处理蓝藻湖泛；对藻水分离站传感系统数据进行整合和集中管理，提高生产效率。

6.3.4 物联网的应用

物联网应用涉及国民经济和社会生活的方方面面，因此，"物联网"被称为是继计算机和互联网之后的第三次信息技术革命。信息时代，物联网无处不在。由于物联网具有实时性和交互性的特点，因此，物联网的应用领域主要如下。

1. 城市管理

① 智能交通（公路、桥梁、公交、停车场等）物联网技术可以自动检测并报告公路、桥梁的"健康状况"，还可以避免过载的车辆经过桥梁，也能够根据光线强度对路灯进行自动开关控制。在交通控制方面，可以通过检测设备，在道路拥堵或特殊情况时，系统自动调配红绿灯，并可以向车主预告拥堵路段、推荐行驶最佳路线。在公交方面，物联网技术构建的智能公交系统通过综合运用网络通信、GIS 地理信息、GPS 定位及电子控制等手段，集智能运营调度、电子站牌发布、IC 卡收费、ERP（快速公交系统）管理等于一体，如图 6-3-2 所示。

图 6-3-2
智能交通

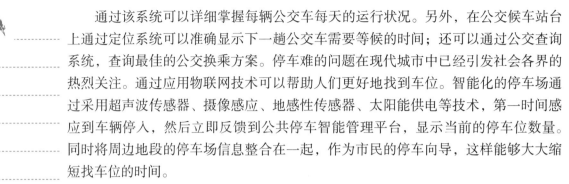

通过该系统可以详细掌握每辆公交车每天的运行状况。另外，在公交候车站台上通过定位系统可以准确显示下一趟公交车需要等候的时间；还可以通过公交查询系统，查询最佳的公交换乘方案。停车难的问题在现代城市中已经引发社会各界的热烈关注。通过应用物联网技术可以帮助人们更好地找到车位。智能化的停车场通过采用超声波传感器、摄像感应、地感性传感器、太阳能供电等技术，第一时间感应到车辆停入，然后立即反馈到公共停车智能管理平台，显示当前的停车位数量。同时将周边地段的停车场信息整合在一起，作为市民的停车向导，这样能够大大缩短找车位的时间。

② 智能建筑（绿色照明、安全检测等）通过感应技术，建筑物内照明灯能自动调节光亮度，实现节能环保，建筑物的运作状况也能通过物联网及时发送给管理者。同时，建筑物与 GPS 系统实时相连接，在电子地图上准确、及时反映出建筑物空间地理位置、安全状况、人流量等信息。

③ 文物保护和数字博物馆。数字博物馆采用物联网技术，通过对文物保存环境的温度、湿度、光照、降尘和有害气体等进行长期监测和控制，建立长期的藏品环境参数数据库，研究文物藏品与环境影响因素之间的关系，创造最佳的文物保存环境，实现对文物蜕变损坏的有效控制。

④ 古迹、古树实时监测。通过物联网采集古迹、古树的年龄、气候、损毁等状态信息，及时作出数据分析和保护措施。在古迹保护上实时监测能有选择地将有代表性的景点图像传输到互联网上，让景区对全世界做现场直播，达到扩大知名度和广泛吸引游客的目的。另外，还可以建立景区内部的实时电子导游系统。

2. 定位导航

物联网与卫星定位技术、GSM/GPRS/CDMA 移动通信技术、GIS 地理信息系统相结合，能够在互联网和移动通信网络覆盖范围内使用 GPS 技术，使用和维护成本大大降低，并能实现端到端的多向互动。

3. 现代物流管理

通过在物流商品中植入传感芯片（节点），供应链上的购买、生产制造、包装与装卸、堆栈、运输、配送 / 分销、出售、服务每一个环节都能无误地被感知和掌握。

4. 食品安全控制

食品安全是国计民生的重中之重。通过标签识别和物联网技术，可以随时随地对食品生产过程进行实时监控，对食品质量进行联动跟踪，对食品安全事故进行有效预防，极大地提高食品安全的管理水平。

5. 零售

RFID（射频识别）取代零售业的传统条码系统（Barcode），使物品识别的穿透性（主要指穿透金属和液体）、远距离以及商品的防盗和跟踪有了极大改进。

6. 数字医疗

以 RFID 为代表的自动识别技术可以帮助医院实现对病人不间断地监控、会诊和共享医疗记录，以及对医疗器械的追踪等。

据预测，到 2035 年前后中国的物联网终端将达到数千亿个。随着物联网的应用普及，将形成我国的物联网标准规范和核心技术，成为业界发展的重要举措。解决好信息安全技术，是物联网发展面临的迫切问题。未来物联网的市场潜力非常巨大，现在各大公司巨头也已经开始布局物联网市场了，所以掌握物联网核心技术是非常有益的。

6.4　计算机网络之云计算

6.4.1　云计算概述

云计算是分布式计算技术的一种，它的原理是通过网络"云"，将所运行的巨大的数据计算处理程序分解成无数个小程序，再交由计算资源共享池进行搜寻、计算及分析后，将处理结果回传给用户。云连接着网络的另一端，为用户提供了可以按需获取的弹性资源和架构。用户按需付费，从云上获得需要的计算资源，包括存储、数据库、服务器、应用软件及网络等，如图 6-4-1 所示。

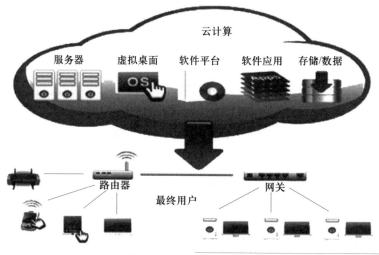

图 6-4-1
云计算

6.4.2　云计算的产生背景

云计算的思想可以追溯到 20 世纪 60 年代的人工智能，但是云计算的概念却是来源于谷歌于 2006 年秋季开始的一个项目。该门课程后来受到了众多院校的欢迎，随着 IBM 的加入，变成 Google-IBM 的联合大学"云"。随后各个公司相继推出"云计算"相关的计划和应用，"云计算"如雨后春笋破土而出，成为下一代互联网革命的代名词。而 SaaS 可以说在 2004 年前后就已经开始生根发芽，2006 年开始兴起。

6.4.3　云计算的发展历程

云计算于 2006 年初现端倪，2008 年经济危机过后，国外大公司纷纷投入到云计算的行业竞争中，中国的云计算也是和世界上第二梯队的大公司一样，从 2009 年开始，陆续地进行云计算布局。以下是我国云计算的发展。

① 2009 年是中国云计算元年。

② 2009 年，阿里软件在江苏建立首个"电子商务云计算中心"，云计算正式走入了中国的历史舞台。

③ 2010 年，腾讯云开始构建。

④ 2010 年，华为云开始战略部署。

⑤ 2012 年，百度云利用百度搜索引擎进行发展。

6.4.4　云计算的应用场景

1. 电子邮箱

作为最为流行的通信服务，电子邮箱的不断演变，为人们提供了更快和更可靠的交流方式。传统的电子邮箱使用物理内存来存储通信数据，而云计算使得电子邮箱可以使用云端的资源来检查和发送邮件，用户可以在任何地点、任何设备和任何时间访问自己的邮件，企业可以使用云技术让它们的邮箱服务系统变得更加稳固。

2. 数据存储

云计算的出现，使本地存储变得不再必需。用户可以将所需要的文件、数据存储在互联网上的某个地方，以便随时随地访问。来自云服务商的各种在线存储服务，将会为用户提供广泛的产品选择和独有的安全保障，使其能够在免费和专属方案之间自由选择。

3. 商务合作

共享式的商务合作模式，使得企业可以无视消耗大量时间和金钱的系统设备和软件，只需接入云端的应用，便可以邀请伙伴展开相应业务，这种类似于即时通信的应用，一般都会为用户提供特定的工作环境，协作时长可以从几个月到几个小时不等。总之，一切为用户需求而打造。

4. 虚拟办公

对于云计算来说，最常见的应用场景可能就是让企业"租"服务而不是"买"软件来开展业务部署。使用虚拟办公应用的主要好处是，它不会因为"个头太大"

而导致用户的设备"超载"，它将企业的关注点集中在公司业务上，通过改进的可访问性，为轻量办公提供保证。

5. 业务扩展

在企业需要进行业务拓展时，云计算的独特好处便显现出来了。基于云的解决方案，可以使企业以较小的额外成本，获得计算能力的弹性提升。大部分云服务商，都可以满足用户的定制化需求，企业完全可以根据现有业务容量来决定所需要投资的计算成本，而无须对未来的扩张有所顾虑。

6.5 计算机网络之大数据

6.5.1 大数据

大数据是指无法在一定时间内用常规软件工具对其内容进行抓取、管理和处理的数据集合。大数据技术，是指从各种各样类型的海量数据中，快速获得有价值信息的能力。适用于大数据的技术，包括大规模并行处理（MPP）数据库、数据挖掘电网、分布式文件系统、分布式数据库、云计算平台，互联网和可扩展的存储系统。大数据挑战包括捕获数据、数据存储、数据分析、搜索、共享、传输、可视化、查询、更新、信息隐私和数据源。

6.5.2 大数据来源

大数据的来源有很多种，大致可分为以下几类：

1. 交易数据

包括 POS 机数据、信用卡刷卡数据、电子商务数据、互联网点击数据、"企业资源规划"（ERP）系统数据、销售系统数据、客户关系管理（CRM）系统数据、公司的生产数据、库存数据、订单数据、供应链数据等。

2. 移动通信数据

能够上网的智能手机等移动设备越来越普遍。移动通信设备记录的数据量和数据的立体完整度，常常优于各家互联网公司掌握的数据。移动设备上的软件能够追踪和沟通无数事件，从运用软件储存的交易数据（如搜索产品的记录事件）到个人信息资料或状态报告事件（如地点变更即报告一个新的地理编码）等。

3. 人为数据

人为数据包括电子邮件、文档、图片、音频、视频，以及通过微信、博客等社交媒体产生的数据流。这些数据大多数为非结构性数据，需要用文本分析功能进行分析。

4. 机器和传感器数据

来自感应器、量表和其他设施的数据、定位 /GPS 系统数据等。这包括功能设备创建或生成的数据，如智能温度控制器、智能电表、工厂机器和连接互联网的家用电器产生的数据。

5. 互联网上的"开放数据"来源

如政府机构、非营利组织和企业免费提供的数据。

6.5.3   大数据的应用领域

大数据已经渗透到了全世界市场中的各个领域，彰显着巨大的价值，其在各个领域的应用情况如下。

1. 金融领域

大数据在金融领域应用广泛，如针对个人的信贷风险评估，银行根据用户的刷卡、转账、微信评论等数据有针对性地推送广告；理财软件通过大数据为客户有针对性地推荐理财产品。总结来说，大数据在金融领域的应用可以概括为精准营销、风险控制、效率提升、决策支持。

2. 医疗领域

医疗行业拥有大量的病例、检测记录、药物记录、治疗结果记录等，这些数据中蕴含着巨大的价值，如果可以加以利用，将对医疗界产生不可估量的影响。疾病确诊和因人而异的治疗方案设定是医疗领域的重大问题，大数据可以帮助建立针对疾病特点、病人状况以及治疗方案的数据库，为人类健康贡献巨大的力量。

3. 生物领域

各国研究人员正如火如荼地推进着人类基因组计划，这促进了生物数据的爆发式增长。基因检测可以帮助人们对自己现在的以及未来的健康状况有更深刻、全面的认识，甚至可以帮助父母在宝宝出生前就对其健康状况进行检测。因此，人类基因组计划是未来人类战胜疾病的重要工具。

大数据可以整合已有的人类基因的检测结果并进行分析，加速人类基因组研究的进程。

4. 零售领域

零售行业可以利用大数据了解顾客的消费偏好和趋势，用以商品的精准营销和相关产品的精准推销，降低运营成本，提高进货管理和过期产品管理效率。大数据可以帮助零售商预测消费者需求趋势，更高效地提高供应链满足需求的能力。对大数据带来的潜在信息的挖掘和有效利用，将成为未来零售领域的必争之地。

5. 电商领域

电商行业的数据集中、数据规模大，可以利用大数据在很多方面进行有效信息的分析提取，如用户消费趋势、地域消费特点等。

电商领域中的大数据应用已经颇具规模，电商也是最早利用大数据进行精准营销的行业。电商可以根据顾客消费习惯提前备货以提高商品送达效率，还可以通过对客户浏览、收藏、加入购物车和购买记录等数据的分析，对用户进行有效的商品推荐，提高销量。

6.6 计算机网络之人工智能

6.6.1 人工智能

人工智能（Artificial Intelligence，AI）是研究、开发用于模拟、延伸和扩展人的智能的理论、方法、技术及应用系统的一门学科，其目标是希望计算机拥有像人一样的思维过程和智能行为（如识别、认知、分析、决策等），使机器能够胜任一些通常需要人类智能才能完成的复杂工作。

人工智能是计算机科学的一个重要分支，融合了自科学和社会科学的研究范畴，涉及计算机科学、统计学、脑神经学、心理学、语言学、逻辑学、认知科学、行为科学、生命科学、社会科学和数学，以及信息论、控制论和系统论等多学科领域，如图 6-6-1 所示。

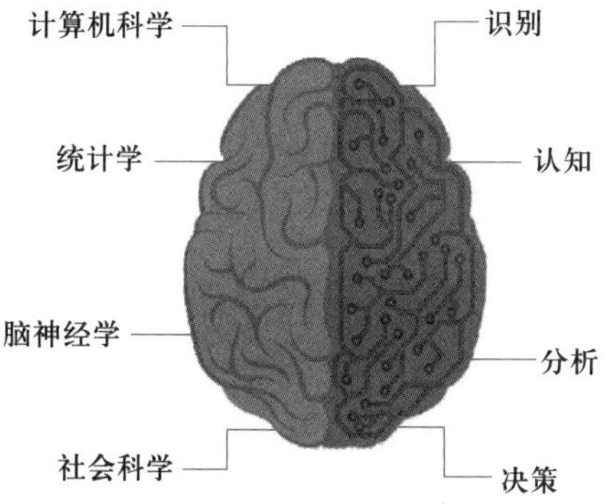

图 6-6-1 人工智能

6.6.2 人工智能的发展

从 20 世纪 50 年代开始，许多科学家、程序员、逻辑学家帮助和巩固了当代人对人工智能思想的整体理解。随着每一个新的十年，创新和发现改变了人们对人工智能领域的基本知识，以及不断的历史进步推动着人工智能从一个无法实现的幻想到现在和未来切实可以实现的现实，人工智能的发展主要是技术发展和应用突破。

1. 技术的发展

- 第一阶段：人工智能的起步期（1956 年—1980 年）。
- 第二阶段：专家系统推广（1980 年—1990 年）。
- 第三阶段：深度学习（2000 年—至今）。

2. 应用的突破

1990 年—1991 年，由于人工智能计算 DARPA 没能实现，导致政府投入缩减，进入第二次低谷。1997 年 IBM 的 Deep Blue 战胜国际象棋冠军；2012 年无人驾驶汽车上路，2016 年人工智能战胜世界围棋冠军。

6.6.3   人工智能的应用

人工智能应用涉及专用应用和通用应用两个方面，这也是机器学习、模式识别和人机交互这 3 项人工智能技术的落地实现形式。其中，专用领域的应用涵盖了目前国内人工智能应用的大多数应用，包括各领域的人脸和语音识别以及服务型机器人等方面；而通用型则侧重于金融、医疗、智能家居等领域的通用解决方案，目前国内人工智能应用正处于由专业应用向通用应用过渡的发展阶段。

1. 计算机视觉

计算机视觉是一门综合性的学科，已经应用在制造业、工业检测、文档分析、医疗诊断、军事国防等领域，计算机视觉技术应用领域如图 6-6-2 所示。

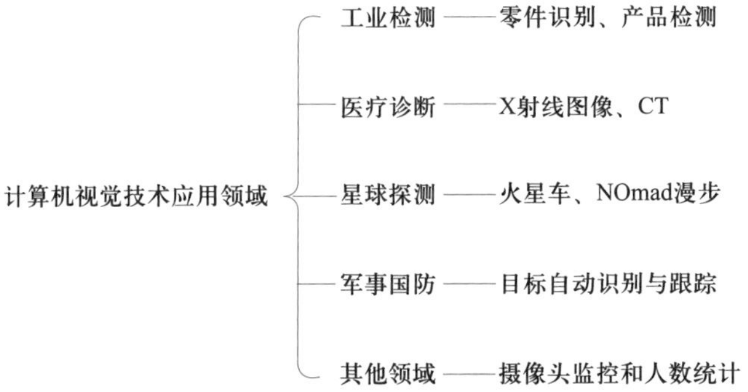

计算机视觉技术应用领域
- 工业检测 —— 零件识别、产品检测
- 医疗诊断 —— X射线图像、CT
- 星球探测 —— 火星车、NOmad漫步
- 军事国防 —— 目标自动识别与跟踪
- 其他领域 —— 摄像头监控和人数统计

图 6-6-2
计算机视觉技术应用领域

2. 图像视频识别

随着人类活动的不断扩大，图像视频识别的应用领域涉及人类生活和工作的方方面面，图像视频识别应用领域如图 6-6-3 所示。

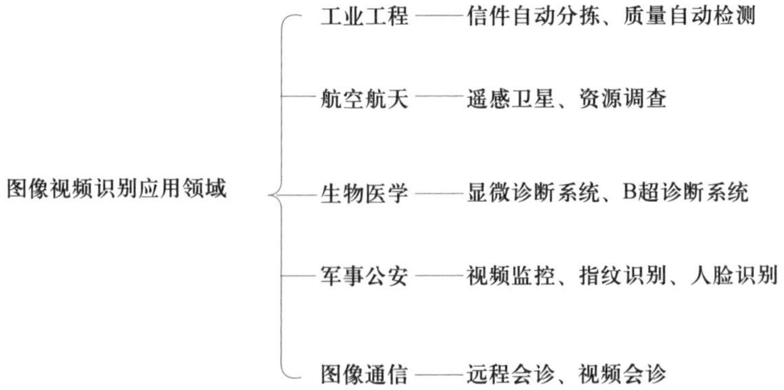

图像视频识别应用领域
- 工业工程 —— 信件自动分拣、质量自动检测
- 航空航天 —— 遥感卫星、资源调查
- 生物医学 —— 显微诊断系统、B超诊断系统
- 军事公安 —— 视频监控、指纹识别、人脸识别
- 图像通信 —— 远程会诊、视频会诊

图 6-6-3
图像视频识别应用领域

6.7　计算机网络之 VR 技术

6.7.1　VR 技术定义

VR 是英文 Virtual Reality 的缩写，中文称为虚拟现实，是一种综合应用计算机图形学、人机接口技术、传感器技术以及人工智能等技术，制造逼真的人工模拟环境，并能有效地模拟人在自然环境中的各种感知的高级人机交互技术。

6.7.2　虚拟现实基本特征

多感知性：指除了一般计算机技术所具有的视觉之外，还有听觉、力觉、触觉、运动感，甚至包括味觉、嗅觉等。

沉浸感：又称临场感，指用户感到作为主角存在于模拟环境中的真实程度。

交互性：指参与者对虚拟环境内物体的可操作程度和从环境中得到反馈的自然程度。

构想性：指用户沉浸在多维信息空间中，依靠自己的感知和认知能力全方位获取知识，发挥主观能动性，寻求解答，形成新的概念。

6.7.3　虚拟现实技术

虚拟现实系统的主要技术构成包括虚拟世界的生成，人与虚拟世界的自然交互；识别用户各种形式的输入，并实时生成相应的反馈信息；模型的建立，虚拟声音的生成，管理，现实，数据库的建立管理；整个虚拟世界中所有物体的各方面信息。

1. 动态环境建模

动态环境建模技术的目的是及时获取实际环境的三维数据，并根据应用的需要建立相应的虚拟环境模型。

2. 实时三维图形生成技术

三维图形的生成技术已经较为成熟，至少要保证图形的刷新频率不低于 15 帧 / 秒，最好高于 30 帧 / 秒。提高刷新频率是该技术的主要内容。

3. 立体显示和传感器技术

虚拟现实的交互能力依赖于立体显示和传感器技术的发展。目前其设备过重、分辨率低、延迟大、有线、跟踪精度低、视场不够宽、眼镜容易疲劳等。因此有必要开发新的三维显示技术。

4. 应用系统开发工具

虚拟现实的关键是寻找适合的场合和对象，即如何发挥想象力和创造性。选择适当的应用对象可以大幅度提高生产效率，减轻劳动强度，提高产品质量。

5. 系统集成技术

由于 VR 系统中包括大量的感知信息和模型，因此系统集成技术起着至关重要的作用。集成技术包括信息的同步技术、模型的标定技术、数据转换技术、数据管理模型、识别与合成技术等。

6.7.4   虚拟现实技术应用领域

1. 航空领域

模拟飞行是虚拟现实技术应用的先驱，如图 6-7-1 所示。通过模拟器训练飞行员是一条有效的途径，同时，飞行模拟器可以作为一种试验床，对飞机的操纵性、稳定性和机动性进行测试和评定，较容易分析飞机气动参数的修改对飞行品质的影响。

2. 教学领域

在传统的教学中，部分场景有可能是教师无法用语言描述的，若这些场景能够展示出来，效果肯定要比语言好，就好比让学生直接看到人体器官，要比教师描述得更加生动直观。例如在爱国教育《重走长征路》中，通过 VR 设备，可以体验在风雪交加的恶劣天气下，跟随红军在雪山岩壁边缘艰苦前进，亲身体验战场的残酷与悲惨，见证红军战士的浴血奋战，如图 6-7-2 所示。

图 6-7-1   模拟飞行　　　　　　　　　图 6-7-2   VR 教学领域应用

6.8   计算机网络之区块链

6.8.1   区块链概念

区块链是一个分布式账本，一种通过去中心化、去信任的方式集体维护一个可靠数据库的技术方案。

从数据的角度来看，区块链是一种几乎不可能被更改的分布式数据库。这里的"分布式"不仅体现为数据的分布式存储，也体现为数据的分布式记录（即由系统参与者共同维护）

从技术的角度来看区块链并不是一种单一的技术，而是多种技术整合的结果。这些技术以新的结构组合在一起，形成了一种新的数据记录、存储和表达的方式。

6.8.2　区块链的特征

1. 开放与共识

任何人都可以参与到区块链网络，每一台设备都能作为一个节点，每个节点都允许获得一份完整的数据库拷贝。节点间基于一套共识机制，通过竞争计算共同维护整个区块链。任一节点失效，其余节点仍能正常工作。

2. 去中心，去信任

区块链由众多节点共同组成一个端到端的网络，不存在中心化的设备和管理机构。节点之间数据交换通过数字签名技术进行验证，无须互相信任，只要按照系统既定的规则进行，节点之间不能也无法欺骗其他节点。

3. 交易透明，双方匿名

区块链的运行规则是公开透明的，所有的数据信息也是公开的，因此每一笔交易都对所有节点可见。由于节点与节点之间是去信任的，因此节点之间无须公开身份，每个参与的节点都是匿名的。

4. 不可篡改，可追溯

单个甚至多个节点对数据库的修改无法影响其他节点的数据库，除非能控制整个网络中超过 51% 的节点同时修改，这几乎不可能发生。区块链中的每一笔交易都通过密码学方法与相邻两个区块串联，因此可以追溯到任何一笔交易的前世今生。

6.8.3　区块链的应用

1. 政务

政务领域是区块链技术落地的最多场景之一。重庆上线了区块链政务服务平台，之后，在重庆注册公司的时间可以从过去的十余天缩短到 3 天；在 2019 年 10 月，绍兴成功判决全国首例区块链存证刑事案件，在案件办理过程中通过区块链技术对数据进行加密，并通过后期哈希值比对，保证据的真实性。区块链在政府工作方面的广泛落地，基于一个简单的技术原理，即区块链能够打破数据壁垒，解决信任问题，极大地提升办事效率。

2. 金融

金融领域应该是区块链技术落地最为"天然"的领域。2019 年以来，区块链在金融领域的应用中，以跨境支付为主的跨境服务，以及面向中小微企业的具有普惠性质的金融产品，是为落地重点。在跨境支付方面，比较有代表性的应用案例不得不提国家外汇管理局。其联合中钞申报的"跨境金融区块链服务平台"，依托区块链技术，将核验时间从 1 天降至 20 分钟；而平安集团旗下的区块链平台"壹账通"已经为国内外超过 200 家银行、20 万家企业及 500 家政府和其他商务机构提供服务。

3. 电子票据

电子票据作为政府和企业之间协作创新的领域，在区块链技术的加持下，也获得了突破。基于区块链的电子发票，具有唯一性，可以有效地解决传统发票上一票多开、多报、信息造假的痛点。

2019 年，云南省财政厅联合支付宝开具了云南省第一张区块链电子票据。同时，在深圳，腾讯的区块链平台公布了区块链发票业务的最新数据，覆盖了深圳 7 600 家以上的企业，110 个行业，2019 年累计开票量突破 1 000 万张，价税合计超过 70 亿。

6.9　移动通信技术

6.9.1　移动通信技术概念

通信在不同的环境下有不同的解释，如果被单一地解释为信息的传递，是指由一地向另一地进行信息的传输与交换，目的是传输消息。然而，在人类实践过程中，随着社会生产力的发展，对传递消息的要求不断提升，通信让人类文明不断地进步。在各种各样的通信方式中，利用"电"来传递消息的通信方式称为电信，这种通信具有迅速、准确、可靠等特点，且几乎不受时间、地点、空间、距离的限制，因而得到了飞速发展和广泛的运用。

在古代，人类通过驿站、飞鸽传书、烽火报警、符号、身体语言、眼神、触碰等方式进行信息传递。在现代科学水平的飞速发展，相继出现了无线电、固定电话、移动电话、互联网甚至视频电话等各种通信方式。通信技术拉近了人与人之间的距离，提高了经济效率，深刻地改变了人类的生活方式和社会面貌。

6.9.2　移动通信技术发展史

自 20 世纪 80 年代以来，全球每 10 年都会出现新一代移动通信技术，推动信息通信产业的快速创新，带动经济社会的繁荣发展。当前，第五代移动通信技术（5G）正在到来，它将以全新的基站系统、网络架构，提供远超 4G 的速率、毫秒级的超低时延和千亿级的网络连接能力，开启万物广泛互联、人机深度交互的新时代，如图 6-9-1 所示。

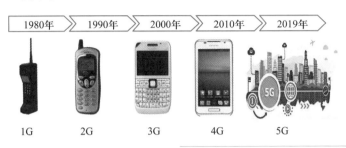

图 6-9-1
移动通信技术发展

1. 1G（语音通话）

1G 移动网络在 20 世纪 80 年代初投入使用，它具备语音通信和有限的数据传输能力（早期能力约为 2.4 kbit/s）。1G 网络利用模拟信号，使用类似 AMPS 和 TACS 等标准，在分布式基站（托管在基站塔上）网络之间"传递"信息给蜂窝用户。

2. 2G（消息传递）

在 20 世纪 90 年代，2G 移动网络催生出第一批数字加密通信. 提高了语音质量、数据安全性和数据容量，同时通过使用 GSM 标准的电路交换来提供有限的数据能力。20 世纪 90 年代末，2.5G 和 2.75G 技术分别使用 GPRS 和 EDGE 标准，提高了数据传输速率（高达 200 kbit/s）。后来的 2G 迭代通过分组交换引入了数据传输，为 3G 技术提供了晋升之阶。

3. 3G（多媒体、文本、互联网）

20 世纪 90 年代末至 21 世纪初，3G 网络通过完全过渡到数据分组交换，引入了具有更快数据传输速度的 3G 网络，其中一些语音电路交换已经是 2G 的标准，这使得数据流成为可能，并在 2003 年推出了第一个商业 3G 服务，包括移动互联网接入、固定无线接入和视频通话。3G 网络现在使用 UMTS 和 WCDMA 等标准，在静止状态下将数据传输速率提高到 1G bit/s，在移动状态下提高到 350 kbit/s 以上。

4. 4G（实时数据：车载导航，视频分享）

2008 年推出 4G 网络服务，充分利用全 IP 组网，并完全依赖分组交换，数据传输速度是 3G 的 10 倍。由于 4G 网络的大带宽优势和极快的网络速度提高了视频数据的质量。LTE 网络的普及为移动设备和数据传输设定了通信标准。LTE 正在不断发展，目前正在发布第 12 版，LTE-A 的速度可达 300 Mbit/s。每一代移动通信技术之所以能够实现更快的速度、更低的时延和更稳定的传输，都是通过技术的演变和架构的调整，提高了可用频段的带宽和已有频段的传输效率。从模拟通信到数字通信，从文字传输、图像传输又到视频传输，移动通信技术极大地改变了人们的生活方式。前 4 代移动通信网络技术，只是专注于移动通信，而 5G 在此基础上还包括了工业互联网和人工智能等众多应用场景。

5. 5G（万物智联）

面对如此复杂多变的应用环境，5G 不只是简单地升级了移动通信技术，而是为整体基站建设和网络架构带来了创新性的改变。不同于过去 2G 到 4G 时代重点关注移动性和传输速率，5G 不仅要考虑增强带宽，还要考虑万物互联所需的大规模连接和超低时延，以及未来需求、关键技术、演进路径的多样化等多个维度。

从 2009 年开始，华为前瞻性布局 5G 相关技术的早期研究。经过 10 年的研发 3GPP（国际无线标准化机构），完成 5G 的完整版标准制定，并完成 IMT-2020 标准提交。2019 年 6 月 6 日工业和信息化部向中国移动、中国联通、中国电信和中国广电颁发了 5G 牌照，标志着 5G 时代正式到来，我国率先进入 5G 商用元年。

本章小结

本章介绍计算机网络基础知识，以及计算机网络的组成和分类，在 Internet 中重点介绍 IP 的分类、应用、接入方式等，全面讲述计算机网络基础知识，并对局域网技术，城域网技术和广域网技术进行了详细的阐述。在介绍了计算机网络应用方面知识外，对当前新一代信息技术——物联网、大数据、云计算、人工智能、VR 技术、区块链以及 5G 技术进行也进行了简要介绍。

通过本章的学习，读者对计算机网络技术能有一个系统、全面的了解，

知识拓展

文本：
知识拓展
答案

一、单选题

1. 网络层的互联设备是（   ）。

   A. 网桥　　　　　　　B. 交换机　　　　　　C. 路由器　　　　　　D. 网关

2. 交换机工作在（   ）。

   A. 物理层　　　　　　B. 数据链路层　　　　C. 网络层　　　　　　D. 高层

3. 下列（   ）不符合局域网的基本定义。

   A. 局域网是一个专用的通信网络　　　　　　B. 局域网的地理范围相对较小

C. 局域网与外部网络的接口有多个　　　　D. 局域网可以跨越多个建筑物

4. 星形网、总线型网、环形网和网状形网是按照（　　　）分类的。

    A. 网络功能　　　　　B. 网络拓扑　　　　C. 管理性质　　　　D. 网络覆盖

5. IP 协议是无连接的，其信息传输方式是（　　　）。

    A. 点到点　　　　　　B. 广播　　　　　　C. 虚电路　　　　　D. 数据报

6. 用于电子邮件的协议是（　　　）。

    A. IP　　　　　　　　B. TCP　　　　　　C. SNMP　　　　　D. SMTP

7. 大数据的起源是（　　　）。

    A. 金融　　　　　　　B. 电信　　　　　　C. 互联网　　　　　D. 公共管理

8. 首次提出"人工智能"是在（　　　）年。

    A. 1946　　　　　　　B. 1960　　　　　　C. 1916　　　　　　D. 1956

9. 人工智能应用研究的两个最重要最广泛的领域为（　　　）。

    A. 专家系统、自动规划　　　　　　　　　B. 专家系统、机器学习

    C. 机器学习、智能控制　　　　　　　　　D. 机器学习、自然语言理解

10. 网络带宽是网络能够发送数据到目的主机的（　　　）。

    A. 速率　　　　　　　B. 最大值　　　　　C. 时间　　　　　　D. 最小值

11. 基于组播的系统的网络虚拟环境设计中最难的决定是在不同的组播级中划分（　　　）。

    A. 数据流　　　　　　B. 信息流　　　　　C. 工作流　　　　　D. 编码

12. 通过无线网络与互联网的融合，将物体的信息实时准确地传递给用户，指的是（　　　）。

    A. 可靠传递　　　　　B. 全面感知　　　　C. 智能处理　　　　D. 互联网

13. 利用 RFID、传感器、二维码等随时随地获取物体的信息，指的是（　　　）。

    A. 可靠传递　　　　　B. 全面感知　　　　C. 智能处理　　　　D. 互联网

14. 云主机是一种云计算服务，由 CPU、内存、云硬盘及（　　　）组成。

    A. 显卡　　　　　　　B. 镜像　　　　　　C. 软盘驱动器　　　D. 调制解调器

15. 云主机是新一代的主机租用服务，它整合了（　　　）与优质网络带宽。

    A. 传统主机　　　　　B. 网络边缘设备　　C. 高性能服务器　　D. 云服务器

16. 不属于载波三大要素的是（　　　）。

    A. 幅度　　　　　　　B. 波长　　　　　　C. 频率　　　　　　D. 相位

17.（　　　）是区块链最核心的内容。

    A. 合约层　　　　　　B. 应用层　　　　　C. 共识层　　　　　D. 网络层

二、判断题（判断下列说法是否正确，在正确的后面画"√"，错误的后面画"×"）

1. 城市间网络通信主要采用的传输介质是光纤。　　　　　　　　　　　　　　（　　　）

2. 与有线网相比，无线网的数据传输率一般相对较慢。　　　　　　　　　　　（　　　）

3. 没有网线的电脑不能连入互联网。　　　　　　　　　　　　　　　　　　　（　　　）

4. 管线布线时管线内应尽量多塞入电缆，以充分利用管线内的空间。　　　　　（　　　）

5. 在 TCP/IP 网络环境下，每个主机都分配了一个 32 位的 IP 地址，这种互联网地址是在国际范围标识主机的一种逻辑地址。　　　　　　　　　　　　　　　　　　　　（　　）

6. DNS 的区域类型包括主要区域、辅助区域和存根区域。　　　　　　　　　　　（　　）

7. 在噪声数据中，波动数据比离群点数据偏离整体水平更大。　　　　　　　　　（　　）

8. 对于大数据而言，最基本、最重要的要求就是减少错误、保证质量。因此，大数据收集的信息量要尽量精确。　　　　　　　　　　　　　　　　　　　　　　　　　　　（　　）

9. 人工智能是智能计算机系统，即人类智慧在机器上的模拟，或者说是使机器具有类似于人的智力。　　　　　　　　　　　　　　　　　　　　　　　　　　　　　　　　　（　　）

10. 经典命题逻辑和谓词逻辑的语义解释只有两个：真和假，0 和 1。　　　　　　（　　）

11. 物联网的价值在于物而不在于网。　　　　　　　　　　　　　　　　　　　　（　　）

12. 智能家居是物联网在个人用户的智能控制类应用。　　　　　　　　　　　　　（　　）

13. 通过云计算服务，只需投入很少的管理工作，只需与服务供应商进行很少的交互，即可获得所需资源。　　　　　　　　　　　　　　　　　　　　　　　　　　　　　　　（　　）

14. 端局与交接箱之间可以有远端交换模块（Remote Switching Unit，RSU）或远端（Remote Terminal，RT）。　　　　　　　　　　　　　　　　　　　　　　　　　　　　　　　（　　）

15. 在电信网中，星形网的可靠性低，若中心通信点发生故障，整个通信系统就会瘫痪。　　　　　　　　　　　　　　　　　　　　　　　　　　　　　　　　　　　　　　（　　）

16. 非均匀量化的特点是：信号幅度小时，量化间隔小其量化误差小；信号幅度大时，量化间隔大，其量化误差也大。　　　　　　　　　　　　　　　　　　　　　　　　　　　（　　）

17. 从架构来讲的话，区块链是冗余度很小的一个架构。　　　　　　　　　　　　（　　）

第 **7** 章

信息安全与信息素养

知识提要

本章主要介绍了软件工程的基本概念，信息技术及常用信息安全技术，计算机病毒的概念、特征及其预防，信息素养和知识产权保护等内容。

教学目标

◆掌握软件工程、信息技术、信息系统、信息安全、计算机病毒和知识产权保护的基本概念。

◆理解常用信息安全技术。

◆理解信息安全策略。

◆理解计算机病毒的概念。

◆掌握计算机病毒的预防措施。

◆理解知识产权保护概念。

7.1　软件工程

7.1.1　软件工程基本概念

由于"软件危机"的产生，迫使人们不得不研究、改变软件开发的技术手段和管理方法。自 1968 年提出"软件工程"这一术语起，软件开发进入了软件工程阶段。

"软件工程"自产生开始有多个解释，缺乏一个统一的定义，很多学者、组织机构都分别给出了各自的定义：

1968 年，德国计算机科学家弗里德里希·路德维希·鲍尔（Friedrich Ludwig Bauer，1924）创造了一个术语软件工程（Software Engineering）：建立并使用完善的工程化原则，以较经济的手段获得能在实际机器上有效运行的可靠软件的一系列方法。

IEEE 在软件工程术语汇编中定义软件工程是：1. 将系统化的、严格约束的、可量化的方法应用于软件的开发、运行和维护，即将工程化应用于软件；2. 在 1 中所述方法的研究。

《计算机科学技术百科全书》中的观点：软件工程是应用计算机科学、数学、逻辑学及管理科学等原理，开发软件的工程。软件工程借鉴传统工程的原则、方法，以提高质量、降低成本和改进算法。其中，计算机科学、数学用于构建模型与算法，工程科学用于制定规范、设计范型（paradigm）、评估成本及确定权衡，管理科学用于计划、资源、质量、成本等管理。

综上所述，时下流行的一种定义：软件工程是研究和应用如何以系统性的、规范化的、可定量的过程化方法去开发和维护软件，以及如何把经过时间考验而证明正确的管理技术和当前能够得到的最好的技术方法结合起来。

7.1.2　软件的定义与特点

1. 软件的定义

软件的定义有很多种，中华人民共和国《计算机软件保护条例（2013 年修正本）》第二条规定："本条例所称计算机软件（以下简称软件），是指计算机程序及其有关文档。"

第三条规定："本条例下列用语的含义：（一）计算机程序，是指为了得到某种结果而可以由计算机等具有信息处理能力的装置执行的代码化指令序列，或者可以被自动转换成代码化指令序列的符号化指令序列或者符号化语句序列。同一计算机程序的源程序和目标程序为同一作品。（二）文档，是指用来描述程序的内容、组成、设计、功能规格、开发情况、测试结果及使用方法的文字资料和图表等，如程序设计说明书、流程图、用户手册等。"

综上所述，软件可以概括为程序、数据和文档的总和。

在现代社会中，软件应用于社会多个方面。典型的软件有操作系统、办公软件、数据库、计算机游戏、程序设计语言、程序开发工具等。随着信息技术的发展，计算机软件应用在社会各个行业，如金融业、教育业工业、交通业、农业、政府部门、各类企业等。这些应用促进了经济和社会的发展，提高了工作效率。

2. 软件的特点

① 软件是一种逻辑实体，不是物理实体。

② 软件和硬件最大的区别在于运行、使用期间不存在磨损、老化问题。但在软件生命周期中，随着环境、需求的变化，但存在缺陷维护和技术更新，软件也会退化。

③ 软件的开发、运行受到计算机系统的限制，对计算机系统具有依赖性。

④ 软件复杂性高，开发涉及很多社会因素，软件渗透了大量的脑力劳动，导致开发成本高。

⑤ 软件具有可复用性，软件开发出来很容易被复制，从而形成多个副本。

7.1.3 软件工程过程与软件生命周期

1. 软件工程过程

软件工程过程，即在软件开发的过程中组织内发生的各开发阶段、各项开发活动的先后顺序及其关系。这些活动的有机运转即可以完成软件开发过程。软件工程过程是创建软件或者修改软件过程中所经历的分析、设计、实施、维护的过程，该过程的作用对象是软件。

ISO 9000 将软件工程过程定义为：是把输入转化为输出的一组彼此相关的资料和活动。

软件工程过程通常包含有以下 4 种基本活动：

● P（Plan）：软件规格说明。规定软件的功能和运行时的限制。

● D（Do）：软件开发。产生满足规格说明的软件。

● C（Check）：软件确认。确认软件能够满足客户提出的要求。

● A（Action）：软件演进。为满足客户的变更要求，软件必须在使用过程中演进。

软件工程过程拥有易理解性、可见性、可支持性、可接受性、可靠性、健壮性、可维护性、速度的特性。

2. 软件生命周期

软件有一个孕育、诞生、成长、成熟、衰亡的生存过程。这个过程即为计算机软件的软件生命周期（SDLC，Systems Development Life Cycle，SDLC），即软件从生产到报废或停止使用的过程。

软件生命周期内有问题定义、可行性分析、总体描述、系统设计、编码、调试和测试、验收与运行、维护升级到废弃等阶段，如图 7-1-1 所示。

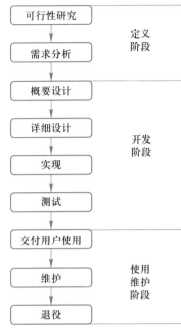

图 7-1-1　软件生命周期

软件生命周期的 6 个阶段概括：

（1）问题的定义及规划

此阶段是软件开发方与需求方共同讨论，主要确定软件的开发目标及其可行性。

（2）需求分析

在确定软件开发可行的情况下，对软件需要实现的各个功能进行详细分析。需求分析阶段是一个很重要的阶段，这一阶段做得好，将为整个软件开发项目的成功打下良好的基础。"唯一不变的是变化本身"，同样需求也是在整个软件开发过程中不断变化和深入的，因此必须制定需求变更计划来应付这种变化，以保护整个项目的顺利进行。

（3）软件设计

此阶段主要根据需求分析的结果，对整个软件系统进行设计，如系统框架设计、数据库设计等。软件设计一般分为总体设计和详细设计。好的软件设计将为软件程序编写打下良好的基础。

（4）程序编码

此阶段是将软件设计的结果转换成计算机可运行的程序代码。在程序编码中必须要制定统一，符合标准的编写规范。以保证程序的可读性，易维护性，提高程序的运行效率。

（5）软件测试

在软件设计完成后要经过严密的测试，以发现软件在整个设计过程中存在的问题并加以纠正。整个测试过程分单元测试、组装测试以及系统测试 3 个阶段进行。测试的方法主要有白盒测试和黑盒测试两种。在测试过程中需要建立详细的测试计划并严格按照测试计划进行测试，以减少测试的随意性。

（6）运行维护

软件维护是软件生命周期中持续时间最长的阶段。在软件开发完成并投入使用后，由于多方面的原因，软件不能继续适应用户的要求。要延续软件的使用寿命，就必须对软件进行维护。软件的维护包括纠错性维护和改进性维护两个方面。

7.1.4　软件工程的目标与原则

1. 软件工程要达到的基本目标

① 达到要求的软件功能。

② 取得较好的软件性能。

③ 开发出高质量的软件。

④ 付出较低的开发成本。

⑤ 需要较低的维护设备。

⑥ 能按时完成开发工作，及时交付使用。

2. 软件工程的基本原则

软件工程基本目标适合于所有的软件工程项目。为达到这些目标，在软件开发过程中必须遵循下列软件工程原则。

① 抽象：抽取事物最基本的特性和行为，忽略非基本的细节。采用分层次抽象，自顶向下、逐层细化的办法控制软件开发过程的复杂性。

② 信息隐蔽：将模块设计成"黑箱"，实现的细节隐藏在模块内部，不让模块的使用者直接访问。这就是信息封装，使用与实现分离的原则。使用者只能通过模块接口访问模块中封装的数据。

③ 模块化：模块是程序中逻辑上相对独立的成分，是独立的编程单位，应有良好的接口定义，如 C 语言程序中的函数过程、C++ 语言程序中的类等。模块化有助于信息隐蔽和抽象，有助于表示复杂的系统。

④ 局部化：要求在一个物理模块内集中逻辑上相互关联的计算机资源，保证模块之间具有松散的耦合，模块内部具有较强的内聚。这有助于控制解的复杂性。

⑤ 确定性：软件开发过程中所有概念的表达应是确定的、无歧义性的、规范的。这有助于人们之间在交流时不会产生误解、遗漏，保证整个开发工作协调一致。

⑥ 一致性：整个软件系统（包括程序、文档和数据）的各个模块应使用一致的概念、符号和术语。程序内部接口应保持一致。软件和硬件、操作系统的接口应保持一致。系统规格说明与系统行为应保持一致。用于形式化规格说明的公理系统应保持一致。

⑦ 完备性：软件系统不丢失任何重要成分，可以完全实现系统所要求功能的程度。为了保证系统的完备性，在软件开发和运行过程中需要严格的技术评审。

⑧ 可验证性：开发大型的软件系统需要对系统自顶向下、逐层分解。系统分解应遵循系统易于检查、测试、评审的原则，以确保系统的正确性。

⑨ 使用一致性、完备性和可验证性的原则可以帮助人们实现一个正确的系统。

7.1.5 软件开发工具与软件开发环境

1. 软件开发工具

软件开发工具（Software Development Tools）是用于辅助软件生命周期过程的基

于计算机的工具。通常可以设计并实现工具来支持特定的软件工程方法，试图让软件工程更加系统化，减少手工管理方式的负担。

软件开发工具指的是很方便地把一种编程语言代码化并编译执行的工具。其中主要的语言开发工具有 Java 开发工具、.NET 开发工具、Delphi 开发工具等多种。

软件开发工具包（Software Development Kit，SDK）是一些被软件工程师用于为特定的软件包、软件框架、硬件平台、操作系统等建立应用软件的开发工具的集合。

它或许只是简单地为某种程序设计语言提供应用程序接口的一些文件，但也可能包括能与某种嵌入式系统通信的复杂硬件。一般的工具包括用于调试和其他用途的实用工具。SDK 还经常包括示例代码、支持性的技术注解或者其他的为基本参考资料澄清疑点的支持文档。

软件开发工具包括软件需求工具、软件设计工具、软件构造工具、软件测试工具等。

2. 软件开发环境

软件开发环境（Software Development Environment，SDE）是指在基本硬件和宿主软件的基础上，为支持系统软件和应用软件的工程化开发和维护而使用的一组软件。它由软件工具和环境集成机制构成，前者用以支持软件开发的相关过程、活动和任务，后者为工具集成和软件的开发、维护及管理提供统一的支持。

软件开发环境有很多种分类方式，如按开发阶段分类，有前端开发环境（支持系统规划、分析、设计等阶段的活动）、后端开发环境（支持编程、测试等阶段的活动）、软件维护环境和逆向工程环境等。软件开发环境由工具集和集成机制两部分构成，工具集和集成机制间的关系犹如"插件"和"插槽"间的关系。

通过软件开发环境，能够实现软件开发过程中的如下功能：软件开发的一致性及完整性维护；配置管理及版本控制；数据的多种表示形式及其在不同形式之间自动转换；信息的自动检索及更新；项目控制和管理；对方法学的支持。

7.2   信息技术概述

7.2.1   信息技术的概念

信息技术（Information Technology，IT），是主要用于信息的获取、整理、加工、存储、传递、表达和应用过程中所采用的各种方法和各种技术的总称。它主要是应用计算机科学和通信技术来设计、开发、安装和实施信息系统及应用软件。它也常被称为信息和通信技术（Information and Communications Technology，ICT），主要包括传感技术、计算机与智能技术、通信技术和控制技术。

对信息技术的概念描述，因其使用的目的、范围、层次不同而有各种不同的表述，可以主要归纳为以下几方面：

① 凡是能扩展人的信息功能的技术，都可以称作信息技术。

② 信息技术是人类在生产斗争和科学实验中认识自然和改造自然过程中所积累起来的获取信息、传递信息、存储信息、处理信息以及使信息标准化的经验、知识、技能和体现这些经验、知识、技能的劳动资料有目的的结合过程。

③ 信息技术是研究如何获取信息、处理信息、传输信息和使用信息的技术，包括信息传递过程中的各个方面，即信息的产生、收集、交换、存储、传输、显示、识别、提取、控制、加工和利用等技术。

④ 现代信息技术中"以计算机技术、微电子技术和通信技术为特征""包含通信、计算机与计算机语言、计算机游戏、电子技术、光纤技术等"是指在计算机和通信技术支持下用以获取、加工、存储、变换、显示和传输文字、数值、图像以及声音信息，包括提供设备和提供信息服务两大方面的方法与设备的总称。

7.2.2　信息技术的发展与分类

1. 信息技术的发展

信息技术从产生到现在经历了 5 个阶段：

① 第一次是人类语言的产生，发生在距今约 3.5 万年～5 万年前，它是信息表达和交流手段的一次关键性革命，产生了信息获取和传递技术。

② 第二次是文字的发明，大约在公元前 3500 年出现，文字的出现使信息可以长期存储，实现跨时间、跨地域地传递和交流信息，产生了信息存储技术。

③ 第三次是造纸术和印刷术的发明，大约在公元 1040 年出现，它把信息的记录、存储、传递和使用扩大到了更广阔的空间，使知识的积累和传播有了可靠的保证，是人类信息存储与传播手段的一次重要革命，产生了更为先进的信息获取、存储和传递技术。

④ 第四次是电报、电话、广播、电视的发明和普及应用，始于 19 世纪 30 年代，实现了信息传递的多样性和实时性，打破了交流信息的时空界限，提高了信息传播的效率，是信息存储和传播的又一次重要革命。

⑤ 第五次是计算机与互联网的使用，始于 20 世纪 60 年代，这是一次信息传播和信息处理手段的革命，对人类社会产生了空前的影响，使信息数字化成为可能，信息产业应运而生。

近年来，党中央、国务院高度重视新一代信息技术的发展，就云计算、人工智能、物联网、区块链、5G 等领域发展，作出了一系列战略部署，有力地推动了我国新一代信息技术突破性发展。我国信息技术产业蓬勃发展，产业规模迅速扩大，产业结构不断优化，新一代信息技术不断突破，对经济社会发展和人民生活质量提高的引擎作用不断强化，信息技术产业已发展成为推动国民经济高质量发展的先导性、战略性和基础性产业。

2. 信息技术的分类

信息技术按照不同的方法有多种分类，这里主要讨论两种分类。

（1）按表现形态的不同，信息技术可分为硬技术（物化技术）与软技术（非物化技术）。前者指各种信息设备及其功能，如显微镜、电话机、通信卫星、多媒体电脑。后者指有关信息获取与处理的各种知识、方法与技能，如语言文字技术、数据统计分析技术、规划决策技术、计算机软件技术等。

（2）按工作流程中基本环节的不同，信息技术可分为信息获取技术、信息传递技术、信息存储技术、信息加工技术及信息标准化技术。

① 信息获取技术包括信息的搜索、感知、接收、过滤等，如显微镜、望远镜、气象卫星、温度计、钟表、Internet 搜索器中的技术等。

② 信息传递技术指跨越空间共享信息的技术，又可分为不同类型，如单向传递与双向传递技术，单通道传递、多通道传递与广播传递技术等。

③ 信息存储技术指跨越时间保存信息的技术，如印刷术、照相术、录音术、录像术、缩微术、磁盘术、光盘术等。

④ 信息加工技术是对信息进行描述、分类、排序、转换、浓缩、扩充、创新等的技术。信息加工技术的发展已有两次突破：从人脑信息加工到使用机械设备（如算盘，标尺等）进行信息加工，再发展为使用电子计算机与网络进行信息加工。

⑤ 信息标准化技术是指使信息的获取、传递、存储、加工各环节有机衔接，与提高信息交换共享能力的技术，如信息管理标准、字符编码标准、语言文字的规范化等。

7.2.3　信息技术的应用与信息产业

1. 信息技术的应用

信息技术的应用主要包括计算机硬件和软件、网络和通信技术、应用软件开发工具等。自从计算机和互联网普及以后，人们开始普遍使用计算机来生产、处理、交换和传播各种形式的信息，如书籍、商业文件、报刊、唱片、电影、电视节目、语音、图形、影像等。

具体来讲，信息技术主要归纳为以下几方面技术：

（1）感测与识别技术

这种技术的主要作用是扩展人获取信息的感觉器官功能，主要包括信息识别、信息提取、信息检测等技术。此类技术也被总称是"传感技术"。它几乎可以扩展人类所有感觉器官的传感功能。传感技术、测量技术与通信技术相结合，从而产生了遥感技术，这就更加使得人类感知信息的能力得到了增强。例如，超声波诊断仪、断层扫描（CT）及核磁共振诊断、红外夜视探测、雷达跟踪、武器的精确制导、导航、自动驾驶。信息识别包括文字识别、语音识别、图形识别等，如图 7-2-1 ～图 7-2-3 所示。

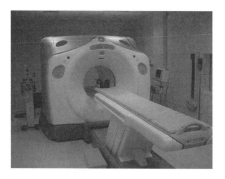

图 7-2-1　CT

（2）信息传递技术

其主要功能是实现信息快速、可靠、安全的转移。各类通信技术都属于这个范畴。广播技术也属于一种传递信息的技术。由于存储、记录可以看成是从"现在"向"未来"或从"过去"向"现在"传递信息的一种活动，因此也可将它看作是信息传递技术的一种。通信技术的迅速发展大大加快了信息传递的速度，从而实现了现场直播、视频会议、即时通信等信息服务方式，使社会生活发生了巨大变化。

图 7-2-2　自动驾驶汽车

（3）信息处理与再生技术

信息处理包括对信息的编码、压缩、加密等。在对信息进行处理的基础上，还可以形成一些新的更深层次的决策信息，这叫作信息的"再生"。信息的处理与再生必须依赖于现代电子计算机的强大功能。

（4）信息施用技术

这是信息过程的最后环节。这种技术主要包括控制技术、显示技术等。例如，无人机的出现和应用；工业机器人、医疗机器人等各类机器人的研制成功和在工业、生活中的运用，如图 7-2-4 和图 7-2-5 所示。

图 7-2-3　远距离红外夜视枪瞄

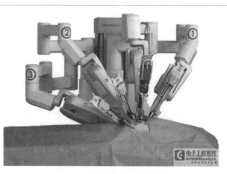

图 7-2-4
无人机

图 7-2-5
达·芬奇手术
机器人

2. 信息产业

信息产业，又称信息技术产业，它是运用信息手段和技术，收集、整理、储存、传递信息情报，提供信息服务，并提供相应的信息手段、信息技术等服务的产业。信息技术产业包含从事信息的生产、流通和销售信息以及利用信息提供服务的产业部门。

信息技术产业主要归纳为以下 3 个方面：

（1）信息处理和服务产业

该行业的特点是利用现代的电子计算机系统收集、加工、整理、储存信息，为各行业提供各种各样的信息服务，如计算机中心、信息中心和咨询公司等。

（2）信息处理设备行业

该行业特点是从事电子计算机的研究和生产（包括相关机器的硬件制造）计算机的软件开发等活动，计算机制造公司、软件开发公司等可算作这一行业。

（3）信息传递中介行业

该行业的特点是运用现代化的信息传递中介，将信息及时、准确、完整地传到目的地点。因此，印刷业、出版业、新闻广播业、通信邮电业、广告业都可归入其中。

7.3　信息系统概述

信息系统（Information System），是由计算机硬件、网络和通信设备、计算机软件、信息资源、信息用户和规章制度组成的以处理信息流为目的的人机一体化系统。简单地说，信息系统就是输入数据或信息，通过加工处理产生信息的系统。

7.3.1　信息系统的概念

信息系统是一门新兴的科学，其主要任务是最大限度地利用现代计算机及网络通信技术加强企业的信息管理，通过对企业拥有的人力、物力、财力、设备、技术等资源的调查了解，建立正确的数据，加工处理并编制成各种信息资料及时提供给管理人员，以便进行正确的决策，不断提高企业的管理水平和经济效益。信息系统经历了简单的数据处理信息系统、孤立的业务管理信息系统、集成的智能信息系统3 个发展阶段。

信息系统主要有 5 个基本功能，即对信息的输入、存储、处理、输出和控制。

7.3.2　信息系统的类型及常见信息系统

信息系统从概念上讲，在计算机问世之前就已经存在。计算机和网络广泛应用之后，信息系统迅速发展和广泛应用。自 20 世纪初科学管理理论创立以来，管理科学与方法技术得到迅速发展。在与统计理论和方法、计算机技术、通信技术等相互渗透、相互促进的发展过程中，信息系统作为一个专门领域迅速形成。信息系统可以根据不同的分类标准划分成不同的类型。

1. 按信息系统的发展和特点来分，可分为 5 种类型

（1）数据处理系统（Data Proccssing System，简称 DPS）

从 20 世纪 50 年代开始，数据处理系统使用计算机代替以往人工进行事务性数据处理的系统，如处理财务等，所以也有人称其为事务处理系统（TPS，Transaction Rocessing Systems）。

（2）管理信息系统（Management Information System，MIS）

管理信息系统是在事务处理系统基础上发展起来的第二代信息系统，是一个由人、计算机及其他外围设备等组成的能进行信息的收集、传递、存贮、加工、维护和使用的系统。其主要任务是利用计算机与网络通信技术来加强信息管理。

（3）决策支持系统（Decision Sustainment System，DSS）

决策支持系统的概念是 20 世纪 70 年代首次明确提出的。决策支持系统是辅助决策者通过数据、模型和知识，以人机交互方式进行半结构化或非结构化决策的计算机应用系统。它是更高级的信息管理系统，提升了科学决策水平，如图 7-3-1 所示。

（4）专家系统（Expert Systems，ES）

专家系统是人工智能的一个应用。专家系统是以知识为基础，在特定问题领域内能像人类专家那样解决复杂现实问题的计算机（程序）系统。人工智能技术与计算机技术的结合，便是处理复杂问题的系统，如图 7-3-2 所示。

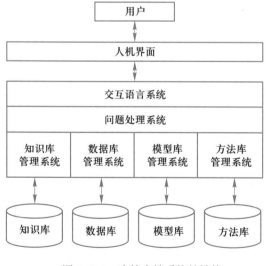

图 7-3-1　决策支持系统的结构

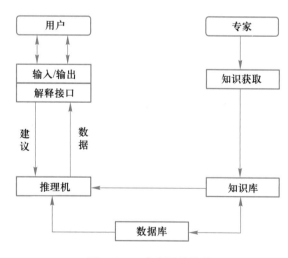

图 7-3-2　专家系统结构

（5）办公自动化系统（Office Automation，OA）

办公自动化系统是利用技术的手段提高办公的效率，进而实现办公自动化处理的系统。是数据处理系统（或事务处理系统）、管理信息系统和决策支持系统等几类信息系统的一种综合应用，实现无纸化办公。

2. 根据支持管理层次的不同，将信息系统分成面向业务处理的系统、面向管理控制的系统和面向战略决策的系统三大类

（1）面向业务处理的系统

面向业务处理的系统又可分为事务处理系统（Transaction Processing Systems，TPS）、知识工作支持系统（Knowledge Work Support System，KWSS）办公自动化系统（Office Automation System，OAS）等。

（2）面向管理控制的系统

面向管理控制的系统主要是管理报告系统（Management Reporting System，MRS）

（3）面向战略决策的系统

面向战略决策的系统又可分为决策支持系统（Decision Support System，DSS）经理信息系统（Executive Information System，EIS）、战略信息系统（Strategic Information System，SIS）等。

7.3.3　信息系统的开发

信息系统的开发通过归纳主要概括为如图 7-3-3 所示的 5 个步骤。

图 7-3-3　信息系统开发流程

1. 规划和可行性研究阶段

通过对用户需求进行初步调查的基础上提出开发系统的要求，给出系统的总体方案，并对这些方案进行可行性分析，产生系统开发计划和可行性研究报告两份文档。

2. 系统分析阶段

根据系统开发计划所确定的范围，确定系统的基本目标和逻辑模型，这个阶段又称为逻辑设计阶段。此阶段主要解决"做什么"的问题。系统分析阶段的形成的结果是"系统分析说明书"，它是提交给用户的文档，也是下一阶段的工作依据，通过它可以了解系统的功能，判断是否是所需的系统。

3. 设计阶段

系统设计阶段的任务就是回答"怎么做"的问题，即根据"系统分析说明书"中规定的功能要求，具体设计实现逻辑模型的技术方案，也即设计系统的物理模型，因此又称为物理设计阶段。分为总体设计和详细设计两个阶段，产生的技术文档是"系统设计说明书"。

4. 实施阶段

系统实施阶段的任务包括计算机等硬件设备的购置、安装和调试、应用程序的编制和调试、人员培训、数据文件转换、系统调试与转换等。系统实施是按实施计划分阶段完成的，每个阶段应写出"实施进度报告"。系统测试之后写出"系统测试报告"。

5. 维护与评价

软件交由用户使用，需要维护，记录系统运行情况，根据一定的程序对系统进行必要的修改。

7.4　信 息 安 全

现阶段，随着计算机和互联网的飞速发展，信息已经成为国民经济和社会发展的重要战略资源，计算机信息系统也随之被广泛应用到政治、军事、经济、科研等领域。同时，网络给人们的生活方式呈现出简单和快捷性，但其背后也伴有诸多信息安全隐患。例如诈骗电话、大学生"裸贷"问题、推销信息以及人肉搜索信息等均对个人信息安全造成影响。不法分子通过各类软件或者程序来盗取个人信息，并利用信息来获利，严重影响了公民生命、财产安全。因此，信息安全问题已经成为影响国际发展以及人们日常生活的关键性问题。

7.4.1　信息安全的概念

信息安全（Information Security），是指信息系统（包括硬件、软件、数据、人、物理环境及其基础设施）受到保护，不受偶然的或者恶意的原因而遭到破坏、更改、泄露，系统连续可靠正常地运行，信息服务不中断，最终实现业务连续性。

信息安全涉及计算机科学、网络技术、通信技术、密码技术、信息安全技术等多种综合性技术。主要任务是需保证信息的保密性、真实性、完整性、未授权拷贝和所寄生系统的安全性。

7.4.2　计算机安全

国际标准化组织（ISO）定义的计算机安全（Computer Security）是：为数据处理系统建立和采用的技术、管理上的安全保护，为的是保护计算机硬件、软件、数据不因偶然和恶意的原因而遭到破坏、更改和泄露。

中国公安部计算机管理监察司的定义为：计算机安全是指计算机资产安全，即计算机信息系统资源和信息资源不受自然和人为有害因素的威胁和危害。

此定义包含两个方面的内容：

- 物理安全：是指计算机系统设备及相关设备的安全。其面临的主要威胁包括电磁辐射、硬件损坏、偷盗、火灾、雷击等。
- 逻辑安全：是指计算机中处理的信息的完整性、保密性和可依赖性。其面临的主要威胁包括计算机病毒、非法访问。逻辑安全通过使用口令、文件许可、加密、权限设置等方法来实现。例如，防止黑客入侵主要是依赖计算机的逻辑安全。

7.4.3　网络安全

《中华人民共和国网络安全法》由中华人民共和国第十二届全国人民代表大会常务委员会第二十四次会议于 2016 年 11 月 7 日通过，自 2017 年 6 月 1 日起施行。《中华人民共和国网络安全法》是为保障网络安全，维护网络空间主权和国家安全、社会公共利益，保护公民、法人和其他组织的合法权益，促进经济社会信息化健康发展而制定的法律。

《中华人民共和国网络安全法》第七十六条规定了网络安全的相关定义：

（1）网络：是指由计算机或者其他信息终端及相关设备组成的按照一定的规则和程序对信息进行收集、存储、传输、交换、处理的系统。

（2）网络安全：是指通过采取必要措施，防范对网络的攻击、侵入、干扰、破坏和非法使用以及意外事故，使网络处于稳定可靠运行的状态，以及保障网络数据的完整性、保密性、可用性的能力。

（3）网络运营者：是指网络的所有者、管理者和网络服务提供者。

（4）网络数据：是指通过网络收集、存储、传输、处理和产生的各种电子数据。

（5）个人信息：是指以电子或者其他方式记录的能够单独或者与其他信息结合识别自然人个人身份的各种信息，包括但不限于自然人的姓名、出生日期、身份证件号码、个人生物识别信息、住址、电话号码等。

网络安全受到的威胁包含两个方面：

- 一是对网络和系统的安全威胁：包括物理侵犯（如机房侵入、设备偷窃、电子干扰等）、系统漏洞（如旁路控制、程序缺陷等）、网络入侵（如窃听、截获、堵塞等）、恶意软件（如病毒、蠕虫、特洛伊木马、信息炸弹等）、存储损坏（如老化、破损等）等。
- 二是对信息的安全威胁：包括身份假冒、非法访问、信息泄露、数据受损等。

7.4.4　数据安全

信息安全、计算机安全、网络安全中都涉及数据安全这一概念。数据安全有对立的两方面含义：

1. 数据本身的安全

主要是指采用现代密码算法对数据进行主动保护，如数据保密、数据完整性、双向强身份认证等。数据安全是一种主动的包含措施，数据本身的安全必须基于可靠的加密算法与安全体系，主要是有对称算法与公开密钥密码体系两种。

2. 数据防护的安全

主要是采用现代信息存储手段对数据进行主动防护，如通过磁盘阵列、数据备份、异地容灾等手段保证数据的安全。

除了上述观点外，数据安全还包括下述描述：

数据处理的安全是指如何有效地防止数据在录入、处理、统计或打印中由于硬件故障、断电、死机、人为的误操作、程序缺陷、病毒或黑客等造成的数据库损坏或数据丢失现象，某些敏感或保密的数据可能被不具备资格的人员或操作员阅读，而造成数据泄密等后果。

数据存储的安全是指数据库在系统运行之外的可读性。一旦数据库被盗，即使没有原来的系统程序，照样可以另外编写程序对盗取的数据库进行查看或修改。从这个角度说，不加密的数据库是不安全的，容易造成商业泄密，所以便衍生出数据防泄密这一概念，这就涉及了计算机网络通信的保密、安全及软件保护等问题。

威胁数据安全的因素有很多，主要有以下几个比较常见因素：

① 硬盘驱动器损坏：一个硬盘驱动器的物理损坏意味着数据丢失。设备的运行损耗、存储介质失效、运行环境以及人为的破坏等，都能对硬盘驱动器设备造成影响。

② 人为错误：由于操作失误，使用者可能会误删除系统的重要文件，或者修改影响系统运行的参数，以及没有按照规定要求或操作不当导致的系统宕机。

③ 黑客：入侵者借助系统漏洞、监管不力等通过网络远程入侵系统。

④ 病毒：计算机感染病毒而招致破坏，甚至造成重大经济损失，计算机病毒的复制能力强，感染性强，特别是网络环境下，传播性更快。

⑤ 信息窃取：从计算机上复制、删除信息或干脆把计算机偷走。

⑥ 电源故障：电源供给系统故障，一个瞬间过载电功率会损坏在硬盘或存储设备上的数据。

⑦ 磁干扰：重要的数据接触到有磁性的物质，会造成计算机数据被破坏。

⑧ 自然灾害。

7.4.5　信息安全策略

所有的信息安全技术都是为了达到一定的安全目标，其核心包括保密性、完整性、可用性、可控性和不可否认性5个安全目标。为了达到信息安全的目标，各种信息安全技术的使用必须遵守最小化原则、分权制衡原则、安全隔离原则等原则。

1. 信息安全总体策略从以下 3 个方面来考虑

（1）法律方面

随着信息安全、网络安全、数据安全等问题日渐突出，法律防范显得十分重要和紧迫。它不仅是打击计算机犯罪的法律依据，更是保护知识产权、数据安全、商业机密、个人隐私的有效途径。

（2）管理方面

信息安全的管理包括网络管理、数据管理、设备管理、人员管理等。需要依靠完备的数据信息安全管理体系，设计科学的数据信息安全管理流程，全面落实数据信息安全管理制度。

（3）技术方面

信息安全不仅是单一的计算机问题，也不仅是服务器或路由器的问题，而是整体网络系统的问题。所以信息安全要考虑整个网络系统，结合网络系统来制定合适的信息安全策略，如防病毒、防入侵破坏、防信息盗窃、用户身份验证等。

具体的信息安全技术方面可归纳为数据加密技术、防火墙技术、入侵检测技术、系统容灾、管理策略等。

2. 个人计算机的信息安全策略

（1）安装正版软件

安装正版系统软件和工具软件，及时对软件升级和打补丁，填补软件漏洞和预防黑客攻击。

（2）安装防火墙和防病毒软件，定期查杀病毒

在个人计算机系统中安装正版的防病毒软件，定期升级病毒库，定期查杀病毒。安装防病毒软件是保护个人计算机信息安全的有效方法。

（3）做好重要资料的备份

个人计算机用户一定要养成经常备份重要资料的习惯，将重要数据存放在计算机之外的硬盘、光盘或 U 盘等存储设备上。

（4）加强安全防护意识

人们在日常生活中都经常会用到各种用户登录信息，如网银账号、微博、微信及支付宝等，这些信息也成了不法分子的窃取目标，企图窃取用户的信息，登录用户的使用终端，盗取用户账号内的数据信息或者资金。因此，用户必须保持警惕，提高自身安全意识，拒绝下载不明软件、禁止点击不明网址、提高账号密码安全等级、禁止多个账号使用同一密码等，加强自身安全防护能力。

（5）不访问来历不明的邮件和网站

病毒或木马的制造者常常将病毒隐藏于网页或邮件中，一旦浏览或打开了这些网页或邮件，其中的病毒就被激活，感染计算机。

（6）设置系统使用权限

给系统设置使用权限及专人使用的保护机制（如密码、数字证书等），禁止来历不明的人使用计算机系统。

7.4.6　常用信息安全技术

信息安全技术是指保障信息安全的方法。常用的信息安全技术如下。

1. 访问控制技术

访问控制（Access Control）技术，指防止对任何资源进行未授权的访问，从而使计算机系统在合法的范围内使用。意指用户身份及其所归属的某项定义组来限制用户对某些信息项的访问，或限制对某些控制功能的使用的一种技术。

访问控制通常用于系统管理员控制用户对服务器、目录、文件等网络资源的访问。

2. 防火墙

防火墙的本义是指古代构筑和使用木质结构房屋的时候，为防止火灾的发生和蔓延，人们将坚固的石块堆砌在房屋周围作为屏障，这种防护构筑物就被称之为"防火墙"。人们通常所说的网络防火墙是借鉴了古代真正用于防火的防火墙的喻义，它指的是借助硬件和软件的作用隔离在本地网络与外界网络之间的一道防御系统，可以使企业内部局域网（LAN）网络与 Internet 之间或者与其他外部网络互相隔离、限制网络互访用来保护内部网络。

防火墙（Fire Wall）技术是通过有机结合各类用于安全管理与筛选的软件和硬件设备，帮助计算机网络于其内、外网之间构建一道相对隔绝的保护屏障，以保护用户资料与信息安全性的一种技术。

防火墙能够有效控制计算机网络的访问权限，通过安装防火墙，可自动分析网络的安全性，将非法网站的访问拦截下来，过滤可能存在问题的消息，一定程度上增强了系统的抵御能力，提高了网络系统的安全指数。

根据实现方式，防火墙可分为硬件防火墙和软件防火墙两类。

3. 数据加密技术

数据加密就是按照确定的密码算法把敏感的明文数据变换成难以识别的密文数据，通过使用不同的密钥，可用同一加密算法把同一明文加密成不同的密文。当需要时，可使用密钥把密文数据还原成明文数据，称为解密。这样就可以实现数据的保密性。数据加密被公认为是保护数据传输安全唯一实用的方法和保护存储数据安全的有效方法，被誉为信息安全的核心。

该方法的保密性直接取决于所采用的密码算法和密钥长度。根据密钥类型不同可以把现代密码技术分为对称加密算法（私钥密码体系）和非对称加密算法（公钥密码体系）。

4. 数字签名

数字签名属于密码学。密码学是信息安全（如认证、访问控制）的核心。密码学的首要目的是隐藏信息的含义，并不是隐藏信息的存在。密码学也促进了计算机科学，特别是在计算机与网络安全所使用的技术，如访问控制与信息的机密性。

数字签名（又称公钥数字签名、电子签章，Digital Signature）是一种类似写在纸上的普通的物理签名，但是使用了公钥加密领域的技术实现，用于鉴别数字信息的方法。一套数字签名通常定义两种互补的运算，一个用于签名，另一个用于验证。

数字签名不是指把签名扫描成数字图像，或者用触摸板获取的签名，更不是个人的落款。数字签名了的文件的完整性是很容易验证的（不需要骑缝章，骑缝签名，也不需要笔迹专家），而且数字签名具有不可抵赖性（不需要笔迹专家来验证）。

数字签名主要是实现数据传输的完整性，对传输中的数据流加密，以防止通信线路上的窃听、泄露、篡改和破坏。即数据的发送方在发送数据的同时利用单向的不可逆加密算法 Hash 函数或者其他信息文摘算法计算出所传输数据的消息文摘，并把该消息文摘作为数字签名随数据一同发送。接收方在收到数据的同时也收到该数据的数字签名，接收方使用相同的算法计算出接收到的数据的数字签名，并把该数字签名和接收到的数字签名进行比较，若二者相同，则说明数据在传输过程中未被修改，数据完整性得到了保证。

数字签名已经大量应用于网上安全支付系统、电子银行系统、电子证券系统、安全邮件系统、电子订票系统、网上购物系统、网上报税等一系列电子商务应用的签名认证服务。

7.5 计算机病毒及其防治

数据安全的重要威胁之一是计算机病毒。计算机、互联网的发展给人们带来信息传输的便利，同时也给病毒的传播带来方便条件。因此，提高对病毒的认识和防治显得尤为重要。

7.5.1 计算机病毒的概念

《中华人民共和国计算机信息系统安全保护条例》第二十八条规定：计算机病毒，是指编制或者在计算机程序中插入的破坏计算机功能或者毁坏数据，影响计算机使用，并能自我复制的一组计算机指令或者程序代码。

由定义可知：

- 计算机病毒是一组计算机指令或程序。
- 这组程序是人为制造的，而非自动生成的，不是独立存在的，而是隐蔽在其他可执行的程序之中。

- 这组程序对计算机信息或系统起破坏作用，不是人为编制的错误程序。
- 计算机病毒具有自我复制的能力。

计算机中病毒后，轻则影响机器运行速度，重则死机，系统破坏；因此，病毒给用户带来很大的损失。计算机病毒被公认为数据安全的头号大敌，从1987年电脑病毒受到世界范围内的普遍重视，我国也于1989年首次发现电脑病毒，如图7-5-1所示。

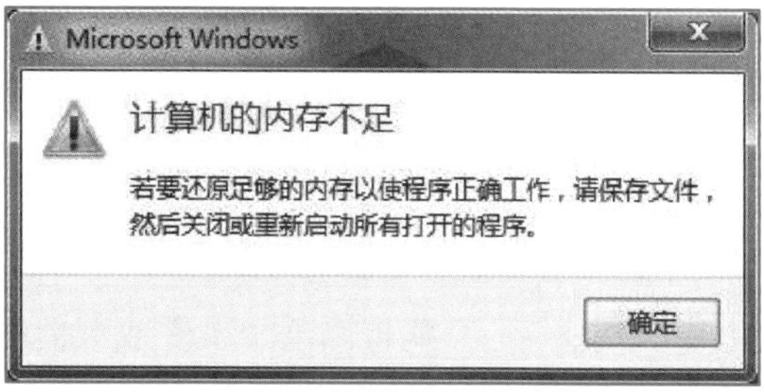

计算机染上病毒后，病毒发作时有以下症状中：莫名其妙的死机；突然重新启动或无法启动；程序不能运行；磁盘坏簇莫名其妙地增多；磁盘空间变小；系统启动变慢；数据和程序丢失；出现异常的声音；异常要求用户输入口令等。

图 7-5-1　计算机感染病毒的症状

7.5.2　计算机病毒的特征

计算机病毒的特征，如图7-5-2所示。

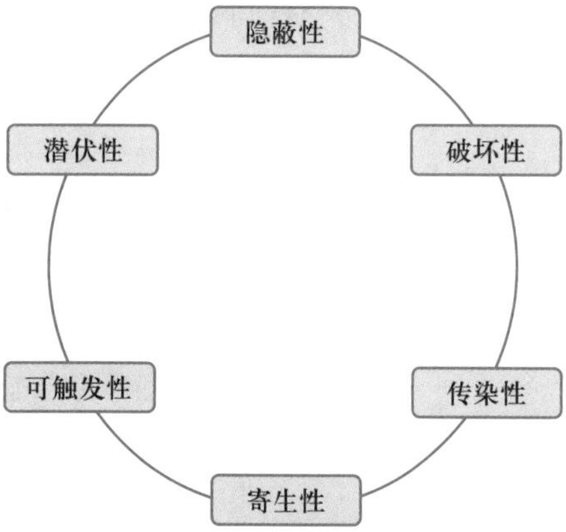

1. 隐蔽性

计算机病毒不易被发现，这是由于计算机病毒具有较强的隐蔽性，其往往以隐含文件或程序代码的方式存在，在普通的病毒查杀中，难以实现及时有效的查杀。病毒伪装成正常程序，计算机病毒扫描难以发现。并且，一些病毒被设计成病毒修复程序，诱导用户使用，进而实现病毒植入，入侵计算机。因此，计算机病毒的隐蔽性，使得计算机安全防范处于被动状态，造成严重的安全隐患。

2. 破坏性

病毒入侵计算机，往往具有极大的破坏性，能够破坏数据信息，甚至造成大面积的计算机瘫痪，对计算机用户造成较大损失。计算机病毒破坏计算机系统，使系统资源受到损失，数据遭到破坏，干扰系统运行，严重时使系统全面崩溃。例如，常见的木马、蠕虫等计算机病毒，可以大范围入侵计算机，为计算机带来安全隐患。

图 7-5-2　计算机病毒特征

3. 传染性

计算机病毒的一大特征是传染性，是指病毒从一个程序体复制进入另一个程序体的过程，病毒本身是一个可运行的程序段，能够通过U盘、计算机网络等途径入侵计算机。入侵之后，往往可以实现病毒扩散，感染未感染计算机，进而造成大面积瘫痪等事故。随着网络信息技术的不断发展，在短时间之内，病毒能够实现较大范围的恶意入侵。因此，在计算机病毒的安全防御中，如何面对快速的病毒传染，成为有效防御病毒的重要基础，也是构建防御体系的关键。

4. 寄生性

计算机病毒还具有寄生性特点。计算机病毒需要在宿主中寄生才能生存，才能更好地发挥其功能，破坏宿主的正常机能。通常情况下，计算机病毒都是在其他正常程序或数据中寄生，在此基础上利用一定媒介实现传播，在宿主计算机实际运行过程中，一旦达到某种设置条件，计算机病毒就会被激活，随着程序的启动，计算机病毒会对宿主计算机文件进行不断感染、修改，使其破坏作用得以发挥。

5. 可触发性

病毒因某个事件或数值的出现，诱使病毒实施感染或进行攻击的特征。触发条件是病毒设计者预先设定的，其激发条件可以是日期、时间、人名、文件名等。

6. 潜伏性

大部分的病毒感染系统之后一般不会马上发作，它可长期隐藏在系统中，病毒只有在满足其特定条件时，才会对计算机产生致命的破坏。

7.5.3　计算机病毒的分类

1. 根据病毒存在的媒体分类

- 网络病毒：指通过计算机网络传播感染网络中的可执行文件。
- 文件病毒：感染计算机中的文件，如 COM、EXE、DOC 等。
- 引导型病毒：感染启动扇区（Boot）和硬盘的系统引导扇区（MBR）。

2. 根据病毒传染的方法分类

- 驻留型病毒：感染计算机后，把自身的内存驻留部分放在内存（RAM）中，这一部分程序挂接系统调用并合并到操作系统中去，处于激活状态，一直到关机或重新启动。
- 非驻留型病毒：在得到机会激活时并不感染计算机内存，一些病毒在内存中留有小部分，但是并不通过这一部分进行传染，这类病毒也被划分为非驻留型病毒。

3. 根据特定算法分类

- 附带型病毒：通常附带于一个 EXE 文件上，其名称与 EXE 文件名相同，但扩展名不同，一般不会破坏更改文件本身，但在文件被读取时首先激活的就是这类病毒。
- 蠕虫病毒：它不会损害计算机文件和数据，其破坏性主要取决于计算机网络的部署，可以使用计算机网络从一个计算机存储切换到另一个计算机存储来计算网络地址来感染病毒。

● 可变病毒：可以自行应用复杂的算法，很难发现，因为在另一个地方表现的内容和长度是不同的。

7.5.4　计算机病毒的典型案例

1. Elk Cloner 病毒

1982 年，斯克伦塔（Rich Skrenta）在一台苹果计算机上编写了一个通过软盘传播的病毒，称之为 Elk Cloner，这是世界上第一个计算机病毒。Elk Cloner 病毒感染了成千上万的机器。Elk Cloner 病毒对计算机是相对无害的，病毒只是在用户的屏幕上显示一首诗，如图 7-5-3 所示。

2. 蠕虫病毒

蠕虫病毒是一种可以自我复制的代码，通过计算机网络进行传播，无须人为干预就能传播。蠕虫病毒入侵并完全控制一台计算机，然后把这台机器作为宿主，进而扫描并感染其他计算机。当这些新的被蠕虫入侵的计算机被控制之后，蠕虫会以这些计算机为宿主继续扫描并感染其他计算机，这种行为会一直延续下去。蠕虫使用这种递归的方法进行传播，按照指数增长的规律散布，进而控制越来越多的计算机。

根据蠕虫病毒在计算机及网络中传播方式的不同，可分为电子邮件 E-mail 蠕虫病毒、即时通信软件（如 QQ、MSN 等）蠕虫病毒、P2P 蠕虫病毒、漏洞传播的蠕虫病毒、搜索引擎传播的蠕虫病毒，如图 7-5-4 所示。

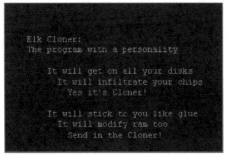

图 7-5-3　Elk Cloner 病毒触发效果

图 7-5-4　蠕虫病毒查杀示例

3. CIH 病毒

CIH 病毒载体是一个名为"ICQ 中文 Chat 模块"的工具，并以热门盗版光盘游戏或 Windows 95/98 为媒介，经互联网传播。1998 年 6 月 2 日，首例 CIH 病毒被发现。1999 年 4 月 26 日，CIH 病毒 1.2 版大规模爆发，全球超过六千万台计算机受到了不同程度的破坏。

CIH 病毒属文件型病毒，杀伤力极强。主要表现在于病毒发作后，硬盘数据全部丢失，甚至主板上 BIOS 中的原内容也会被彻底破坏，主机无法启动。只有更换

图 7-5-5   CIH 病毒

BIOS，或是向固定在主板上的 BIOS 中重新写入原来版本的程序，才能解决问题，如图 7-5-5 所示。

4. 灰鸽子病毒

灰鸽子是国内一款著名后门病毒。"灰鸽子"自 2001 年诞生之后，2004 年、2005 年、2006 年连续三年被国内杀毒软件厂商列入十大病毒之列。它的真正可怕之处是拥有"合法"的外衣，可以在网络上买到，客户端简易便捷的操作使刚入门的初学者都能充当黑客。

黑客可以通过此后门病毒远程控制被感染的计算机，在用户毫无察觉的情况下，任意操控用户的计算机，盗取网络游戏密码、银行账号、个人隐私邮件、甚至机密文件等。入侵者在满足自身目的之后，可自行删除灰鸽子文件，受害者根本无法察觉。

5. 梅利莎（Melissa）病毒

梅利莎（Melissa）病毒是一种宏病毒，1999 年 3 月 26 日爆发，感染了大量的商业计算机。Melissa 病毒作为电子邮件的附件进行传播，病毒邮件的标题通常为" Here is that document you asked for，don't show anybody else"。收件人打开邮件，病毒就会自我复制，向用户通讯录的前 50 位好友发送同样的邮件。梅利莎病毒不会毁坏文件或其他资源，但发出大量的邮件可能会使企业或其他邮件服务端程序停止运行，如图 7-5-6 所示。

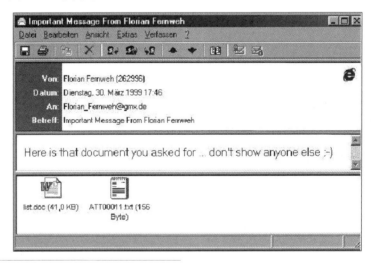

图 7-5-6
Melissa 病毒

6. 熊猫烧香病毒

熊猫烧香病毒是 2006 年 10 月出现的，它其实是一种蠕虫病毒的变种，而且是经过多次变种而来的。由于中毒计算机的可执行文件会出现"熊猫烧香"图案，所以也被称为"熊猫烧香"病毒。用户计算机中毒后可能会出现蓝屏、频繁重启以及系统硬盘中数据文件被破坏等现象，如图 7-5-7 所示。

熊猫烧香病毒跟灰鸽子病毒不同，是一款拥有自动传播、自动感染硬盘能力和强大的破坏能力的病毒，该病毒的某些变种可以通过局域网进行传播，进而感染局域网内所有计算机系统，最终导致企业局域网瘫痪。此病毒不但能感染系统中 exe、com、pif、src、html、asp 等文件，它还能中止大量的反病毒软件进程并且会删除扩展名为 gho 的文件。被感染的用户系统中所有 exe 可执行文件全部被改成熊猫举着三根香的模样。

图 7-5-7
熊猫烧香病毒发作效果

7. 勒索病毒

勒索病毒是一种新型电脑病毒，主要以邮件、程序木马、网页挂马的形式进行传播。该病毒性质恶劣、危害极大，一旦感染将给用户带来无法估量的损失。这种病毒利用各种加密算法对文件进行加密，被感染者一般无法解密，必须拿到解密的私钥才有可能破解，如图 7-5-8 所示。

图 7-5-8
勒索病毒

勒索病毒文件一旦进入本地计算机，就会自动运行，同时删除勒索软件样本，以躲避查杀和分析。然后，勒索病毒利用本地计算机的互联网访问权限连接至黑客的 C&C 服务器，上传本机信息并下载加密私钥与公钥，利用私钥和公钥对文件进行加密。除了病毒开发者本人，其他人是几乎不可能解密。加密完成后，还会修改壁纸，在桌面等明显位置生成勒索提示文件，指导用户去缴纳赎金。勒索病毒变种出现得非常快，对常规的杀毒软件都具有免疫性。攻击的样本以 exe、js、wsf、vbe 等类型为主，对常规依靠特征检测的安全产品是一个极大的挑战。

勒索病毒主要通过漏洞、邮件和广告推广 3 种途径传播。

2017 年 5 月 12 日，一种名为"想哭"的勒索病毒袭击全球 150 多个国家和地区，影响领域包括政府部门、医疗服务、公共交通、邮政、通信和汽车制造业。

2017 年 6 月 27 日，欧洲、北美地区多个国家遭到 NotPetya 病毒攻击。乌克兰受害严重，其政府部门、国有企业相继"中招"。

2017 年 10 月 24 日，俄罗斯、乌克兰等国遭到勒索病毒"坏兔子"攻击。乌克兰敖德萨国际机场、首都基辅的地铁支付系统及俄罗斯三家媒体中招，德国、土耳其等国随后也发现此病毒。

2017 年 12 月 13 日，"勒索病毒"入选国家语言资源监测与研究中心发布的"2017 年度中国媒体十大新词语"。

2018 年 2 月，中国发生多起勒索病毒攻击事件。经腾讯企业安全分析发现，此次出现的勒索病毒正是 GlobeImposter 家族的变种，该勒索病毒将加密后的文件重命名为 GOTHAM、Techno、DOC、CHAK、FREEMAN、TRUE、TECHNO 等扩展名，并通过邮件来告知受害者付款方式，使其获利更加方便。

从 2018 年初到 9 月中旬，勒索病毒总计对超过 200 万台终端发起过攻击，攻击次数高达 1 700 万余次。

2020 年 4 月，网络上出现了一种名为 WannaRen 的新型勒索病毒，与此前的 WannaCry 的行为类似，加密 Windows 系统中几乎所有文件，后缀为 WannaRen，赎金为 0.05 个比特币，大部分杀毒软件无法拦截。

7.5.5　计算机病毒的来源和传染途径

1. 计算机病毒的来源

① 来源于计算机专业人员或业余爱好者的恶作剧制造出来的病毒，如圆点病毒、CIH 病毒。

② 软件公司及用户为保护自己研制的软件免被非法复制而采取的报复性惩罚措施。

③ 恶意攻击或有意摧毁计算机系统而制造的病毒。

④ 在程序设计或软件开发过程中，由于某种原因失去控制或产生了意想不到的

效果而产生的病毒。

2. 计算机病毒的传染途径

计算机病毒有自己的传输模式和不同的传输路径。计算机病毒传输方式主要有以下 3 种：

① 通过移动存储设备进行病毒传播，如 U 盘、CD、软盘、移动硬盘等。

② 通过网络来传播，如网页、电子邮件、QQ、BBS 等。

③ 利用计算机系统和应用软件的不足来传播。

7.5.6 计算机病毒的防治

计算机病毒也不是不可控制的，可以通过以下方式来防范病毒，减少计算机病毒对计算机带来的破坏。

① 安装正版的防火墙和杀毒软件，如 360 杀毒、瑞星、金山毒霸、诺顿等，及时对软件升级，每天升级杀毒软件病毒库，定时对计算机进行病毒查杀，上网时要开启杀毒软件的全部监控。如图 7-5-9 所示为 360 杀毒软件。

图 7-5-9
360 杀毒软件

② 培养良好的上网习惯。不要执行从网络下载后未经杀毒处理的软件等；不要随便浏览或登录陌生的网站，不要随便阅读不相识人员发来的电子邮件，加强自我保护，现在有很多非法网站，而被潜入恶意的代码，一旦被用户打开，即会被植入木马或其他病毒。

③ 定期备份计算机里的重要数据文件，以免遭受病毒危害后无法恢复而致使重要数据丢失。

④ 在计算机上使用例如 U 盘、移动硬盘等外部存储介质，应先进行病毒扫描，确信无病毒后再使用。

7.6 信息素养与知识产权保护

7.6.1 信息素养概述

"信息素养"（Information Literacy）的本质是全球信息化需要人们具备的一种基本能力。有专业报告对信息素养的含义进行了概括："要成为一个有信息素养的人，就必须能够确定何时需要信息并且能够有效地查寻、评价和使用所需要的信息"。

信息素养包括文化素养、信息意识和信息技能 3 个层面，能够判断什么时候需要信息，并且懂得如何去获取信息，如何去评价和有效利用所需的信息。

信息素养主要表现为运用信息工具、获取信息、处理信息、生成信息、创造信息、发挥信息的效益、信息协作、信息免疫等方面的能力。

7.6.2 知识产权保护

知识产权（Intellectual Property）也称"知识所属权"，指"权利人对其智力劳动所创作的成果和经营活动中的标记、信誉所依法享有的专有权利"，一般只在有限时间内有效。

"知识产权"一词是在 1967 年世界知识产权组织成立后出现的。根据中国《民法典》的规定，知识产权属于民事权利，是基于创造性智力成果和工商业标记依法产生的权利的统称。

知识产权从本质上说是一种无形财产权，它的客体是智力成果或是知识产品，是一种无形财产或者一种没有形体的精神财富，是创造性的智力劳动所创造的劳动成果。它与房屋、汽车等有形财产一样，都受到国家法律的保护，都具有价值和使用价值。

《中华人民共和国计算机软件保护条例》于 1991 年 6 月颁布，同年 10 月 1 日起正式实施，并于 2001 年、2013 年进行了修改。

《中华人民共和国计算机软件保护条例》第五条规定："中国公民、法人或者其他组织对其所开发的软件，不论是否发表，依照本条例享有著作权。"

《中华人民共和国计算机软件保护条例》第二十三条规定："除《中华人民共和国著作权法》或者本条例另有规定外，有下列侵权行为的，应当根据情况，承担停止侵害、消除影响、赔礼道歉、赔偿损失等民事责任：（一）未经软件著作权人许可，发表或者登记其软件的；（二）将他人软件作为自己的软件发表或者登记的；
（三）未经合作者许可，将与他人合作开发的软件作为自己单独完成的软件发表或者
登记的；（四）在他人软件上署名或者更改他人软件上的署名的；（五）未经软件著作
权人许可，修改、翻译其软件的；（六）其他侵犯软件著作权的行为。"

本章小结

1. 软件工程就是运用工程学的原理和方法来组织和管理软件的生产和维护。软件生命周期包括 6 个阶段。

2. 目前的信息技术主要是指计算机科学和通信技术；信息技术从产生到现在经历了 5 个阶段。

3. 信息系统是与信息加工、信息传递、信息存贮以及信息利用等有关的系统；信息系统常见的分类方式有 2 种；信息系统的开发大致分为 5 个步骤；常见的信息系统有 DPS、MIS、DSS、ES、OA。

4. 信息安全包含了计算机安全、网络安全、数据安全。

5. 信息安全技术的使用必须遵守最小化原则、分权制衡原则、安全隔离原则。信息安全技术主要有访问控制技术、防火墙、加密技术、数字签名等技术。

6. 计算机病毒是指编制或者在计算机程序中插入的破坏计算机功能或者毁坏数据，影响计算机使用，并能自我复制的一组计算机指令或者程序代码；计算机病毒有隐蔽性、破坏性、传染性、寄生性、可触发性、潜伏性等特征；为了预防计算机病毒，应采取一定的防病毒措施。

7. 信息素养主要包括文化素养、信息意识和信息技能。知识产权从本质上说是一种无形财产权，受到国家法律的保护。

知识拓展

文本：
知识拓展
答案

一、单选题

1. 下列说法正确的是（   ）。

    A. 通过网络盗取他人密码只是思想意识问题

    B. 色情、暴力网站不会对青少年产生负面影响

    C. 恶意制作网络病毒属于计算机犯罪

    D. 沉迷于网络游戏不会影响青少年的身心健康

2. "华南虎"事件是人为制造的假新闻，这说明信息具有（   ）。

    A. 共享性   B. 时效性   C. 真伪性   D. 价值相对性

3. 计算机病毒感染的原因是（   ）。

    A. 与外界交换信息时感染   B. 因硬件损坏而被感染

    C. 在增添硬件设备时感染   D. 因操作不当感染

4. 计算机病毒主要造成（   ）。

    A. 磁盘的损坏   B. CPU 的损坏

    C. 磁盘驱动器的损坏   D. 程序和数据被破坏

5. 不属于信息技术范畴的是（   ）。

    A. 计算机技术   B. 网络技术

    C. 纳米技术   D. 通信技术

二、判断题

1. 计算机病毒也是一种程序。   （   ）

2. 只要购买了最新的杀毒软件，以后就不会被病毒侵害。   （   ）

3. 一旦发现计算机中有病毒，应该立即使用热启动重新引导计算机，以避免病毒发作。

                                                       （   ）

4. 传染性是计算机病毒的一个重要特征。   （   ）

5. 电子邮件也是计算机病毒传播的一种途径。   （   ）

6. 备份是保护计算机数据安全的措施之一。   （   ）

7. "防火墙"，是指一种将内部网和公众访问网（如 Internet）分开的方法，实际上是一种隔离技术，它是提供信息安全服务、实现网络和信息安全的基础设施。   （   ）

8. 从软件工程的角度来说，一个软件是有生命周期的。   （   ）

9. 软件研究部门采用设计病毒的方式惩罚非法复制软件的行为的做法并不违法。 （   ）

10. 要防止网络黑客（Hacker）危害计算机信息的安全，所指的网络黑客是专门在晚上用非法手段攻击他人计算机的人。   （   ）

参考文献

[1] 李建华，张南宾. 计算机文化基础 [M]. 北京：高等教育出版社，2014.

[2] 李建华，李俭霞. 计算机应用基础 [M]. 北京：高等教育出版社，2017.

[3] 教育部考试中心. 全国计算机等级一级教程：计算机基础及 MS Office 应用：2021 版 [M]. 北京：高等教育出版社，2021.

[4] 眭碧霞. 计算机应用基础任务化教程：Windows 10+Office 2016[M]. 北京：高等教育出版社，2021.

[5] 陈氢，陈梅花. 信息检索与利用 [M]. 北京：清华大学出版社，2012.

[6] 赵奇，宁爱军. 大学信息技术与应用 [M]. 北京：人民邮电出版社，2018.

[7] 王国胤. 大数据挖掘及应用 [M]. 北京：清华大学出版社，2019.

[8] 张仰森，黄改娟. 人工智能教程 [M]. 北京：高等教育出版社，2016.

[9] 任云晖. 人工智能概论 [M]. 北京：水利水电出版社，2020.

[10] 李卫星. 现代信息素养与文献检索 [M]. 武汉：湖北人民出版社，2010.